基礎物理学シリーズ —— 12

清水忠雄・矢崎紘一・塚田　捷

監修

連続体力学

佐野　理

著

朝倉書店

まえがき

本書は，主として物理系の学部基礎教育用のテキストとして執筆したものである．物理教育の体系は長い歴史を経て確立されたものであるが，近年の教育改革，および研究分野の拡大や高度化による新たな視点の必要性，などにより大幅な見直しをせざるを得ない時期に来ているように思われる．

物理学では知識の集積も大切ではあるが，それにも増して“考え方の獲得”が重要である．仮に，多くの知識を網羅的に覚えていたとしても，それらが有機的に結合していなければ生きた学問としての物理学を修得したとはいえない．世の中の進歩に伴い，学問の世界も専門化・高度化する傾向にあるが，解決すべき問題はますます多様化・複雑化し，多くの分野を横断するような広がりをもつものも少なくない．これらに直面したときに，どこかに記憶していた“解答”がそのまま適用できることはきわめて稀で，大胆な理想化によって本質部分を取り出し，既存の基礎的事項から論理的客観的に一歩ずつその解決にむけて進むのでなければ，やがては見当はずれの砂上の楼閣となってしまう．これが基礎を重視した体系的な教育が必要な理由の１つであり，本シリーズはこれを意図している．

本書でも上述のような目的や他の分野とのバランスを考えて，取り扱う内容，レベル，分量を厳選し，とくに基礎的な考え方の習熟とその応用能力の涵養を目指した．これまでの経験を活かし，学生がつまずきやすいところにはいろいろな角度から説明を加え，重要な事項が直観的にも数理的にも既存の経験や知識と結びつくよう細心の注意を払ったつもりである．この試みが成功すれば，個々人の中に取り込まれたさまざまな断片的知識の間にネットワークが完成し，未知の領域へも触手が延ばせるような血の通ったものになりうると確信している．

連続体力学は巨視的な挙動を扱う典型的な学問であり，やればやるほどその広がりと奥行きの深さに魅了されるが，対象が目に見えやすいので，さまざまな物理概念の直観的イメージを作るのにも都合がよい．とくに，多くの要素から成る系の集団的挙動の把握，粒子的な見方と“場”の関係，無次元化やスケーリングによる分野横断的な理解，テンソルや複素関数論などの代表的な数学体系の具現，非線形方程式の発見的解法，等々多くの事柄は，連続体力学では日常茶飯事として慣れ親しんでいるものであり，他の物理分野に共通した考え方として具体的な描像を添えて発信し続けられてきた．古典的ではあるが常に新たな物理学の一翼を担っている所以でもある．

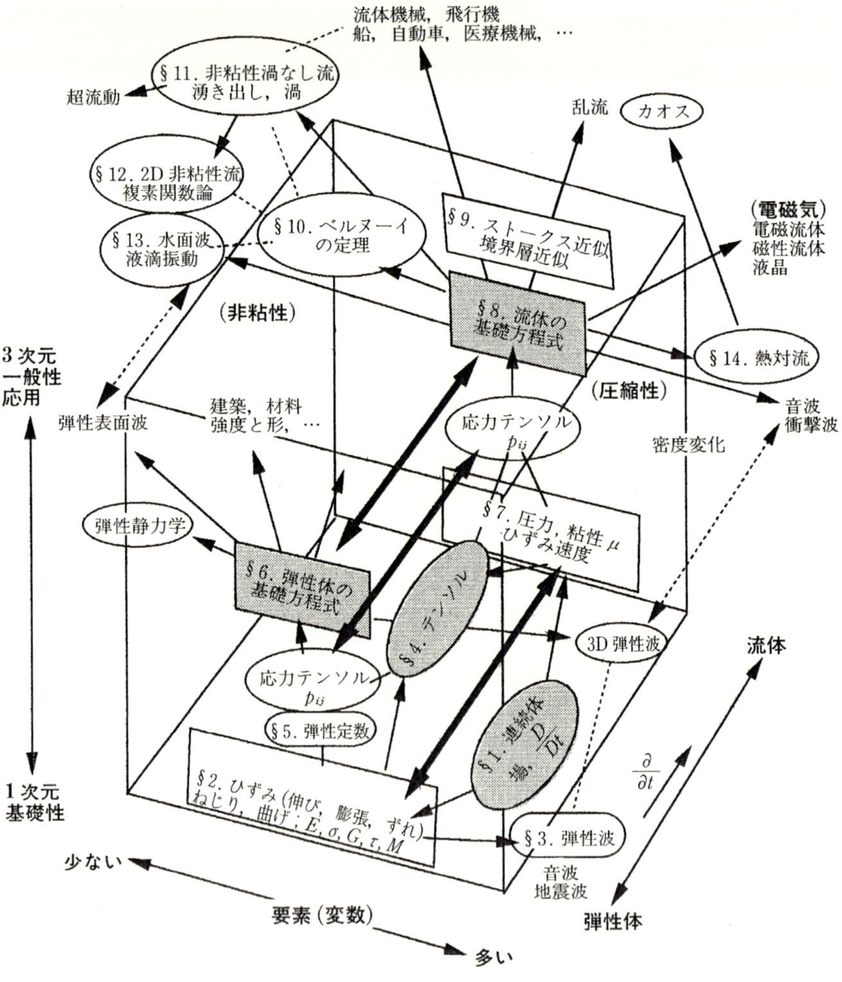

図 0.1　連続体力学の世界

少ない紙数で多様なニーズに応え，最大の理解を引き出すことは容易ではないが，そのための試みとして本書では各章の相互関係を基本的なマトリックスにまとめた．連続体の代表例である弾性体と流体の力学はその学問上の枠組みがほぼ相似であり，前者の変位に対して後者ではその時間変化すなわち速度が対応している．これを考慮して，各章は前頁に示した図の前後の二重構造のように配置してある．また，扱う現象の次元数が小さい基礎的なものから3次元の一般的変形や運動へという方向性(図では上下方向)，関係する要素の数の少ない単純なものから複雑なものへという方向性(図では左右方向)も見てとれよう．記述上の流れとしては

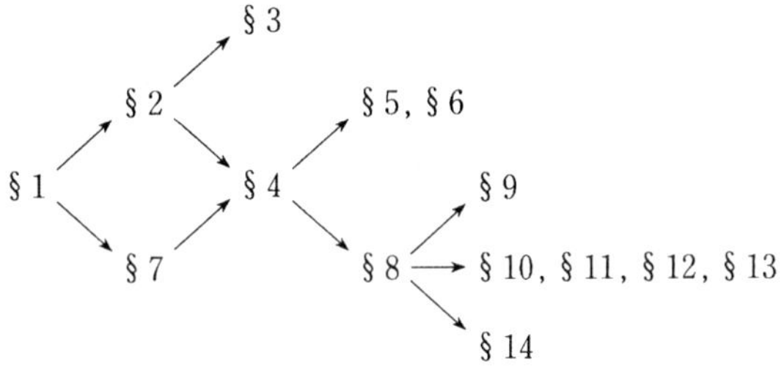

としたので，標準的なコースで学ぶ場合には章の順に読み進む方がわかりやすいと思われる．各章の冒頭に，学習の目標や他の章との関連を，また特に重要な事柄の確認のためにキーワードを掲げた．読み始めるにあたってのポイントとして，また読み終えた後の簡単なまとめとしても活用されたい．また，セメスター制を考慮して，1時限で1つのまとまった話となるように工夫をしたつもりであるが，章によっては1時限の講義としては盛り沢山というところもあるかもしれない．しかし，章の前半の基本部分を押さえれば他の章との連係が途切れることはないと思うし，例題の説明や演習問題の解答はかなり丁寧に与えてあるので，必要に応じて各自が学習すれば十分カバーできるであろう．

他方，各章は相互に連係してはいるが，必ずしも初めから順に読まなければならないというものでもない．学習時間の制約上すべての内容を踏破することが困難であったり，学習者の目的とバックグラウンドに応じて特定のテーマに焦点を当てた近道をしたいときには，前述のマトリックス配置をうまく利用するとよい．例えば流体運動だけに着目したい場合には§1→§7&§4→§8→…，連続体の基本変形や流動だけなら§1→§2&§7の前半，流体力学に現れ

たある概念は弾性体力学の方がイメージを浮かべやすいというような場合にはそちらを経由してから流体に戻る，等々いろいろなルートを工夫して読み進むのもよいだろう．このような多次元的な配置は，前述の“知識のネットワーク作り”のミニチュア版を意識したものであり，この“知的な散歩”によってより深い理解と親しみが増し，未知の領域に乗り出し新しい知識を獲得していく探求の方法と精神の会得へとつながれば望外の喜びである．

流体力学や弾性体力学の壮大な体系から見れば本書の内容はほんの入口に過ぎないし，網羅的ではなく基礎重点主義を尊重したので，これに飽き足らずもっと深く広く知りたいという欲求が出てくるのは当然ともいえよう．そのときには是非さらに進んだ専門書を紐解いてほしいし，筆者はそのような導入的な役割を果たせられることを期待している．本書は，講義やゼミ等での学生とのやりとりを通じた長年の試行錯誤の1つの到達点ではあるが，完成品というにはまだほど遠いし，これまで述べてきた目標に対しては羊頭狗肉の感も拭えない．読者諸氏の忌憚のない御批判をいただき，さらに改良を加えていくことができれば幸いである．

本書の執筆にあたり，監修の清水忠雄，矢崎紘一，塚田 捷の各先生には学生時代から今日にいたるまで多くの御指導をいただいた．とくに塚田先生には丁寧に原稿に目を通していただき適切な御助言をいただいた．ここに深く感謝申し上げる．また本書の刊行に漕ぎ着けるまでに朝倉書店編集部の方々には忍耐強い激励と細かな注文への対応などで大変にお世話になった．ここに感謝の意を表したい．

2002年2月

佐 野 　理

目　　次

1
連続体とその変形

多数の原子・分子の集団的な運動を扱う方法の1つに連続体近似がある．そこで，まずこの近似がどのようなものであるかについて述べ，次に，連続体の運動を表現する2つの方法——“粒子的”な考え方と“場”の考え方——について述べる．前者は連続体の中の着目する点(微小領域)が時間とともにどのように動くかを調べるときに，また後者は各時刻での連続体全体にわたる物理量の空間分布をとらえるときに有用である．前者の表現は質点の運動に対するニュートン力学の延長線上にあるが，連続体の変位や流動状態を表現するには後者の表現が多く使われる．両者の関係を理解することは，以下の章で基礎方程式を導いたり，変位や速度についての観測結果を解釈するうえで非常に重要である．

キーワード　連続体近似，粒子 vs 場，オイラー記述法，ラグランジュ記述法

1.1 連　続　体

1.1.1 連続体とは

われわれが，投げられたボールの行方を予測したり，地球が太陽のまわりを動く様子を知ろうとするときには，その物体を質点と仮定し，ニュートンの運動方程式に基づいて解析するのがふつうである．すなわち，質量 m の質点の時刻 t での位置 $\boldsymbol{x}$，速度 $\boldsymbol{v}$ を決める次の方程式

$$m\frac{\mathrm{d}\boldsymbol{v}}{\mathrm{d}t}=\boldsymbol{F}, \qquad \boldsymbol{v}=\frac{\mathrm{d}\boldsymbol{x}}{\mathrm{d}t} \tag{1.1 a, b}$$

あるいは

$$m\frac{\mathrm{d}^2\boldsymbol{x}}{\mathrm{d}t^2}=\boldsymbol{F} \tag{1.1 c}$$

を，時刻 $t=t_0$ で位置 $\boldsymbol{x}_0$，速度 $\boldsymbol{v}_0$ にあったという初期条件の下で解く．ただし $\boldsymbol{F}$ は質点に働いている力である．したがって，解は

$$\boldsymbol{x}=\boldsymbol{f}(t;\boldsymbol{x}_0,\boldsymbol{v}_0), \qquad \boldsymbol{v}=\boldsymbol{g}(t;\boldsymbol{x}_0,\boldsymbol{v}_0) \tag{1.2}$$

ただし，$\boldsymbol{f}$, $\boldsymbol{g}$ は式(1.1a, b)あるいは式(1.1c)を解いて得られる関数である．この力学の問題では $\boldsymbol{x}_0$, $\boldsymbol{v}_0$ はパラメターであり，位置 $\boldsymbol{x}$ や速度 $\boldsymbol{v}$ が時間 t の関数として与えられる．すなわち，**独立変数**が t，**従属変数**が $\boldsymbol{x}$, $\boldsymbol{v}$ となっている．

以上の考えは，多数の質点の集合体の運動を調べるときにもあてはまる．すなわち，質点系を構成する個々の質点の質量を m_i，位置を $\boldsymbol{x}_i$，速度を $\boldsymbol{v}_i$ として

$$m_i\frac{\mathrm{d}\boldsymbol{v}_i}{\mathrm{d}t}=\boldsymbol{F}_i, \qquad \boldsymbol{v}_i=\frac{\mathrm{d}\boldsymbol{x}_i}{\mathrm{d}t} \qquad (i=1, \cdots, N) \tag{1.3 a, b}$$

を，与えられた初期条件の下に解けばよい．ここで N は質点の数であり，$\boldsymbol{F}_i$ は i 番目の質点に働く力の総和を表す．3 次元の空間では，1 個の質点の位置が 3 つの座標変数で表されるので，N 個の自由な質点に対しては $3N$ 個のニュートンの運動方程式を連立させて解く．しかし，このうち解析的に解けるものは N が 2 以下の場合と $N=3$ の特別な場合だけであって，$N=3$ の一般的な場合や $N>3$ の質点系は数値シミュレーションにより調べられているにとどまる．粒子集団の動きを数値計算によって直接調べる方向は**天体力学**や**分子動力学** (molecular dynamics) の分野で盛んに行われており，前者は例えば宇宙塵からの惑星や太陽系の形成，また後者はコロイド分散系の性質や砂粒のような粒状体の挙動の研究などによく使われる．近年の計算機の記憶容量の拡大と演算速度の向上によって，取り扱える粒子の数は飛躍的に増加してきてはいるが，N としては高々 $10^{5\sim6}$ が現状のようである．

ところで，われわれのまわりにある固体や気体に含まれる原子や分子の数はどのくらいであろうか．例えば，固体を構成している原子や分子の大きさを 10 Å ($=10^{-9}$ m$=10^{-7}$ cm) 程度と大雑把に見積もると，日常の感覚で微小とみなせる 1 μm^3 という体積の中だけでも 10^9 個程度の粒子が，また，標準状態 (0 ℃，1 気圧) の気体でも同体積中に約 3×10^7 個の分子が含まれている (演習問題 1.1)．このように比較的小さな領域をとったとしても，そこで取り扱わなければならない粒子の数は途方もなく大きい．一方，そのような対象に対してわれわれの知りたい物理量，例えば密度，速度，圧力，温度などは，ある空間的なスケール L にわたっての平均量であることが少なくない．このような場合には，仮に個々の構成要素のもつ情報が正確に計算できたとしても，その大部分の情報は不必要となるばかりでなく，かえって全体的な描像に対する見

通しを悪くする危険すらある．

では，どの程度の範囲内で平均をとったらよいであろうか．例として水や空気などの密度 ρ を考えてみよう．これらの物質では，L の値を 1 mm，0.5 mm，0.25 mm，…と半分にしていっても，ρ はほとんど変化しないであろう。しかし，この操作をつぎつぎと繰り返していって，やがて L が分子間距離の程度になったところで ρ にばらつきが起こる．なぜなら L が分子間距離程度になると，平均をとる領域の選び方により内部に含まれる粒子の数が変動し，それが ρ の値を変動させるからである．この L の大きさ L^* は固体では数 10 Å，気体では分子の平均自由行路 l_m (標準状態で 640 Å) の数倍程度，液体ではその中間の数 100 Å 程度と考えてよい．

このように，取り扱う長さが L^* より十分大きい場合には，領域の分割を繰り返し行っても分割された領域内にはまだ十分多くの分子が含まれ，そこでの平均値が大幅に変化することはない．そこで，微視的に見れば離散的に分布している質点の集合を適当な領域内でぬりつぶし，その中はその平均の値をもった媒質で隙間なく満たされていると仮定すると，このような媒質では，上に述べた分割の操作や物理量の特定を無限に小さな領域に至るまで繰り返すことが可能となる．このように理想化された媒質を**連続体** (continuum) と呼ぶ．われわれは L^* より大きい領域での平均量を議論するという限界を知ったうえで，この連続性の仮定が実用上満たされていると考えて話を進めていく．同様の仮定は時間的なスケールに対しても必要であり，原子や分子が互いに衝突を十分行った結果の平均的な運動について時間微分が可能となる．したがって，平均自由行路を進むのに要する時間 T^* より十分長い時間間隔で運動を眺めなければならないことになるが，この平均衝突時間は例えば標準状態の気体で 10^{-10} 秒程度と非常に短い (演習問題 1.2)．

われわれは，地球のように大きな物体でも太陽のまわりの軌道を調べるうえでは質点としての取り扱いが有効であり，また弾丸のように小さな物体でも空気中での正確な軌道を計算するにはその大きさ，形，回転の影響などを考えにいれなければならないことを質点の力学で学んだ．これと同様に，連続体の仮定が満たされるかどうかは，媒質を構成する要素の大きさには必ずしも関係しない．例えば個々の星は大きく，また星と星の間は希薄で何光年も離れているが，銀河系のような非常に多くの星の集団全体を扱う問題では，着目しているスケールの中に十分多くの星が含まれているから，これを一種の連続体とみなすことができる．他方，血液のように通常は連続体とみなせる液体も，末梢血管まで流れていくと血液を構成する血球の大きさが血管径と同程度になり，血液を単純な連続媒質とみなすことは不適切になる．このように連続体とは実在の媒質からの抽象概念であるから，同じ媒質であっても着目する現象によって取り扱いの異なることがあるということに注意する必要がある．

1.1.2 弾性体と流体

弾性とは力を加えれば変形し，その力を取り除けばもとの状態に戻る性質をいう．このような性質をもつものにバネやゴムなどの物質があり，**弾性体** (elastic body) と呼ばれる．これに対して，水や空気のように自由に形を変えて流れることのできる物質を**流体** (fluid) という．

固体・液体・気体などはその物質を構成する原子や分子の集合状態の違いで区別した分類であり，力学的な性質の違いで分けたものが**剛体** (rigid body)，**弾性体**，**流体**である．そのほかに，流体と弾性体の両方の性質をもつ**粘弾性体** (visco-elastic body)，変形がもとに戻らない**塑性体** (plastic body) のようなさまざまな物質がある．弾性体や流体の区別も絶対的なものではなく，考えている時間スケールに依存する．例えば，マグマや氷河などの“固体”も長い時間スケールで考えれば“流体”と考えてよい．逆に，気体や液体のような“流体”に物体が高速度で突入するような場合には，流体といえども“弾性体”や“剛体”に近い硬い物質に匹敵する．以下では連続体の典型としての弾性体と流体に話を限定する．

1.2 連続体の変形とその可視化

連続体の変形や流動がどのようなものかをいくつかの例で眺めてみよう．

1.2.1 弾性体の変形と可視化

図 1.1 は弾性体の各部に付けた目印がどこに変位するか (変形) を示したものである．表面付近 (図では一番手前) の変位はこのような直接的な観測で容易に知ることができるが，弾性体の内部の変位を知るにはさまざまな工夫が必要である．図 1.2 は弾性体の内部に働いている力を光弾性 (photo-elasticity) と呼ばれる特殊な方法によって撮影したものである．これは光が弾性体を透過するときに生じる偏光面の回転角が力の大きさに比例することを利用したもので，透明な媒質の 2 次元的変形を知るときに使える．図中で明るさの等しいひ

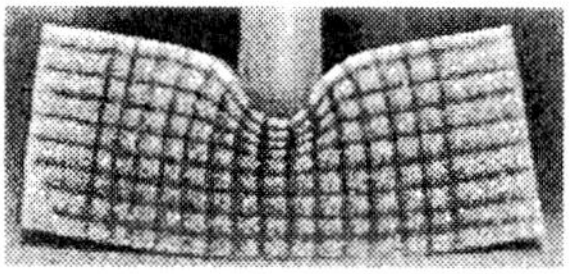

図 1.1　スポンジの変形

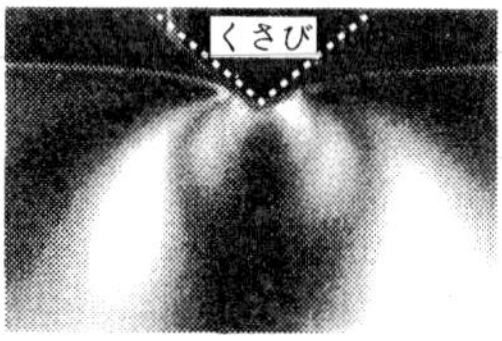

図 1.2　集中した力による等応力線

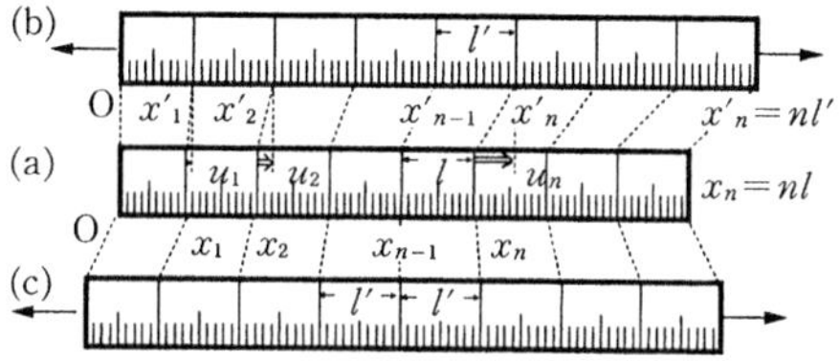

図 1.3　ゴム紐の一様な伸び

と続きの線は，力の大きさが等しい場所を表している(演習問題 6.4 参照)．この例に限らず，何らかの方法によって変位やその他の物理量の空間的な分布を画像にして表現することを一般に**可視化** (visualization) と呼ぶ．

これらよりさらに基本的と思われる変形の例を示そう．

図 1.3 はゴム紐の伸びを示したものである．図 1.3 (a) は伸びを生じる前の状態で，変化を見やすくするように目盛が刻んである．これに一定の力を加えて引き伸ばしたものが図 1.3 (b) (c) である．この例では，紐が全体として 1 割程度(この割合を α とする)伸びており，同時に内部に刻んである目盛の間隔も同じ割合で伸びている．すなわち，$x_n-x_{n-1}\equiv l$, $x'_n-x'_{n-1}\equiv l'$ として $l'=(1+\alpha)l\equiv\beta l$ である．ただし $\beta=1+\alpha$ とおいた．点 x_n は初め位置 $x=nl$ にあり，ゴムが伸びた後は $x=nl'$ にあるので，原点 O から測った位置座標の変化は $u_n=x'_n-x_n=n(l'-l)=n\alpha l$ で，n とともに増加していく．しかし，2 点間の相対的な変位は，どの点を基準に考えても一定になっており(図 1.3 (c) 参照)，どの点のまわりも一様に伸びている．これは，一様膨張している宇宙において，観測者がどこにいても周囲の星が一定の割合で後退しているように見えるのと同じである．

図 1.4 は弾性体の下面を固定し，上面を辺と平行にずらしたときの変位(ずれ)の様子を示す．変形前に描いた正方形の領域は，ずれによって菱形に変形する．また，各辺の中点を結んでできる正方形領域は長方形領域に変形してい

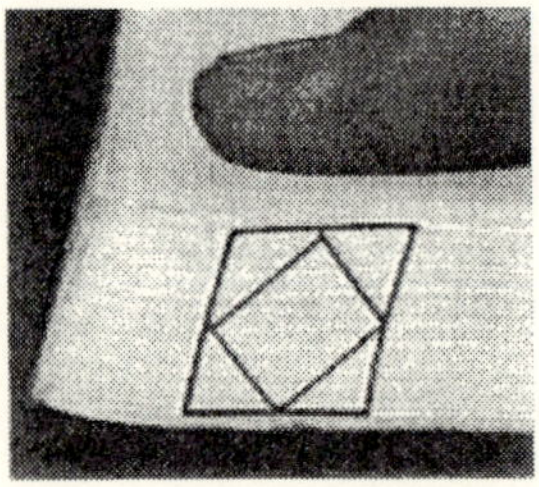

図 1.4　ずれ

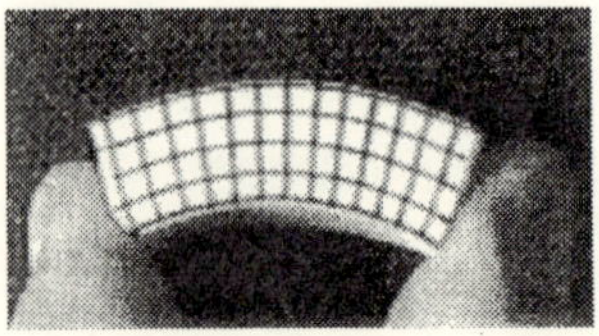

図 1.5　たわみ

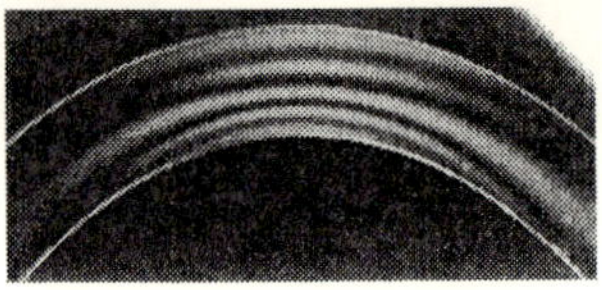

図 1.6　プラスチック板の曲げ

る (詳しくは 2.3.2 項を参照).

図 1.5 は消しゴムをわずかにたわめたときの変形，また，図 1.6 はプラスチック板を曲げたときの等応力線 (力の大きさが等しい線) を示す．なお，応力については次章以降に詳述する．

1.2.2　流体の変形と可視化

これまで弾性体の変形を扱ってきたが，今度は流体の中に生じている変位や運動を考える．図 1.7 はコーヒーにミルクを入れてかき回したときの流れ，図 1.8 は雲の衛星写真である．これらは日常よく目にするありふれた流れではあるが，流体力学の立場からいえばかなり複雑な流れに属する．これらを理解するために，より基本的な流れがどのように可視化されるか調べてみよう．

まず，流体がいたるところ一様で一定の速度 U で動いている流れ (これを**一様流**，uniform flow という) を考える．説明の便宜上，流れの方向に x 軸，これに垂直に y 軸を選んでおく．図 1.9 (a) のように，ある時刻 $t=0$ で位置 $x=0$ にあった流体をインクなどの色素で紐状に着色し区別したとすると，これは時間の経過に伴い下流に流されていく．流れはいたるところ同じ速度なので，色付けされた流体は，図の ①, ②, ③, … と移動していく．各線はそれぞれの時刻での流体の到達点を表しており，**タイムライン** (time line) と呼ばれる．これに対して図 1.9 (b) のように時刻 $t=0$，位置 $x=0$ に目印となるような微粒子を投入すると，それは流体とともに流されて (速度)×(時間) の距離だけ

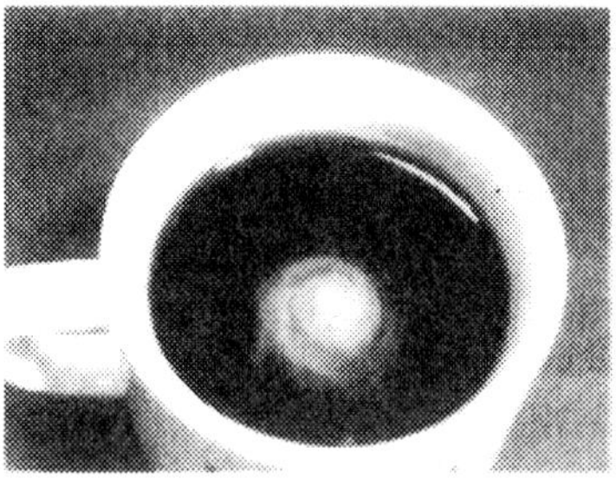

図 1.7 コーヒーカップの中の渦

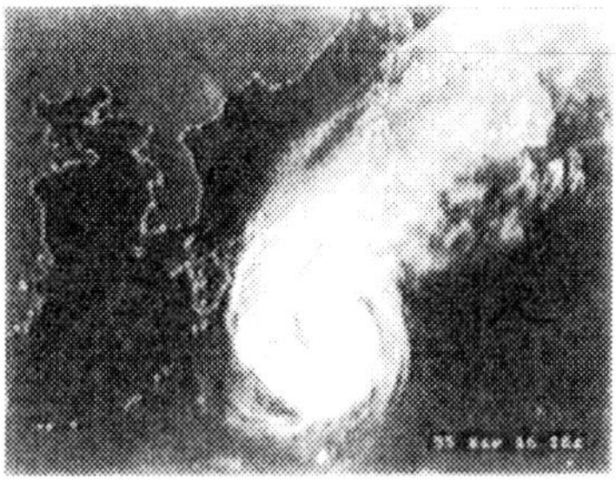

図 1.8 雲の衛星写真 (気象庁提供)

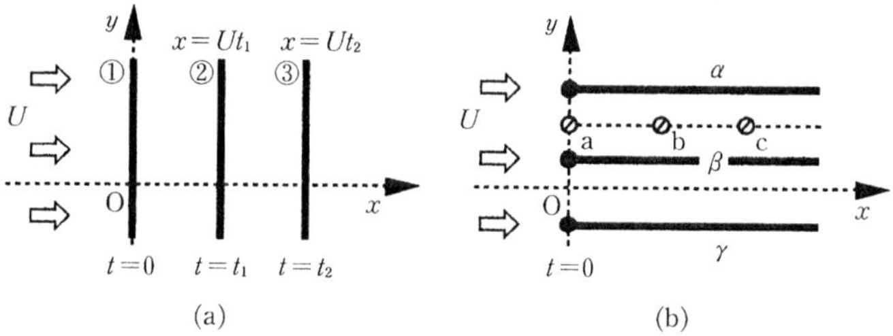

図 1.9 (a) タイムラインと (b) 流跡線と流線

移動する．これは着目した粒子が時間とともに動いていく様子を表しており，図の点線 abc… のような軌跡を描く．これを**流跡線** (path line) と呼ぶ．質点の運動を追いかけていくのと基本的には同じである．次に，ある位置から一定の割合で色素を注入し続けると，色付けされた流体は流れに沿った曲線 (この場合には直線 α, β, γ など) として描かれる．これは流れの空間的な様子を示しており，定常流の場合には**流線** (streamline) と呼ばれるものと一致する．流跡線や流線の詳しい定義は 1.3 節で述べる．

このように，同一の流れでも可視化の仕方によって見え方は異なるし，逆に，流線が同じでも流れが同じでない例は多々ある．例えば，図 1.10，図 1.11 はいずれも 2 枚の平行平板の間の流れである．前者は下面が静止していて上面が面に平行に動いたときの流れ，後者は上下流の圧力差によって定常的に流れているもので，点線は流体のタイムラインを示している．単位時間隔てた 2 つのタイムライン間の差をとれば，速度の空間分布が得られる．流線はいずれも壁に平行な直線群 (実線) である．これらは，それぞれクエット流およびポアズイユ流と呼ばれる流れであり，後に 8.6.2 項で詳しく述べる．

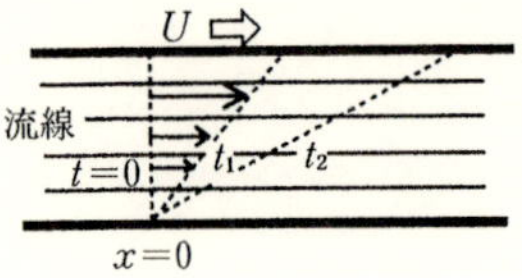

図 1.10 クエット流

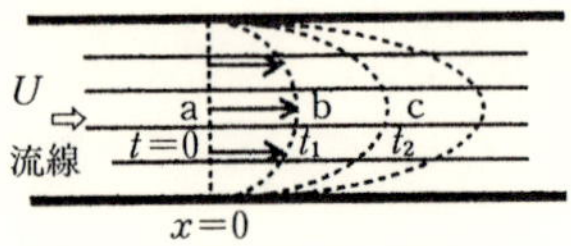

図 1.11 ポアズイユ流

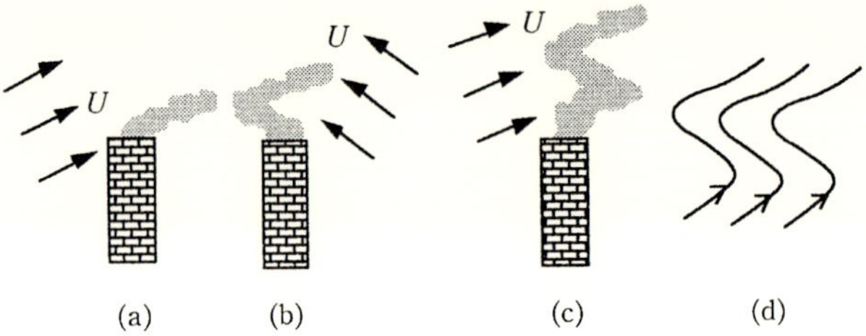

図 1.12 非定常流中の煙の動き（流脈線）

ところで，流れが時間的に変化しなければ，色素を連続的に注入していても流れの様子，したがって流線も変化しない．しかし非定常な流れでは，流線が時々刻々変化しているので，連続的に注入された色素の描くパターンはまったく異なったものとなる．このことを簡単な例で示そう．図 1.12 のように煙突から連続的に煙が注がれているとする．まずはじめに右上方向に一様な風が吹いたとすると煙は図 1.12 (a) のように右上方向にたなびく．次に左上方向に一様な風に変わったとすると，新たに煙突から出てくる煙は左上方向にたなびくが，古い煙は形をほぼ保ったまま風下方向に平行移動するので (b) のようになる．次にまた左上方向に一様な風が吹くと，前と同様にして (c) のような複雑に曲がりくねった煙の道筋が得られる．さて，(c) のような煙の跡を見たとき，われわれは実際に (d) のような定常流が存在していたのか，あるいは上に述べたような時間的に向きの変わる一様流（全体を考えれば非定常流）があったのか区別がつかない．そこで，連続的に注入された色素の描く曲線のことを**流脈線** (streakline，**色つき流線**または**流条線**とも呼ぶ）と呼び，流線や流跡線と区別する．定常流では流脈線，流跡線，流線はすべて一致するので問題はない．

1.3 変形や運動の記述法

流体における変位を具体的に可視化する方法として，

(1) 小さな固体や気泡などの粒子をトレーサーとして，その動きを追跡する方法

(2) 煙やインクなどの色素を連続的に注入して，その道筋を調べる方法

の2つを示した．これらを数学的に表現してみよう．

1.3.1 粒子的表現

まず，(1) の場合は小さな固体粒子や気泡がその場所での速度 $\boldsymbol{v}=(u, v, w)$ によって実際に運ばれた軌道であるから，移動にかかった時間 $\mathrm{d}t$ と移動距離 $\mathrm{d}\boldsymbol{x}=(\mathrm{d}x, \mathrm{d}y, \mathrm{d}z)$ との間に

$$\mathrm{d}\boldsymbol{x}=\boldsymbol{v}\mathrm{d}t, \quad \text{すなわち} \quad \frac{\mathrm{d}x}{u}=\frac{\mathrm{d}y}{v}=\frac{\mathrm{d}z}{w}=\mathrm{d}t \tag{1.4}$$

の関係がある．これは式(1.1 b)と同じものである．ただし，連続体の運動を表す上では，実際に流れを可視化する固体粒子があるかどうかにかかわらず領域内のどの点でも $\boldsymbol{x}$ や $\boldsymbol{v}$ が定義される必要がある．そこで連続体では，着目する連続体の微小領域を“粒子”とみなす．ミクロに見れば確かにこの“連続体粒子”も質点系であるが，連続体として振る舞う限り，初めに特定の微小領域内にあった分子は微小時間の後にも同じ構成要素から成り立つ一つながりの微小な領域にとどまっているはずである(もしこの扱いで領域の一体性が成り立たなくなるようであれば，初めの領域をさらに小さくとればよい)．このように考えれば，ニュートン力学で，大きさのある物体を質点という粒子で代表させたのと同じように，微小な連続体領域そのものを1つの粒子のように扱うことができる．ただし，連続体粒子は固体の質点系のように離散的ではないので，個々の構成粒子に添字を付けて区別することはできない．

そこで，特定の連続体粒子を指定するために，例えば「ある時刻 $t=0$ に位置 (a, b, c) にあったもの」とする．ここで，a, b, c は連続変数である．この粒子が時刻 t で位置 (x, y, z) にあるとすれば，その速度 (u, v, w) は

$$u=\frac{\partial x}{\partial t}, \quad v=\frac{\partial y}{\partial t}, \quad w=\frac{\partial z}{\partial t} \tag{1.5}$$

となる．これを解いて得られる連続体粒子の運動は

$$x=F_x(t, a, b, c), \quad y=F_y(t, a, b, c), \quad z=F_z(t, a, b, c) \tag{1.6}$$

であり，ここから時間 t を消去すれば流跡線が得られる．ただし，F_x などは t, a, b, c の関数である．

式(1.1 b)や式(1.4)は，特定の粒子についての運動だけを扱っていたので時間 t についての常微分方程式になっていたが，連続体では独立変数は t, a, b, c となる．空間内のある位置 $\boldsymbol{x}$ に到達する粒子は無限個あるので，どこから来た粒子であるかを区別する変数として a, b, c が必要になったのである．このことは，質点系の場合に式(1.3 b)で粒子を区別するために使われていた添字 i が連続的な変数 (a, b, c) になっていると考えてもよい．したがって，質点(系)の場合と同様に，x, y, z は従属変数である．このように，“粒子”とともに動いて変化を追う表現法は**ラグランジュ** (Lagrange) **の方法**と呼ばれている．

1.3.2 場の表現

これに対して，連続体の変位を表す別の方法がある．これは，各時刻 t ごとに，連続体中の位置 $\boldsymbol{x}=(x, y, z)$ における変位，速度，温度，…といった物理量を表そうとするものである．一般に，空間的な場所を指定すれば，そこでの物理量の値が与えられるという表現になっているものを**場** (field) と呼び，対象とする物理量の名前を冠して変位場 $\boldsymbol{u}(x, y, z, t)$，速度場 $\boldsymbol{v}(x, y, z, t)$，温度場 $T(x, y, z, t)$, …などという．連続体力学の問題の多くは，このような場を求めることにある．数学的にいえば，$\boldsymbol{u}, \boldsymbol{v}, T$, …などわれわれの求めたい物理量が x, y, z, t の関数として表されるもので，このとき x, y, z, t が独立変数，$\boldsymbol{u}, \boldsymbol{v}, T$, …などが従属変数となっている．また，このような表現法は**オイラー** (Euler) **の方法**と呼ばれている．

1.2.2 項で流体の流れを表す曲線が流線であると述べたが，そこでは速度場をオイラー的に扱っていたことになる．すなわち，“流線上ではその上の各点における接線がその点での速度ベクトル $\boldsymbol{v}$ の方向に一致”しており，流線を横切る流れはない．これが「流体が流線に沿って流れる」という意味である．数学的には，曲線上の線分を $\mathrm{d}\boldsymbol{x}$ として微分方程式

$$\mathrm{d}\boldsymbol{x} /\!/ \boldsymbol{v}, \quad \text{すなわち} \quad \frac{\mathrm{d}x}{u}=\frac{\mathrm{d}y}{v}=\frac{\mathrm{d}z}{w} \tag{1.7}$$

を解くことにより流線が得られる．これは時間を含まない関係式であり，各瞬間ごとに定義される．

実験では，流体領域全体に多数の微粒子を分散させ，短時間露光撮影を行って得られた線分状の軌跡群を滑らかな曲線で連ねることにより，近似的に流線が得られる.

なお，通常の場合には，流線は流体領域内で分岐したり交差したりすることはない．もしそのようなことが起こったとすると，その場所で速度ベクトルの向きが2通り以上あることになり矛盾するからである．例外は速度が0(よどみ点)や無限大となる点である．そこではベクトルの向きが決まらないので取り扱いを別にしなければならない．このような点は流れ場の**特異点**と呼ばれる.

1.3.3 オイラーの方法とラグランジュの方法

オイラーの方法では，各瞬間ごとに空間の各点での物理量の値が記述されているので，“着目している連続体粒子が移動するときに，それに備わっている物理量がどのように変化するか”を記述するには注意が必要である．例えば，われわれがボールを投げ，その後のボールの運動を考えるときは，その物体のもつ物理的な性質(位置や速度など)が移動に伴ってどれだけ変化するかをニュートンの運動方程式によって論じている．すなわち，物体を構成する原子や分子はそれをとりまく水や空気とは区別され，その物体を構成する粒子が全体として受ける物理量の変化が考えられている．これは前節で述べたラグランジュ的記述法にほかならない．連続体の場合も同様に考えればよいが，連続体では着目する部分もそれをとりまく媒質も，媒質としては同じで区別がない．そこで，時刻 t において着目した連続体粒子に色をつけて区別したとしよう(仮想的でよい)．この部分のもつ物理量を一般に Q とすると，これは空間座標 $\boldsymbol{x}=(x, y, z)$ と時刻 t を用いて $Q=Q(\boldsymbol{x}, t)$ と表現される．Q は $\boldsymbol{x}, t$ について連続であるとする.

さて，この連続体粒子が微小時間 Δt の間に速度 $\boldsymbol{v}=(u, v, w)$ で移動したとすると，時刻 $t+\Delta t$ には位置 $(x+u\Delta t, y+v\Delta t, z+w\Delta t)$ にあるはずである．したがって，ボールの移動の場合と同様にして，着色した連続体粒子の移動前

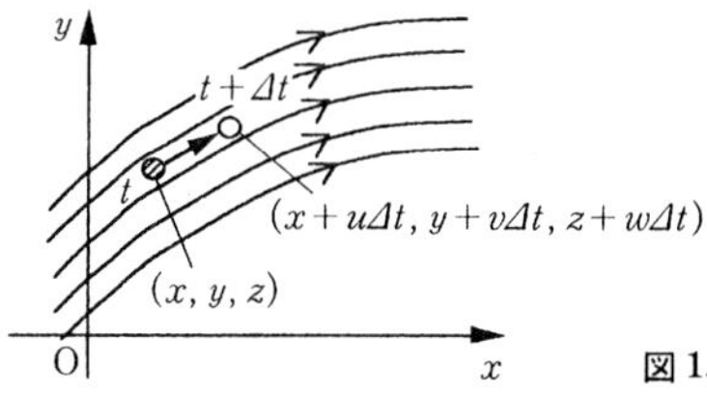

図 1.13 移動する連続体粒子が受ける変化

後の Q の変化 $\varDelta Q$ を考えると

$$\varDelta Q = Q(x+u\varDelta t,\, y+v\varDelta t,\, z+w\varDelta t,\, t+\varDelta t) - Q(x, y, z, t)$$

となる．Q は空間的にも時間的にも連続的に変化すると仮定しているので，右辺の第1項はテイラー展開できる．そこで $\varDelta$ のついた微小量の1次まで考慮すると

$$\begin{aligned}\varDelta Q &= \left(Q(x, y, z, t) + \frac{\partial Q}{\partial x}u\varDelta t + \frac{\partial Q}{\partial y}v\varDelta t + \frac{\partial Q}{\partial z}w\varDelta t + \frac{\partial Q}{\partial t}\varDelta t + \cdots\right) \\ &\quad - Q(x, y, z, t) \\ &= \left(u\frac{\partial Q}{\partial x} + v\frac{\partial Q}{\partial y} + w\frac{\partial Q}{\partial z} + \frac{\partial Q}{\partial t}\right)\varDelta t + \cdots\end{aligned}$$

したがって，変化の割合は

$$\begin{aligned}\lim_{\varDelta t\to 0}\frac{\varDelta Q}{\varDelta t} &= u\frac{\partial Q}{\partial x} + v\frac{\partial Q}{\partial y} + w\frac{\partial Q}{\partial z} + \frac{\partial Q}{\partial t} \\ &= \left(\frac{\partial}{\partial t} + u\frac{\partial}{\partial x} + v\frac{\partial}{\partial y} + w\frac{\partial}{\partial z}\right)Q = \left(\frac{\partial}{\partial t} + \boldsymbol{v}\cdot\nabla\right)Q\end{aligned}$$

と表せる．これを**ラグランジュ微分** (Lagrangian derivative) と呼び，最右辺の表式を DQ/Dt と書く．すなわち

$$\frac{D}{Dt}Q = \left(\frac{\partial}{\partial t} + u\frac{\partial}{\partial x} + v\frac{\partial}{\partial y} + w\frac{\partial}{\partial z}\right)Q = \left(\frac{\partial}{\partial t} + \boldsymbol{v}\cdot\nabla\right)Q \tag{1.8}$$

注：数学的には関数 $Q(x(t), y(t), z(t), t)$ の t に関する微分

$$\begin{aligned}\frac{dQ}{dt} &= \frac{\partial Q}{\partial x}\frac{dx}{dt} + \frac{\partial Q}{\partial y}\frac{dy}{dt} + \frac{\partial Q}{\partial z}\frac{dz}{dt} + \frac{\partial Q}{\partial t} \\ &= \frac{\partial Q}{\partial t} + u\frac{\partial Q}{\partial x} + v\frac{\partial Q}{\partial y} + w\frac{\partial Q}{\partial z}\end{aligned}$$

を実行したにすぎない．

【例】 x, y, z, t が独立変数であることに注意して DQ/Dt を計算してみよう．

(1) Q が座標 x のとき：

$$\frac{Dx}{Dt} = \frac{\partial x}{\partial t} + u\frac{\partial x}{\partial x} + v\frac{\partial x}{\partial y} + w\frac{\partial x}{\partial z} = u \tag{1.9}$$

したがって，座標 x の時間変化は x 方向の速度 u に等しい．

(2) Q が2つの従属変数 A, B の積 AB のとき：

$$\frac{D(AB)}{Dt} = \left(\frac{\partial A}{\partial t}B + A\frac{\partial B}{\partial t}\right) + u\left(\frac{\partial A}{\partial x}B + A\frac{\partial B}{\partial x}\right) + \cdots = \frac{DA}{Dt}B + A\frac{DB}{Dt} \tag{1.10}$$

これは，通常の積の微分と同じ形である．

(3) Q が速度 $\boldsymbol{v}=(u, v, w)$ のとき：x 成分について計算すると

$$\frac{Du}{Dt}=\frac{\partial u}{\partial t}+u\frac{\partial u}{\partial x}+v\frac{\partial u}{\partial y}+w\frac{\partial u}{\partial z} \tag{1.11}$$

右辺第2項は u について2次であり，非線形である．もし連続体の速度が非常に小さい場合には，右辺第2〜4項は無視でき，Du/Dt は $\partial u/\partial t$ と一致する．弾性体の微小変位理論(第3，第6章)や流体の低レイノルズ数流れ(9.2節)などではこの近似が使われる．詳しくは後述する．

演 習 問 題

1.1 固体や気体において，1辺の長さが1 cm, 1 mm, 1 μm の立方体中の分子数を概算せよ．

1.2 標準状態で空気の平均自由行路 l_{m} が 640 Å であるとして，空気の平均衝突時間を見積もれ．

1.3 速度場が (a) $\boldsymbol{v}=(ax, ay, 0)$, (b) $\boldsymbol{v}=(-ay, ax, 0)$, (c) $\boldsymbol{v}=(ay, ax, 0)$ で与えられているとき，それぞれの場合について流線を求めよ．ただし，a は0でない定数とする．

1.4 ラグランジュ微分 DQ/Dt は2つの項 $\partial Q/\partial t$ と $\boldsymbol{v}\cdot\nabla Q$ から成っている．Q として温度場 $T(x, y, z, t)$ を例にとり，これらの項の意味を説明せよ．

2

弾性体の変形と応力

質点や剛体の力学では，物体の変形は考慮しなかった．しかし，現実にはすべての物体は力を受けると何らかの変形をする．これらの変形に逆らっている内部的な力は，物体を構成している原子・分子間に作用しているミクロな力である．ここでは，まずこのミクロな過程の積分として現れるマクロな変形と外力の関係を学ぶ．次に，最も簡単な変形である伸縮，圧縮・膨張，ずれに対して応力とひずみの法則を調べ，これらを応用してねじれや曲げの問題を考える．弾性体の変形を単純な変形に分解したり，逆にそれらを合成してより複雑な変形を解析するという基本的なアプローチに習熟してほしい．この章は次章以降で扱う変形の基礎になる部分である．

キーワード　ヤング率，ポアッソン比，体積弾性率，ずれ弾性率，ねじれ，曲げ

2.1 伸縮ひずみ

細長い弾性体の両端を引っ張ると，長さに沿った方向に引き伸ばされる．これを**伸縮ひずみ**あるいは単に**伸び**という．図 1.3 でも示したように，一様な媒質であれば，釣り合った状態で内部の各点に生じている相対的な変位はどこでも等しい．これを一様な伸縮ひずみ（あるいは一様な伸び）という．弾性体に加えた力を F，これによって生じた伸びの大きさを δl とすると，伸びが小さいときには

$$F = k\delta l \tag{2.1}$$

のような比例関係が成り立つ（**フック**（Hooke）**の法則**）．ここで，k は比例定数であり，つるまきばねの場合には，k は**ばね定数**と呼ばれている．

ところで，同じ大きさの力を加えてももとの弾性体の長さや太さによって，伸びの大きさが異なるのは当然であろう．では，これらの曖昧さを避けるためにはどうしたらよいであろうか？

2.1.1 ヤング率

多くの固体では，物質を構成する原子分子が規則正しく配列している．このような秩序を維持しているのは分子間力である．分子間力のポテンシャル U は，図 2.1 に示したように分子の中心からある距離 x_0 の位置に最小値をもち，x_0 より近づくと急激に反発力が増大してそれ以上近づくことを許さない．他方，x_0 より遠方では引力が働くが，その大きさはゆるやかに減少していく．この平衡点 x_0 の近くでは，ポテンシャルは放物線で近似でき

$$U(x)=U_0+\frac{k_0}{2}(x-x_0)^2+\cdots \tag{2.2}$$

と展開できるから，分子間力 f_0 は

$$f_0=-\frac{\mathrm{d}U}{\mathrm{d}x}\approx -k_0(x-x_0)=-k_0\,\delta x \tag{2.3}$$

となる．ここで k_0 は定数であり，$\delta x=x-x_0$ とおいた．

さて，いま長さ l，断面積 S の細長い直方体の棒があり，その両端に力 F がかけられた結果，全体で δl だけ伸びを生じて釣り合ったとしよう (図 2.2 (a) 参照)．この状態をミクロにみれば，図 2.2 (b) に示したように，個々の分

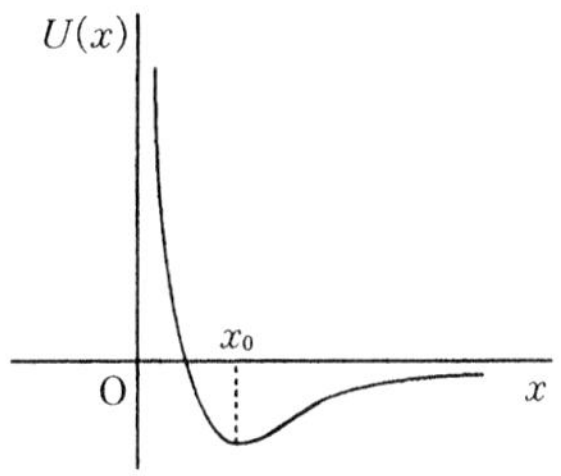

図 2.1 分子間力のポテンシャル

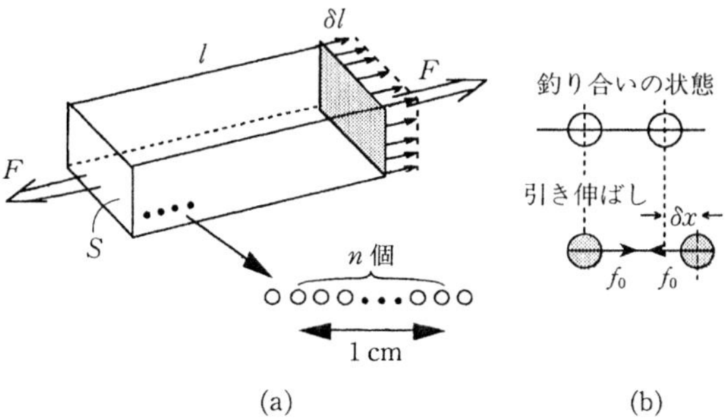

図 2.2 棒の伸長とミクロ弾性

子間距離が δx だけ伸びたものと考えられる．単位長さ当たりの分子数を n とすると，長さ l の棒には nl 個の分子が並んでいるので，棒全体での伸びは

$$\delta l = nl\delta x \tag{2.4}$$

と表されるはずである．他方，断面内に並んでいる分子の数は n^2S であるから，断面全体に働いている力は，個々の分子からの力の和として

$$F = -n^2Sf_0 \tag{2.5}$$

と表される．式 (2.3)~(2.5) より

$$F = -n^2Sf_0 = n^2Sk_0\delta x = n^2Sk_0\frac{\delta l}{nl} = nSk_0\frac{\delta l}{l}$$

すなわち

$$\frac{F}{S} = nk_0\frac{\delta l}{l} = E\frac{\delta l}{l} \tag{2.6}$$

を得る．ここで $E = nk_0$ は物質に固有な定数である (弾性体の長さや太さの影響はすでに l や S で考慮されている！)．もし E を一定に保ったまま n を増やしていけば，対象としている媒質は無限に密に物質がつまったもの，すなわち連続体に近づき，マクロな法則として導かれたフックの法則 (2.1) と一致する．ガラスのような非晶質の物質やゴムのような鎖状高分子が絡み合った物質では，構成分子が上のように規則的に配列しているわけではないが，微小変形では外力に比例して分子が釣り合いの位置から移動し，相互の位置をもとに戻そうとする力が働く点では同じであるから，関係式 (2.6) は成り立つ．

式 (2.6) の左辺は単位面積当たりの張力，右辺は伸びの割合 $\delta l/l$ であり，$E = nk_0$ は弾性の大きさを表す物質定数で**ヤング率** (Young's modulus) と呼ば

表 2.1　いろいろな物質の弾性定数

	ヤング率 E [Pa]	ポアッソン比 σ (無次元)	体積弾性率 K [Pa]	ずれ弾性率 G [Pa]
弾性ゴム	1.5～5.0 ×10^6	0.46～0.49	(0.6～8.3) ×10^6	(0.5～1.5) ×10^6
ポリエチレン	7.6 ×10^8	0.458	3.0 ×10^9	2.6 ×10^8
アルミニウム	7.03 ×10^{10}	0.345	7.55 ×10^{10}	2.61 ×10^{10}
金	7.8 ×10^{10}	0.44	2.17 ×10^{11}	2.7 ×10^{10}
銅	1.298 ×10^{11}	0.343	1.378 ×10^{11}	4.83 ×10^{10}
鋼鉄	2.01～2.16 ×10^{11}	0.28～0.30	1.65～1.70 ×10^{11}	7.8～8.4 ×10^{10}
ダイヤモンド	——	——	6.3 ×10^{11}	——

注：単位 Pa (パスカル) は N/m² である．データは主として理科年表による．

れる．いくつかの弾性体のヤング率を表 2.1 に示す．また，一般に F/S のように単位面積当たりに働く力を**応力** (stress) と呼ぶ．のちに向きの異なる応力が登場するので，それと区別するために，面に垂直な向きをもつ応力をとくに**法線応力** (normal stress) と呼ぶ．

2.1.2 応力-ひずみ曲線

多くの物質において応力と伸びの割合は図 2.3 に示したような依存性を示す．これを**応力-ひずみ** (stress-strain) **曲線**という．フックの法則で表されるような比例関係が成立するのは $\delta l/l$ や F/S の比較的小さな範囲内 OP (直線部 a) に限られる．図の PE 部分 (曲線部 a') のように，応力とひずみが比例していなくても，応力を取り除いたときにもとの状態に戻るならば弾性領域内である．他方，応力を取り除いたときにもとの状態に戻れなくなるような限界 E を**弾性限度** (elastic limit) と呼ぶ．弾性限度内にあっても応力-ひずみ曲線の上昇曲線と下降曲線が一致しないで輪を描くことがある (図 2.3 の曲線 $a+a'+b$)．この現象を**弾性ヒステリシス** (elastic hysteresis) と呼ぶ．弾性限度を過ぎると応力を減少させてもはじめの曲線 a や b には従わず，QO′ のような別の経路 c をたどって**永久ひずみ** (permanent strain) OO′ を残す．このような性質が**塑性** (plasticity) である．弾性限度を越えてさらに応力を増していくと，物体の内部にすべりを生じ，応力はほとんど変化させなくてもひずみが急激に増大するような状態に達する．このような状態の始まる点 Y を降伏点，そのときの応力を**降伏応力** (yield stress) と呼ぶ．降伏点を越えてさらに応力を増していくと弾性体はやがて破断する．このときの応力を**引張り強さ** (tensile strength) と呼ぶ．

2.1.3 ポアッソン比

弾性体の両端に力を加えて引き伸ばすと，一般には力と垂直な方向にも変形

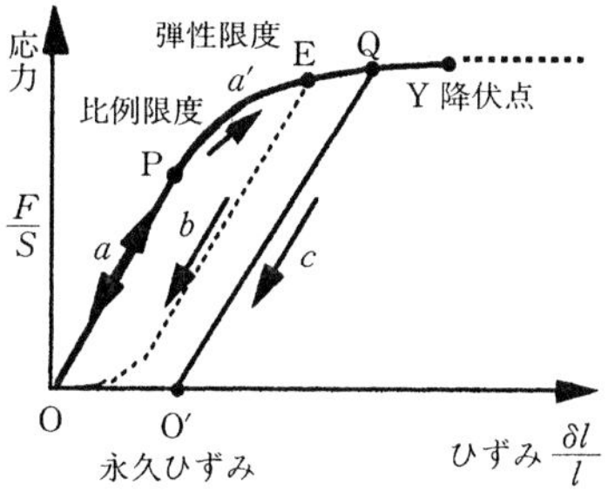

図 2.3 応力-ひずみ曲線の一例

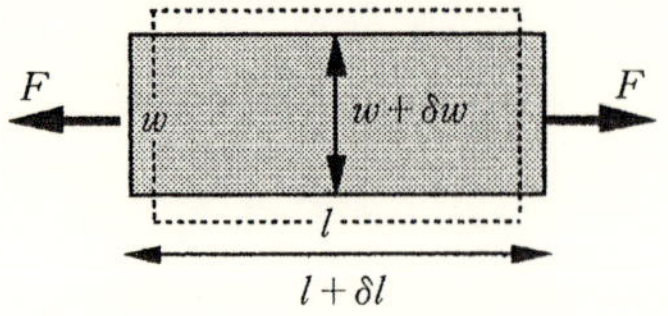

図 2.4　直方体の引き伸ばし

(収縮)を生じる．図 2.4 のように一辺の長さ l, w, h の直方体(h は紙面に垂直)の一辺 l を δl だけ引き伸ばしたときの w, h の変化をそれぞれ δw, δh とすると，変形が微小であれば伸びの割合 $\delta w/w$, $\delta h/h$ は $\delta l/l$ に比例する．

$$\frac{\delta w}{w}=\frac{\delta h}{h}=-\sigma\frac{\delta l}{l} \tag{2.7}$$

上式に現れた比例定数 σ は**ポアッソン比** (Poisson's ratio) と呼ばれ，物質に固有な無次元の定数である．表 2.1 に示したように，σ の値は鋼鉄のような硬い金属で 0.3，金や鉛のような柔らかい金属で 0.45 程度，またゴムで 0.48 程度である ($\sigma<1/2$ であることは 2.2.2 項で述べる)．

2.2　圧縮・膨張

2.2.1　体積弾性率

体積 V の弾性体に一様な圧力 δp を加え，体積が $V+\delta V$ にわずかに変化したとしよう．このときにも体積変化の割合と圧力 δp (これは法線応力)の間には比例関係が成り立つことが知られている．すなわち

$$\frac{\delta V}{V}=-\kappa\delta p \quad \text{あるいは} \quad \delta p=-K\frac{\delta V}{V} \tag{2.8}$$

ここで κ は**圧縮率** (compressibility)，$K(=1/\kappa)$ は**体積弾性率** (bulk modulus) と呼ばれる物質定数である．関係式 (2.8) は，気体の場合の**ボイル** (Boyle) **の法則**の一般化でもある．体積弾性率は前述のヤング率やポアッソン比を用いて表すことができる．

2.2.2　K と E の関係

図 2.5 (a) に示したような長さ l, w, h の直方体のすべての面に圧力 δp が働き，体積が $V(=lwh)$ から $V+\delta V$ に変化したとしよう．このとき式 (2.8) から

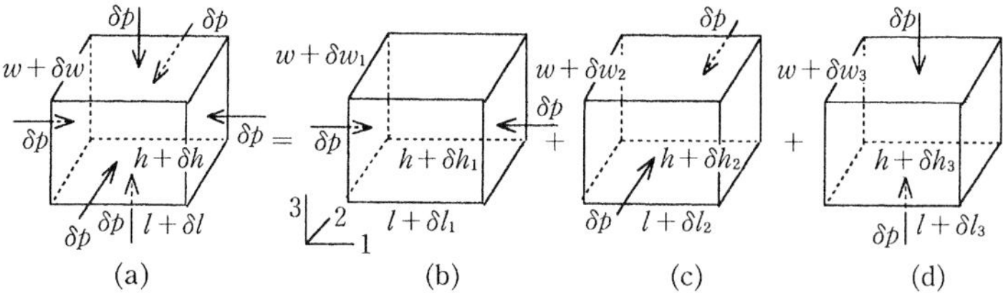

図 2.5 微小変形の分解と重ね合わせ

$$\frac{\delta V}{V}=-\frac{\delta p}{K} \tag{2.9}$$

ところで，この弾性体の体積変化は図 2.5 (b)～(d) に示したような 3 つの変形の重ね合わせとも考えられる．ただし，図 2.5 (b)～(d) はそれぞれ 1, 2, 3 の各方向 (図を参照) にだけ圧力が働いている場合の変形を考えたものである．

図 2.5 (b)～(d) のそれぞれの場合の変形に対して添字 1, 2, 3 を付けて区別すると

$$\begin{array}{lll}
\text{(b)} & \text{(c)} & \text{(d)} \\
\dfrac{\delta l_1}{l}=-\dfrac{\delta p}{E}, & \dfrac{\delta w_2}{w}=-\dfrac{\delta p}{E}, & \dfrac{\delta h_3}{h}=-\dfrac{\delta p}{E} \\
\dfrac{\delta w_1}{w}=-\sigma\dfrac{\delta l_1}{l}=\dfrac{\sigma\delta p}{E}, & \dfrac{\delta l_2}{l}=-\sigma\dfrac{\delta w_2}{w}=\dfrac{\sigma\delta p}{E}, & \dfrac{\delta l_3}{l}=-\sigma\dfrac{\delta h_3}{h}=\dfrac{\sigma\delta p}{E} \\
\dfrac{\delta h_1}{h}=-\sigma\dfrac{\delta l_1}{l}=\dfrac{\sigma\delta p}{E}, & \dfrac{\delta h_2}{h}=-\sigma\dfrac{\delta w_2}{w}=\dfrac{\sigma\delta p}{E}, & \dfrac{\delta w_3}{w}=-\sigma\dfrac{\delta h_3}{h}=\dfrac{\sigma\delta p}{E}
\end{array} \tag{2.10}$$

となるので，1, 2, 3 の各方向に対する伸びは全体で $\delta l=\delta l_1+\delta l_2+\delta l_3$, $\delta w=\delta w_1+\delta w_2+\delta w_3$, $\delta h=\delta h_1+\delta h_2+\delta h_3$, したがって伸びの割合は

$$\frac{\delta l}{l}=\frac{\delta w}{w}=\frac{\delta h}{h}=-\frac{(1-2\sigma)\delta p}{E} \tag{2.11}$$

となる．体積膨張率は

$$\frac{\delta V}{V}=\frac{(l+\delta l)(w+\delta w)(h+\delta h)-lwh}{lwh}\approx\frac{\delta l}{l}+\frac{\delta w}{w}+\frac{\delta h}{h}=-\frac{3(1-2\sigma)\delta p}{E} \tag{2.12}$$

であるから，式 (2.9) と比較することにより

$$K=\frac{E}{3(1-2\sigma)} \tag{2.13}$$

を得る．通常 K や E は正であるから，式 (2.13) から $\sigma<1/2$ となる．

2.3 ず　　れ

2.3.1 ずれ弾性率

図2.6に示したように直方体の下面を固定し，上面に対して面に平行な力 F を加えると，上下の面が平行にずれるような変形が起こる．この変形を**ずれ** (shearing strain) と呼ぶ．体積は変化しない．面に働く力の大きさは単位面積当たり $f=F/S$ (S は上面の面積) で，方向は面に平行である．このような応力を**接線応力** (tangential stress) あるいは**せん断応力** (shearing stress) と呼ぶ．ずれの程度を特徴づけるためには，変形前に固定面に垂直であった辺 AB がずれによって傾いた角度 θ を用いればよい (図2.6を参照)．微小なずれ変形では θ と f の間に比例関係が成り立ち

$$\theta=\frac{f}{G}\quad \text{あるいは}\quad f=G\theta \tag{2.14}$$

と表される．G を**ずれ弾性率** (shear modulus) または**剛性率** (modulus of rigidity) と呼ぶ．G も物質定数であり，E や σ を用いて表すことができる．

2.3.2 G と E の関係

簡単のために図2.6で $h=l$ と仮定する．ずれ変形の前後での対角線の長さは図2.7(a)から明らかなように

$$\mathrm{AC}=\mathrm{BD}=\sqrt{2}l$$

$$\left.\begin{matrix}\mathrm{A'C}\\ \mathrm{BD'}\end{matrix}\right\}=\sqrt{l^2+[l(1\mp\theta)]^2}\approx\sqrt{2}l\left(1\mp\frac{1}{2}\theta\right)$$

であるから，対角線方向の伸びの割合は AC, BD 方向にそれぞれ

$$\frac{\mathrm{A'C}-\mathrm{AC}}{\mathrm{AC}}=-\frac{\theta}{2},\qquad \frac{\mathrm{BD'}-\mathrm{BD}}{\mathrm{BD}}=\frac{\theta}{2} \tag{2.15}$$

である．

図2.7(a)では，弾性体の下面が不動であると仮定していたが，このままで

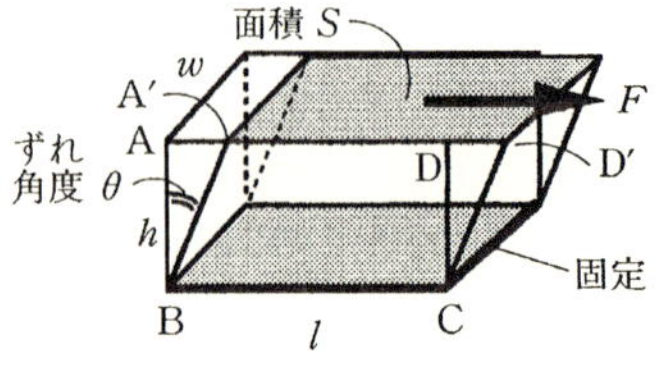

図2.6 ずれ

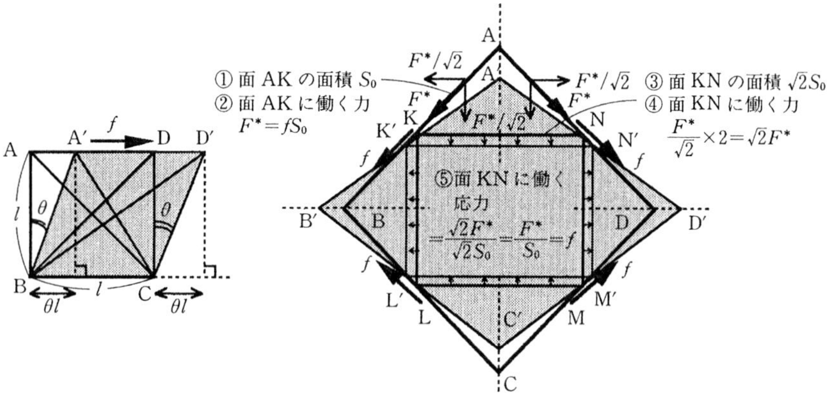

(a) 単純なずれ　　(b) 純粋なずれ

図 2.7　ずれによる内接 4 辺形の変形と応力

は弾性体の上面に加えた応力によって並進や回転の運動を起こしてしまう．そこでいま考えている弾性体を静止させたままでずれ変形を起こさせるためには，図 2.7 (b) のように，大きさが等しく向きが反対の接線応力を互いに向かい合う面に与え，同時にまた隣合う面に働く力のモーメントが打ち消されるようにする必要がある．このような応力による変形を**純粋なずれ** (pure strain) と呼ぶ．

さて図 2.7 (b) のような正方形断面 ABCD をもつ弾性体に接線応力 $f=F/S$ (S は辺 AB の長さと奥行きの積) が働き，純粋なずれ変形が起こったとする．この変形で各辺の中点を結ぶ 4 辺形は正方形 KLMN から長方形 K′L′M′N′ に変化する (図 1.4 も参照)．面 KN や面 LM に働く応力は圧力 f であり，面 KL や面 MN に働く応力は張力 f である (このことは，例えば図 2.7 (b) の領域 AKN での力の関係を①②…⑤の順に確認すればよい)．これを考慮して AC 方向，BD 方向の伸縮の割合を計算すると AC, BD 方向の伸びの割合はそれぞれ

$$-(1+\sigma)\frac{f}{E}, \qquad (1+\sigma)\frac{f}{E} \tag{2.16}$$

となる (演習問題 2.4)．

式 (2.16) を式 (2.14), (2.15) と比較して

$$G=\frac{E}{2(1+\sigma)} \tag{2.17}$$

通常 E, $G>0$ であるから $\sigma>-1$. 前述の結果とあわせて $-1<\sigma<1/2$ となる. しかし $\sigma<0$ となる物質, すなわち1つの方向に引き伸ばしたときにこれと垂直な方向にも広がるような物質は見つかっていないので, 経験的には

$$0 \leqq \sigma < \frac{1}{2} \tag{2.18}$$

と考えてよい.

2.4 棒のねじれ

棒の一端を固定し他端に偶力を作用させると, 棒には**ねじれ**が生じる. このようなねじれに対する強度の問題は, 回転軸をもつ非常に多くの機械において登場してくるものである. 簡単のために, 棒は半径 R, 長さ L の弾性体の円柱とし, 上端のねじれの角度を Φ とする (図 2.8 (a) 参照). 円柱内部の変形の様子を理解するために, まず円柱内部の半径 $r \sim r+\mathrm{d}r$ の薄い円筒状の殻部分に着目する (図 2.8 (b) 参照). さらに殻の周に沿う微小な長さ $\mathrm{d}s(=r\mathrm{d}\phi)$ の部分 ABCDHIJK を考えると, これは辺の長さが $\mathrm{d}r$, $\mathrm{d}s$, L の直方体で近似することができる. 円筒状の殻のねじれは, この直方体の上面 ADKH に周方向の力 $\mathrm{d}F$ が働いて, 辺 AB が角度 θ だけ傾いたものが連なった結果と考えてよい. したがって, ねじれ角 Φ と直方体のひしゃげた角度 θ の間には

$$L\theta=r\Phi, \quad \text{すなわち} \quad \theta=\frac{\Phi}{L}r \tag{2.19}$$

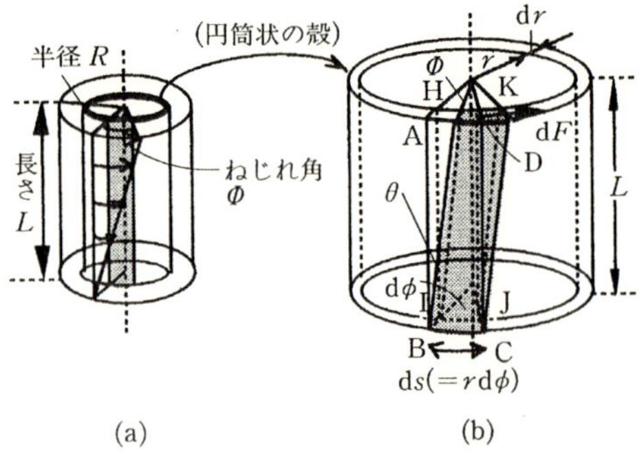

図 2.8 円柱のねじれ

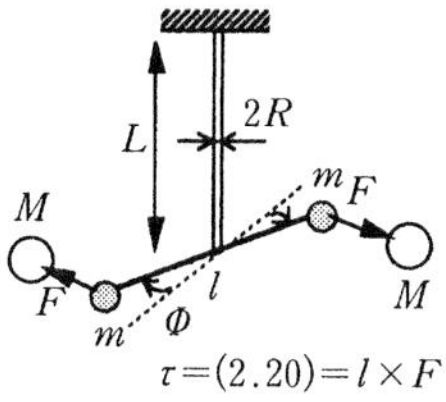

図 2.9 ねじれ秤り

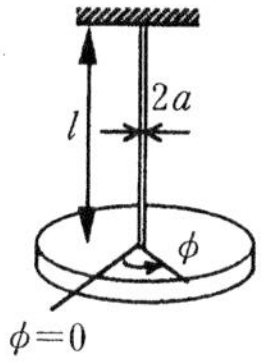

図 2.10 ねじれ振り子

の関係がある．ずれ弾性率を G とすれば，このずれを起こすために必要な力は接線応力 $f=G\theta$ であり，直方体の上面 ADKH 全体が受ける接線方向の力 $\mathrm{d}F$ は $\mathrm{d}F=f\mathrm{d}r\mathrm{d}s$，この力が円筒の中心軸のまわりに与える力のモーメント $\mathrm{d}\tau$ は $\mathrm{d}\tau=r\times\mathrm{d}F$ となる．これを円柱の断面全体にわたって積分すれば，円柱を角度 Φ だけねじるのに必要な力のモーメント（トルクともいう）τ が得られ，

$$\tau=\int_{\text{円柱断面}}\mathrm{d}\tau=\int_0^R\mathrm{d}r\int_0^{2\pi}\frac{G\Phi r^3}{L}\mathrm{d}\phi=\frac{2\pi G\Phi}{L}\int_0^R r^3\mathrm{d}r=\frac{\pi G\Phi R^4}{2L} \qquad (2.20)$$

となる．

注：弾性体の棒のねじれに要するモーメントが半径の 4 乗に比例するという結果は，半径を小さくすることによって非常に小さなモーメントの測定が可能であることを示唆している．これを利用したものがねじれ秤りであり，実際にクーロンが電気力の逆 2 乗法則を導き (1785 年)，またキャベンディッシュが万有引力定数を (1798 年頃)，レベデフが光の圧力を (1899 年) 測定したときにも，この方法が利用されていた (図 2.9)．また，図 2.10 のように回転の慣性モーメントが既知の剛体を細い弾性体の糸に吊し，糸を軸として回転できるようにした系では，糸の弾性による復元力のために剛体の回転振動が生じる (ねじれ振り子)．この振動周期を測ることによって，ずれ弾性率 G を求めることができる (演習問題 2.5)．

2.5 棒 の 曲 げ

2.5.1 棒に働くモーメントと曲げ

図 2.11 (a) のように真直な弾性体の棒の両端に力のモーメントを与え，棒を平面内で曲げる場合を考えてみよう．棒は外側では引き伸ばされ内側では圧縮されるから，その中間に伸び縮みのない面が生じている．これを**中立面** (neutral plane) と呼ぶ．太さや材質の一様な棒がわずかに曲げられる場合に

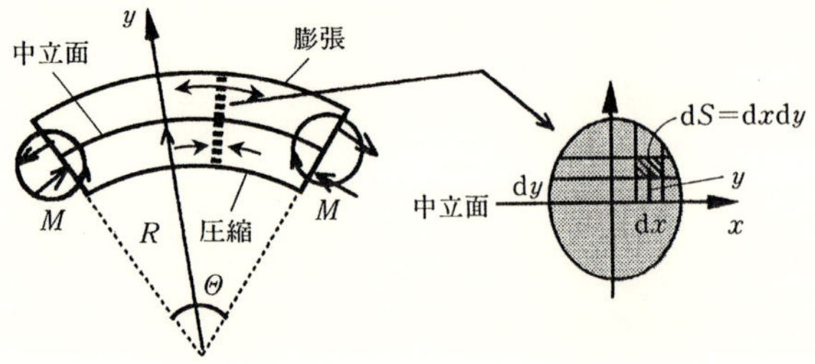

(a) モーメント　　(b) 棒の横断面

図 2.11　棒の曲げ

は棒の形は円弧で近似できるので，中立面の曲率半径を R，その面を基準として外側に測った高さを y として伸びの割合 $\delta l/l$ を表すと

$$\frac{\delta l}{l}=\frac{(R+y)\Theta-R\Theta}{R\Theta}=\frac{y}{R} \tag{2.21}$$

となる．ただし Θ は円弧状に曲がった棒の張る中心角である．したがって断面内の微小面 $dxdy$ 部分 (図 2.11 (b) の斜線部分) に垂直に働く応力 f はヤング率を E として

$$f=E\frac{\delta l}{l}=E\frac{y}{R} \tag{2.22}$$

また，これによって中立面のまわりに生じる力のモーメントは $dM=y\times(f dxdy)$ となる．これを棒の断面全体にわたって積分すれば，棒を曲げるのに必要なモーメント M が得られ

$$M=\int dM=\frac{E}{R}\iint_{\text{断面全体}} y^2 dxdy=\frac{E}{R}I \tag{2.23}$$

となる．ここで I は**断面の幾何学的慣性モーメント**と呼ばれ

$$I=\iint_{\text{断面全体}} y^2 dxdy \tag{2.24}$$

と定義される．剛体の回転における慣性モーメントとは次元も物理的な意味も異なるが，曲げにくさ (これも慣性の一種) を表すので，このような名前がつけられている．関係式 (2.23) は**ベルヌーイ-オイラー** (Bernoulli-Euler) **の法則**と呼ばれている．

2.5.2　断面の幾何学的慣性モーメントの例

a. 長方形断面の場合

断面が図 2.12 (a) のような長方形の棒を面 AB や CD に平行な面内で曲げ

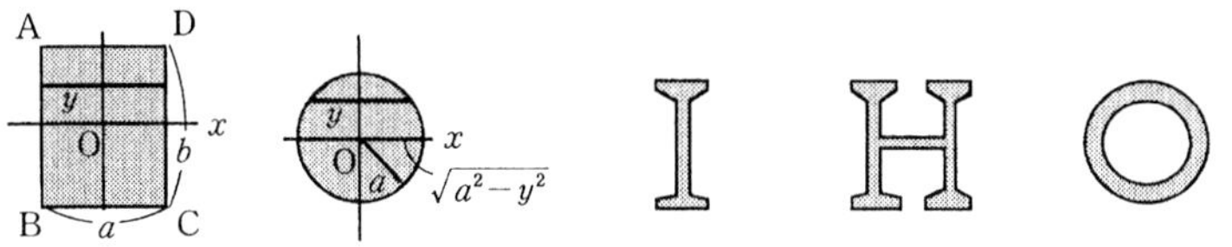

(a) 角柱　(b) 円柱　(c) Iビーム　(d) Hビーム　(e) 中空円筒

図 2.12 棒の断面形

る場合には，中立面は明らかに辺 AB, CD の中点を通る面である．長方形の縦横の長さを b, a とし，図のように xy 軸をとれば

$$I=\int_{-a/2}^{a/2}\mathrm{d}x\int_{-b/2}^{b/2}y^2\mathrm{d}y=\frac{ab^3}{12} \tag{2.25}$$

となる(板の厚みの 3 乗に比例する！)．これと垂直な方向に曲げる場合には a と b の役割を入れ換えればよい．

b. 円形断面の場合

図 2.12 (b) のような半径 a の円柱の棒に対しては $I=\pi a^4/4$ となる(演習問題 2.6).

c. I ビームや H ビーム

一定量の物質を用いて，曲げに対して最も強い棒を作るためにはどのような断面形にすればよいであろうか．それには式(2.24)で定義される慣性モーメント I を大きくすればよい．これは中立面から遠い場所に多くの物質を分布させることによって実現される．この発想から生まれたものが図 2.12 (c) (d) に示した I ビーム(梁)や H ビームであり，鉄道のレールや建築資材としてよく見かけるものである．また，どの方向の曲げに対しても慣性モーメントが大きくなるようにしたものが図 2.12 (e) の中空円筒である．ただし，もし同じ太さの円柱で中がつまっているものと中空円筒とを比較するならば，前者の方が曲げに対して強いことはいうまでもない．生物はいま述べてきたような知識を経験的にもっていたと思われる．例えばアシやムギや竹など多くの植物の茎，あるいは鳥の羽毛の軸や多くの鳥の骨などは中空円筒である．これらはいずれも限られた材料を用いて最も軽くて強い構造体を目指した結果であろう．

2.5.3 梁のたわみ

一端を固定した梁の他端に，梁の面に垂直に力をかけたときの変形(**たわみ**)を考えてみよう．梁の長さを L, 力の大きさを F とする．図 2.13 のよう

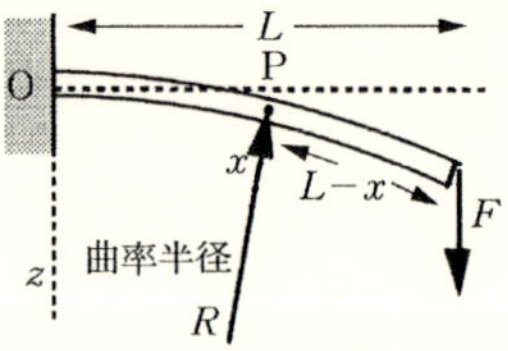

図 2.13　梁の変形

に，はじめに板の置かれていた面内に x 軸を，これと垂直に z 軸を選ぶ．力を加えた結果，梁が半径 R の円弧状に曲がったとすると，梁の形 $z=u(x)$ とは

$$\frac{1}{R}=\frac{u''}{(1+u'^2)^{3/2}}\approx u''(x) \tag{2.26}$$

の関係がある（この R は，しばしば**曲率半径**と呼ばれる）．

板の自重を無視すれば，固定端から距離 x の点Pには力 F により $(L-x)F$ のモーメントが働き，これと梁による曲げのモーメント EI/R（逆向き）が釣り合うから

$$(L-x)F=EIu''(x) \tag{2.27}$$

が成り立つ．固定端 $x=0$ で $u=0$，$u'=0$ として上式を解くと

$$u=\frac{F}{EI}\left(\frac{Lx^2}{2}-\frac{x^3}{6}\right) \tag{2.28}$$

を得る．これは 3 次曲線である．とくに梁の先端の変位は

$$z=u(L)=\frac{FL^3}{3EI} \tag{2.29}$$

となる．これは梁の長さ L の 3 乗に比例する．

演習問題

2.1　弾性体の例としてよく知られているものに，つるまきばねがある．自然長 l のばねを δl だけ伸ばすのに必要な力を F とすると，$F=k\delta l$ と表される．k はばね定数である．ばねを弾性体の棒（長さ l，断面積 S，ヤング率 E）と考え，式(2.1)と比較せよ．次に k の S, l 依存性を考慮して，ばね定数 k_1, k_2 の 2 つのばねを並列あるいは直列につないだ系の合成ばね定数 k_p, k_s を求めよ．

2.2　表 2.1 の E, σ, K について，式(2.13)の成立することを確かめよ．

2.3　表 2.1 の G, E, σ について，式(2.17)の成立することを確かめよ．

2.4　応力 f が図 2.14(a)のように働いている．これを(b)，(c)のように分解し，

式 (2.16) を導け．

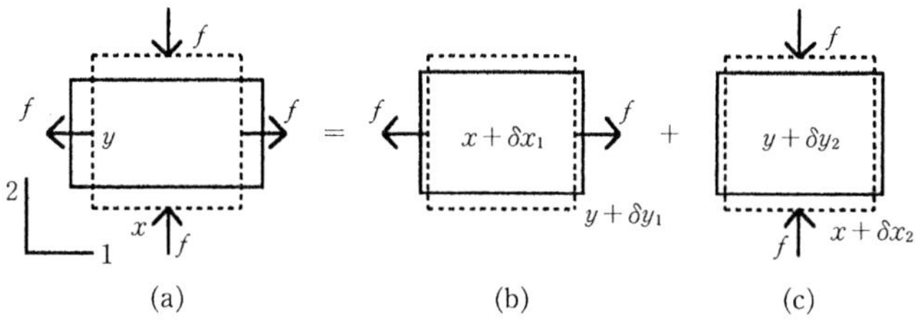

図 2.14　微小変形の分解と重ね合わせ

2.5　図 2.10 のように回転の慣性モーメント I の剛体が長さ l，半径 a の細い弾性体の糸に吊されており，糸を軸として回転できるものとする．いま水平面内で剛体を釣合いの位置から微小角度 ϕ_0 だけねじって静かに放したとして，その後の剛体の回転振動（ねじれ振動）の周期を求めよ．

2.6　半径 a の円柱の棒の断面の幾何学的慣性モーメントを計算せよ（図 2.12 (b)）．

2.7　細長い紙テープは簡単に曲がる．しかし，その辺に平行に折り目をつけると曲げにくくなる．この理由を説明せよ．

2.8　図 2.13 と同様に一端が水平に固定された板がある．板は長さ L，ヤング率 E，断面の幾何学的慣性モーメントが I で，単位長当たりの密度 σ_0 は一定とする．板が自重で変形するときの形を求めよ．

3

弾性体を伝わる波

これまで扱ってきた変位は，時間的に変化しないものに限られていた．この章では弾性体の中で伸縮やずれに不均一な分布が生じたときに，それがどのように伝わっていくかを調べる．簡単のために1次元的な波について考察するが，これは応力と変位の局所的な関係を適用することにより理解される．ここでもまたミクロな過程から連続体への極限をとってマクロな関係を導いてみよう．空気中を伝わる音波はわれわれに最も身近な弾性波の伝播であるし，弾性体を伝わる波を調べると，いろいろな物性値が測定できる．例えば，地震波から地球の内部構造が推定できるし，ミクロなスケールの測定では物質を構成する分子間の相互作用がわかる．ここで述べる平面波はまた次章以下で一般的な取り扱いを進めるうえでの基礎となる．

キーワード　縦波，横波，連成振動，波動方程式，基準振動

3.1　弾性体を伝わる縦波

3.1.1　固体中の縦波

図3.1(a)のように長さ l，断面積 S，ヤング率 E，密度 ρ の一様な直方体が x 軸方向に伸びを生じているとする．ただし，ここで考える伸びは2.1節で述べたような一様なものではなく，x 軸方向の位置や時間によって変化しているものとする．

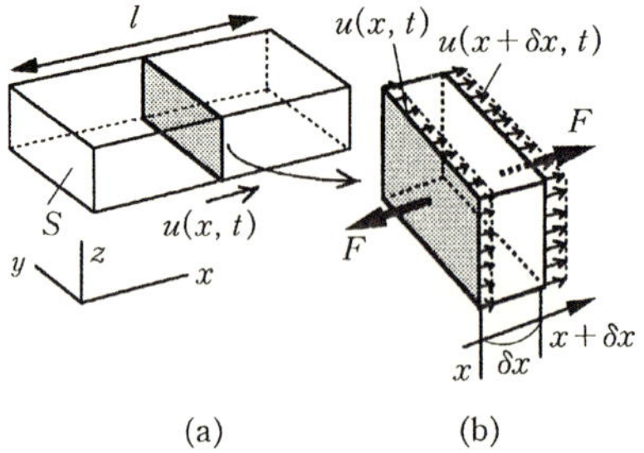

図3.1　断面に働く力と伸び

まず位置 x における伸びを $u(x,t)$ と書き，この位置で x 軸に垂直な面に働く力 $F(x,t)$ について考えてみよう．図 3.1 (b) のように $x\sim x+\delta x$ にある薄い弾性体の領域を考えると，この微小部分では伸びの割合が一様であると考えられるので，2.1 節の結果をあてはめることができる．すなわち，位置 x および $x+\delta x$ における伸びをそれぞれ $u(x,t)$, $u(x+\delta x,t)$ とおくと，はじめに長さが δx であった部分の長さは力 F によって引き伸ばされ

$$[x+\delta x+u(x+\delta x,t)]-[x+u(x,t)]=\delta x+u(x+\delta x,t)-u(x,t)$$
$$=\delta x+\frac{\partial u}{\partial x}\delta x+O((\delta x)^2)$$

となるから，$\delta x\to 0$ としたときの局所的な伸びの割合は $\partial u/\partial x$，したがって

$$F(x,t)=ES\frac{\partial u}{\partial x} \tag{3.1}$$

を得る．これが位置 x にある断面に働く x 軸方向の力である．式 (3.1) は式 (2.6) の拡張になっており，2.1 節で考えたような一様な伸びでは $\partial u/\partial x=\delta l/l$ がどこでも一定，したがって応力はどの横断面でも一定という特別な場合になっていた．

次に，図 3.2 に示した長さ Δx の微小な弾性体領域を考え，運動方程式を導こう．この部分の質量は $\rho S\Delta x$，加速度は $\partial^2 u/\partial t^2$ である (加速度は式 (1.11) で与えられているが，ここでは変位が小さく，また x 方向だけであることに注意)．他方，この部分に働く力は，位置 $x+\Delta x$ にある面に働く力 $F(x+\Delta x,t)$ と位置 x にある面に働く力 $-F(x,t)$ の和であり，式 (3.1) を用いて

$$F(x+\Delta x,t)-F(x,t)=ES\left(\frac{\partial u(x+\Delta x,t)}{\partial x}-\frac{\partial u(x,t)}{\partial x}\right)=ES\frac{\partial^2 u}{\partial x^2}\Delta x+\cdots \tag{3.2}$$

と表される．したがって，運動方程式は

$$(\rho S\Delta x)\frac{\partial^2 u(x,t)}{\partial t^2}=ES\frac{\partial^2 u(x,t)}{\partial x^2}\Delta x+\cdots$$

両辺を $S\Delta x$ で割り，$\Delta x\to 0$ として

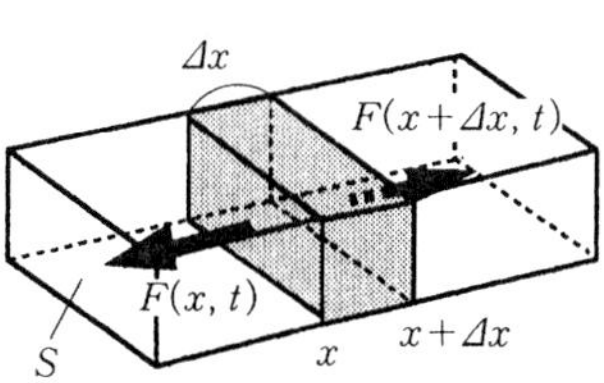

図 3.2 弾性体領域に働く力と運動

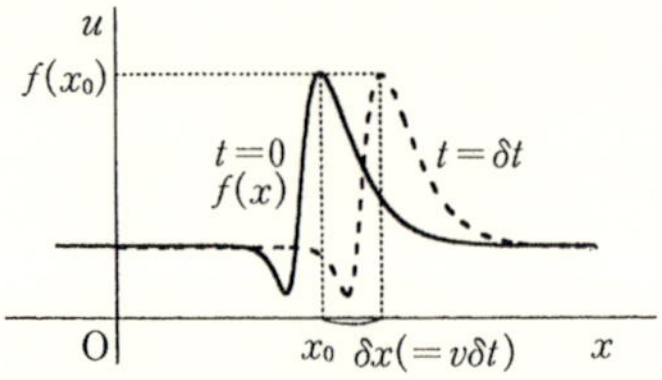

図 3.3 進行波

$$\rho\frac{\partial^2 u}{\partial t^2}=E\frac{\partial^2 u}{\partial x^2} \tag{3.3}$$

を得る．この型の方程式は**波動方程式** (wave equation) として知られている．

式 (3.3) の解は，一般に

$$u(x, t)=f(x-vt) \quad \text{または} \quad g(x+vt) \tag{3.4}$$

$$\text{ただし} \quad v=\sqrt{E/\rho} \tag{3.5}$$

と表される．f, g は任意の関数である (演習問題 3.1).

式 (3.4) の物理的な意味を簡単に調べてみよう．まず $u=f(x-vt)$ を例にとる．$t=0$ での変位は $f(x)$ である (図 3.3 を参照). $x=x_0$ における変位 $u(x_0, 0)=f(x_0)$ に着目し，$t=\delta t$ の後に x_0 から $\delta x=v\delta t$ だけ右に進んだ点 $x_0+\delta x$ を考えると，この点での変位は $u(x_0+\delta x, \delta t)=f((x_0+\delta x)-v\delta t)=f(x_0)$ になっている．つまり同じ大きさの変位を与える点が時間 δt の後に $\delta x=v\delta t$ だけ右に移動したことになる．したがって，変位の伝わる速度は v に等しい．同様にして $g(x+vt)$ は x の負の方向に速度 v で進む変位を表す．ここで述べた波のように，変位が伝播する波を**進行波**という．また，変位の方向とその伝わる方向が一致する波のことを**縦波** (longitudinal wave) という．

3.1.2 弾性波のミクロな見方

規則的に配列した分子群のそれぞれの伸縮が一様でないとすると，力の釣り合いが破れるので，変位がつぎつぎと隣接する分子に伝わっていく．この様子を見るために，分子を質点で置き換え，これらをミクロなばねによって一列に並べたモデルを考えてみよう．このばねは，もちろん分子間力を表すもので，分子の平衡位置からの変位が小さければフックの法則で表される特性をもち，変位に比例した復元力が働く．簡単のために分子はすべて同等であると仮定し，質点の質量を m, ばね定数を k とする．

図 3.4 に示したように，N 個の質点をばねで一列につなぐ．質点の両端に同種のばねをつけ，全体を距離 L を隔てた壁につなぐ．はじめ，質点は間隔

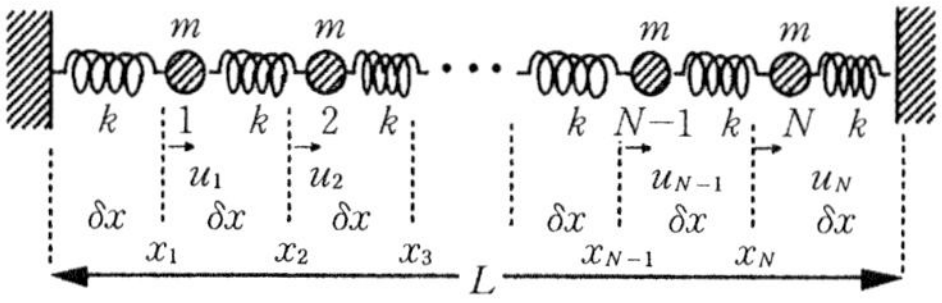

図 3.4 N 粒子のモデル

δx を隔てて等間隔に並んでいたとし，その位置を左から $x_1, x_2, \cdots, x_N$ とする．いま，これらの質点系に外力が加わった結果，質点の位置がそれぞれ $u_1, u_2, \cdots, u_N$ だけ変位したとする．

a. 連成振動

この質点系の運動方程式を解く前に，もう少し簡単な場合として，質点が2個の場合を考えてみよう．図3.5に示したように，1番目の質点の変位 u_1，2番目の質点の変位 u_2 が正の場合を代表例にとり，力の大きさと向きを考える．

1番目の質点の左側のばねは u_1 だけ引き伸ばされているので ku_1 の力で質点を左向きに引く．また，中央のばねの伸びは (u_2-u_1) であるから，このばねは第1の質点に右向きの，第2の質点に左向きの力 $k(u_2-u_1)$ を及ぼす．第2の質点の右側のばねは u_2 だけ縮められているので，ku_2 の力で第2の質点を左向きに押す．したがって，運動方程式は

$$m\frac{\mathrm{d}^2u_1}{\mathrm{d}t^2}=-ku_1+k(u_2-u_1)=-k(2u_1-u_2) \tag{3.6}$$

$$m\frac{\mathrm{d}^2u_2}{\mathrm{d}t^2}=-k(u_2-u_1)-ku_2=-k(2u_2-u_1) \tag{3.7}$$

となる．変位 u_1 や u_2 が正でない場合にも上式が成り立つことは容易に確かめられる．

方程式(3.6)，(3.7)は u_1，u_2 に対する連立常微分方程式であり，どちらか一方だけが独立に解けるわけではない．しかし，両者がよく似た形をしていることを考慮して，式(3.6)±式(3.7)を作ると

$$m\frac{\mathrm{d}^2}{\mathrm{d}t^2}(u_1+u_2)=-k(u_1+u_2) \tag{3.8}$$

$$m\frac{\mathrm{d}^2}{\mathrm{d}t^2}(u_1-u_2)=-3k(u_1-u_2) \tag{3.9}$$

が得られる．ここで $X=u_1+u_2$，$Y=u_1-u_2$ とおけば

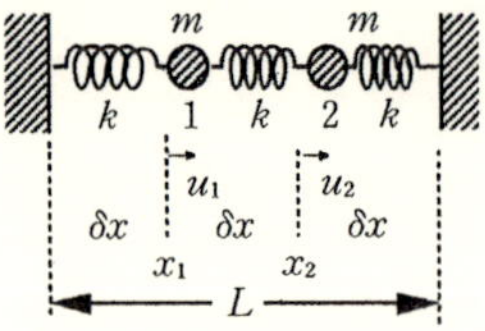

図 3.5　2 粒子のモデル

$$m\frac{\mathrm{d}^2X}{\mathrm{d}t^2}=-kX \tag{3.10}$$

$$m\frac{\mathrm{d}^2Y}{\mathrm{d}t^2}=-3kY \tag{3.11}$$

となって，式(3.10)は X だけ，式(3.11)は Y だけの方程式に分離されてしまう．いずれも単振動の方程式と同じで，解は

$$X=2A\cos(\omega_0 t+\phi_A) \tag{3.12}$$

$$Y=2B\cos(\sqrt{3}\omega_0 t+\phi_B) \tag{3.13}$$

となる．ただし，$\omega_0=\sqrt{k/m}$ であり，A, B は振幅に関係する任意定数，ϕ_A, ϕ_B は位相を表す任意定数である．式(3.12)，(3.13)の右辺に 2 を掛けたのは，以下の表現が簡単になるように調整したためである．これより，変位は

$$u_1=\frac{1}{2}(X+Y)=A\cos(\omega_0 t+\phi_A)+B\cos(\sqrt{3}\omega_0 t+\phi_B) \tag{3.14}$$

$$u_2=\frac{1}{2}(X-Y)=A\cos(\omega_0 t+\phi_A)-B\cos(\sqrt{3}\omega_0 t+\phi_B) \tag{3.15}$$

と表される．

特別な場合として，(ｉ) $B=0$, $\phi_A=0$ と選ぶと，

$$u_1=u_2=A\cos(\omega_0 t)\quad \text{あるいは}\quad \begin{bmatrix} u_1 \\ u_2 \end{bmatrix}=A\cos(\omega_0 t)\begin{bmatrix} 1 \\ 1 \end{bmatrix} \tag{3.16}$$

また，(ii) $A=0$, $\phi_B=0$ と選ぶと，

$$u_1=-u_2=B\cos(\sqrt{3}\omega_0 t)\quad \text{あるいは}\quad \begin{bmatrix} u_1 \\ u_2 \end{bmatrix}=B\cos(\sqrt{3}\omega_0 t)\begin{bmatrix} 1 \\ -1 \end{bmatrix} \tag{3.17}$$

と表される．(ｉ)(ii)の変位の様子をそれぞれ図 3.6 (a) (b) に示す．(ｉ)の場合は，2 つの質点が同方向に角振動数 ω_0 で振動する場合を，また(ii)の場合は，2 つの質点が互いに逆方向に角振動数 $\sqrt{3}\omega_0$ で振動する場合を表している．このようにどの質点も同じ振動数と位相で振動するものを**基準振動**と呼ぶ．一般の状態は基準状態の重ね合わせで表現できる．例えば，$u_1=5C$, $u_2=-C$ という振動状態は

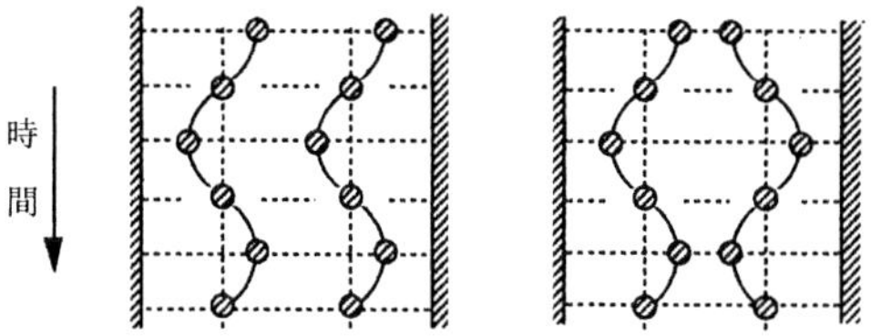

図 3.6 変位の様子

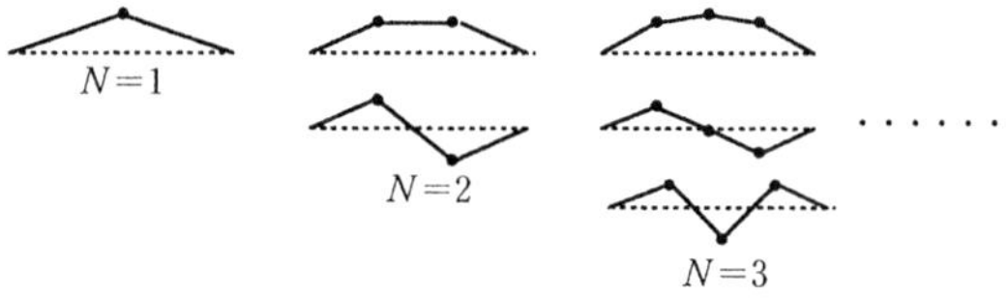

図 3.7 基準振動

$$\begin{bmatrix} u_1 \\ u_2 \end{bmatrix} = \begin{bmatrix} 5C \\ -C \end{bmatrix} = 2C\begin{bmatrix} 1 \\ 1 \end{bmatrix} + 3C\begin{bmatrix} 1 \\ -1 \end{bmatrix}$$

$$= \left(\text{基準振動 (i)} \times \frac{2C}{A}\right) + \left(\text{基準振動 (ii)} \times \frac{3C}{B}\right)$$

のように表される．この系は，2 つの質点が互いに相手の振動に影響しあうので**連成振動**と呼ばれる．

質点の数が 3, 4, … と増えると基準振動の数も 3, 4, … と増えていく．詳しい計算は省いて，図 3.7 に結果だけを示そう．ただし，ここでは質点の変位を縦方向に表示することにする．したがって，変位そのものは時計回りに 90° 回転したものである．質点の数 N が増すにつれ，山や谷，あるいは節の数が増えていくことが推測されよう．

b. 変位の伝播

はじめの問題に戻り，N 個の質点の系を考えてみよう．代表点として n 番目の質点を考えると，その左側に隣接するばねの伸びは $(u_n - u_{n-1})$ であるから，これによる $k(u_n - u_{n-1})$ の力が左向きに，また右側に隣接するばねの伸びは $(u_{n+1} - u_n)$ であるから，これによる $k(u_{n+1} - u_n)$ の力が右向きに働く．したがって，n 番目の質点の運動方程式は

$$m\frac{d^2u_n}{dt^2} = -k(u_n - u_{n-1}) + k(u_{n+1} - u_n)$$

$$= -k(-u_{n-1}+2u_n-u_{n+1}) \qquad (n=1, 2, \cdots, N) \tag{3.18}$$

となる．ただし，両端は固定されているので $u_0=u_{N+1}=0$ とする．

これは N 個の連立微分方程式で，各質点の運動が他の質点と相互作用する様子を与えている．3.1.2 項 a で見たような解を直観的に求めるのは困難と思われるので，まず，基準振動を求めよう．それには

$$u_n=a_n \sin(\omega t+\phi) \tag{3.19}$$

とおく．これを式(3.18)に代入すると

$$m\omega^2 a_n=k(-a_{n-1}+2a_n-a_{n+1}) \qquad (n=1, 2, \cdots, N) \tag{3.20}$$

ただし　$a_0=a_{N+1}=0$

を得る．これによって連立微分方程式が連立代数方程式になったが，それでも解はそう簡単ではない．しかし，図 3.7 からの類推で，振幅 a_n の空間的変化は正弦波に似た形をしていることに着目し

$$a_n=C\sin(\alpha n), \qquad \text{ただし} \quad C\neq 0 \tag{3.21}$$

とおいてみる．まず，$u_0=u_{N+1}=0$ の条件から

$$\sin[\alpha(N+1)]=0, \quad \text{すなわち} \quad \alpha=\frac{M\pi}{N+1} \qquad (M=1, 2, \cdots, N) \tag{3.22}$$

が必要である．次に，式(3.21)を式(3.20)に代入して

$$\omega^2=\frac{2k}{m}(1-\cos\alpha)=\frac{4k}{m}\sin^2\left(\frac{\alpha}{2}\right)$$

を得る．式(3.22)を考慮すると，基準振動は

$$\omega_M=2\sqrt{\frac{k}{m}}\sin\left(\frac{\alpha_M}{2}\right), \quad \alpha_M=\frac{\pi M}{N+1} \qquad (M=1, 2, \cdots, N) \tag{3.23}$$

となる．これから，変位は

$$u_n=C\sin(\alpha_M n)\sin(\omega_M t+\phi) \tag{3.24}$$

と表される．

c. 連続体極限

前節の結果において，$N\to\infty$, $\delta x\to 0$ の極限をとってみよう．ただし，

$$L=(N+1)\delta x=\text{一定}, \qquad m=\rho\delta x=\text{一定}$$

$$E=k\delta x=\text{一定}, \qquad \text{また，} x=n\delta x$$

とする．この取り扱いを連続体極限という．これから

$$\left.\begin{aligned}\alpha_M n&=\frac{\pi M}{N+1}n=\frac{\pi M}{N+1}\frac{x}{\delta x}=\frac{\pi Mx}{L}\\ \omega_M&=2\sqrt{\frac{E/\delta x}{\rho\delta x}}\sin\left(\frac{\pi M}{2(N+1)}\right)\approx 2\sqrt{\frac{E}{\rho}}\frac{\pi M}{2(N+1)\delta x}=\sqrt{\frac{E}{\rho}}\frac{\pi M}{L}\end{aligned}\right\}\quad(3.25)$$

ここで，M は自然数であり，無限個存在する．これは，有限個の質点系と異なり，連続体では無限個の自由度が存在することによる．また，$u_n=u(n\delta x, t)=u(x, t)$ とおくと

$$u_{n-1}=u(x-\delta x, t)=u(x, t)-\frac{\partial u}{\partial x}\delta x+\frac{1}{2}\frac{\partial^2 u}{\partial x^2}(\delta x)^2-\cdots$$

$$u_{n+1}=u(x+\delta x, t)=u(x, t)+\frac{\partial u}{\partial x}\delta x+\frac{1}{2}\frac{\partial^2 u}{\partial x^2}(\delta x)^2+\cdots$$

であるから，式(3.18)は

$$(\rho\delta x)\frac{\partial^2}{\partial t^2}u(x, t)=-\frac{E}{\delta x}\left\{2u(x, t)-\left(2u(x, t)+\frac{\partial^2 u}{\partial x^2}(\delta x)^2+\cdots\right)\right\}$$

となる．両辺を δx で割り，$\delta x\to 0$ の極限をとると

$$\rho\frac{\partial^2 u}{\partial t^2}=E\frac{\partial^2 u}{\partial x^2}\quad(3.26)$$

を得る．これは波動方程式で，式(3.3)と一致する．また，式(3.24)は

$$u(x, t)=C\sin\left(\frac{\pi M}{L}x\right)\sin\left(\sqrt{\frac{E}{\rho}}\frac{\pi M}{L}t+\phi\right)\quad(3.27)$$

となる．もちろん，これは式(3.26)を満たし，両端 $x=0$, L を固定端とする定在波を表す．

3.1.3 液体や気体中の縦波

図3.8のような柱状の液体や気体を考え，圧力による体積変化を調べよう．(液体や気体が柱状の領域に制限されていなくても，波が1次元的に伝わっていく場合，すなわち**平面波**であれば，ここでの議論はそのままあてはめることができる．) 点 x における x 方向の変位を $u(x, t)$，圧力を $\delta p(x, t)$ とすると，位置 x での局所的な体積膨張率は

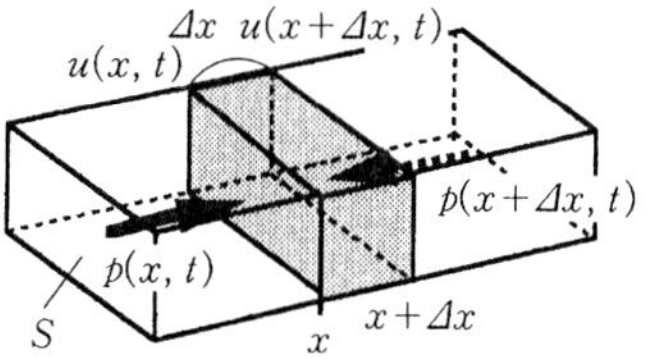

図 3.8 気柱や液柱を伝わる縦波

$$\lim_{\delta x\to 0}\frac{[u(x+\delta x,t)-u(x,t)]S}{(\delta xS)}=\frac{\partial u(x,t)}{\partial x}$$

であるから，式(2.8)により

$$-\delta p(x,t)=K\frac{\partial u(x,t)}{\partial x} \tag{3.28}$$

を得る．これは式(3.1)でヤング率 E を体積弾性率 K で置き換えたものに相当する．

したがって，前節と同様にして波動方程式

$$\rho\frac{\partial^2 u}{\partial t^2}=K\frac{\partial^2 u}{\partial x^2} \tag{3.29}$$

が得られる．変位の伝わる速度 v は

$$v=\sqrt{\frac{K}{\rho}} \tag{3.30}$$

である．これも縦波である．

3.1.4 気体の断熱変化と音速

気体中の縦波（音波）の伝播速度は式(3.30)を用いても与えられるが，気体は一般に密度や体積弾性率が圧力や温度によって大きく変化するので，別の表現を用いた方が便利なことが少なくない．

気体中の振動においては各部分の膨張圧縮は速やかに行われるので，これらの変化は断熱的に起こっていると考えてよい．したがって

$$pV^{\gamma}=一定 \tag{3.31}$$

が成立する．ここで γ=(定圧比熱 C_p)/(定積比熱 C_v) は気体の**比熱比**と呼ばれ，空気のように2原子分子を主体とした気体ではほぼ1.4に等しい．式(3.31)から

$$\delta p=-\gamma p\frac{\delta V}{V} \tag{3.32}$$

が得られるから，式(2.8)と比較すれば体積弾性率 K は γp に等しいことがわかる．これを式(3.30)に代入すれば

$$v=\sqrt{\frac{\gamma p}{\rho}} \tag{3.33}$$

となる．根号内の分子分母に気体1モル当たりの体積 V を掛ければ式(3.33)は

$$v=\sqrt{\frac{\gamma pV}{\rho V}}=\sqrt{\frac{\gamma RT}{M}} \tag{3.34}$$

と書ける．ここで M は気体の分子量，$R=8.3145$ [J/mol·K] は気体定数，T は絶対温度である．これはまた摂氏温度 $T'=T-T_0$($T_0=273.16$ ℃) を用いて

$$v=\sqrt{\frac{\gamma RT_0}{M}}\left(1+\frac{T'}{T_0}\right)^{\frac{1}{2}}=\sqrt{\frac{\gamma RT_0}{M}}\left(1+\frac{T'}{2T_0}+\cdots\right) \tag{3.35}$$

とも書ける．1気圧の空気中で縦波（音波）の伝わる速度を式(3.35)を用いて求めると

$$v=331.5+0.607\,T'\ [\mathrm{m/s}] \tag{3.36}$$

となる．ただし空気の比熱比を1.401，分子量を28.96 [g/mol] とした．

3.2　弾性体を伝わる横波

3.1節で棒のねじれを議論したときには，棒の下端から上端まで一様なずれを仮定していた．ここでは，ずれが図3.9(a)のように円柱の軸方向の座標 z と時間 t に依存して変化している場合を考えよう．この場合にも局所的に見れば力のモーメント τ が式(2.20)の形に書けるはずである．そこで式(2.20)の Φ/L の代わりに $\partial\Phi/\partial z$ を使って

$$\tau(z)=\frac{\pi GR^4}{2}\frac{\partial\Phi}{\partial z} \tag{3.37}$$

を得る．ただし円柱の半径を R，ねじれの角度を $\Phi(z,t)$，ずれ弾性率を G とした．

弾性体の棒のずれの伝播を考えるために，図3.9(b)のような厚さ Δz の薄い円板部分の回転運動を考える．この円板の回転の慣性モーメント I はこの部分の質量 $\Delta m=\pi R^2(\Delta z)\rho$ を用いて $I=(1/2)(\Delta m)R^2$ であり，円板の回転に寄与する正味のモーメント N は $\tau(z+\Delta z,t)-\tau(z,t)$ である．したがって，z

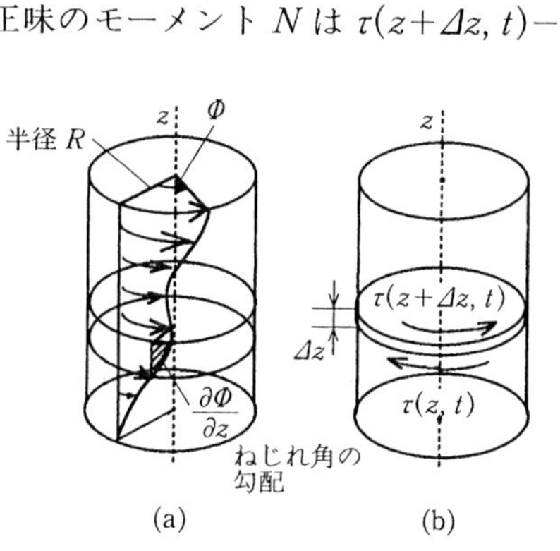

図3.9　円柱のねじれ

軸のまわりの回転運動に対するオイラーの方程式 $I\partial^2\Phi/\partial t^2=N(z,t)$ は

$$\frac{1}{2}(\pi R^2\Delta z\rho)R^2\frac{\partial^2\Phi}{\partial t^2}=\tau(z+\Delta z,t)-\tau(z,t)$$
$$=\frac{1}{2}\pi GR^4\left(\frac{\partial\Phi(z+\Delta z,t)}{\partial z}-\frac{\partial\Phi(z,t)}{\partial z}\right)=\frac{1}{2}\pi GR^4\left(\frac{\partial^2\Phi}{\partial z^2}\Delta z+O((\Delta z)^2)\right)$$

となる．最左辺と最右辺を約分し，$\Delta z\to 0$ とすれば

$$\rho\frac{\partial^2\Phi}{\partial t^2}=G\frac{\partial^2\Phi}{\partial z^2} \tag{3.38}$$

を得る．これも波動方程式であり，その一般解は任意関数 f, g を用いて

$$\Phi(z,t)=\{f(x-vt),\ g(x+vt)\} \tag{3.39}$$

$$v=\sqrt{\frac{G}{\rho}} \tag{3.40}$$

である．これは，ねじれの生じている方向(円周方向)とねじれ角の非一様性が伝わっていく方向(円柱軸方向)とが直交しているので**横波**(transversal wave)の一種である．物理的なイメージに基づいて“**ねじれ波**(torsional wave)”と呼ぶこともある．ねじれ波の伝わる速さは円柱の半径には依存しない．

演習問題

3.1　式(3.3)の解を求めよ．

3.2　式(3.5)を用いて鋼鉄中を伝わる縦波の速さを計算せよ．

3.3　式(3.30)を用いて水中を伝わる縦波の速さを計算せよ．

3.4　ヤング率 E，ずれ弾性率 G の円柱状弾性体を伝わる1次元的な縦波の速度(3.5)と横波の速度(3.40)を比較し，両者の比 $v_{(縦波)}/v_{(横波)}$ がポアッソン比 σ の値によりどのような範囲内にあるか述べよ．

4

テンソルとその応用

連続体においては力をどの面のどの向きに与えるかによって変形や流動の仕方が異なる．これを表現する手段が“テンソル”である．これは，これまで断片的に登場してきた応力や弾性体のひずみ，あるいは第7章から述べる流体のひずみ速度を一般的に表現し，基礎方程式を導く上での共通基盤となる．テンソルは電磁気学，結晶学，相対論，など多くの物理分野に登場するが，連続体におけるテンソルは具体例が目に見えるので，テンソルのイメージをつかみやすい．この章ではテンソルの意味と応用上とくに重要な等方性テンソルについて学ぶ．

キーワード　応力，ひずみ，座標変換，テンソル，等方性

4.1　応 力 の 表 現

4.1.1　スカラーやベクトルと座標変換

密度，質量，温度などの物理量は大きさだけしか意味をもたない．このような性質をもつものはスカラー量と呼ばれる．また，それらの値が位置の関数として与えられているときにその空間をスカラー場と呼ぶ．これは時間的に変化していてもよい．これに対して，速度，加速度，力，などは大きさと向きをもち，ベクトル量と呼ばれる．まえと同様に，ベクトルが位置の関数として与えられているものをベクトル場と呼ぶ．ベクトルは矢印で表され，矢の長さがベクトルの大きさ，矢の向きがベクトルの向きに対応する．3次元空間ではこの矢印を表すのに3つの独立な情報が必要であり，たとえば直角座標系$(x, y, z)=(x_1, x_2, x_3)$ではベクトル$\boldsymbol{v}$は$\boldsymbol{v}=(v_x, v_y, v_z)=(v_1, v_2, v_3)$などのように，基準軸の各方向に射影した矢印の長さ，すなわち成分を用いて表現される．ところで，ベクトルは空間の中で決まった大きさと方向をもっているが，成分で表示するときの各成分の大きさは座標系の選び方によって変ってしまう．そこで，1つの座標系で定めた成分表示が，他の座標系に移ったときにどのように

表されるかという“座標変換”の規則を与えておく必要がある．

図 4.1 は直角座標系における変換規則の一例を示したものである．はじめの直角座標系を (x_1, x_2, x_3)，これを x_3 軸のまわりに角度 θ だけ回転したものを (x_1', x_2', x_3')，それぞれの基準軸方向の単位ベクトルを $\boldsymbol{e}_i\,(i=1,2,3)$，$\boldsymbol{e}_j'\,(j=1,2,3)$ とする．まず，単位ベクトルの条件として

$$\boldsymbol{e}_i \cdot \boldsymbol{e}_j = \delta_{ij}, \qquad \boldsymbol{e}_i' \cdot \boldsymbol{e}_j' = \delta_{ij} \tag{4.1 a, b}$$

が成り立つ．ここで δ_{ij} は**クロネッカー** (Kronecker) **のデルタ**と呼ばれる記号で，$\delta_{ij}=1\,(i=j$ のとき$)$，$\delta_{ij}=0\,(i\neq j$ のとき$)$ である．

単位ベクトル $\boldsymbol{e}_j'$ と $\boldsymbol{e}_i$ の関係は（この例では x_3 軸の方向には変化しない）

$$\boldsymbol{e}_1' = \cos\theta\ \boldsymbol{e}_1 + \sin\theta\ \boldsymbol{e}_2 = s_{11}\boldsymbol{e}_1 + s_{21}\boldsymbol{e}_2$$

$$\boldsymbol{e}_2' = -\sin\theta\ \boldsymbol{e}_1 + \cos\theta\ \boldsymbol{e}_2 = s_{12}\boldsymbol{e}_1 + s_{22}\boldsymbol{e}_2$$

$$\boldsymbol{e}_3' = \boldsymbol{e}_3 = s_{33}\boldsymbol{e}_3$$

$$\text{すなわち}\quad \boldsymbol{e}_i' = \sum_{j=1}^{3} s_{ji}\boldsymbol{e}_j = s_{ji}\boldsymbol{e}_j \tag{4.1 c}$$

あるいは，

$$\boldsymbol{e}_1 = \cos\theta\ \boldsymbol{e}_1' - \sin\theta\ \boldsymbol{e}_2' = s_{11}\boldsymbol{e}_1' + s_{12}\boldsymbol{e}_2'$$

$$\boldsymbol{e}_2 = \sin\theta\ \boldsymbol{e}_1' + \cos\theta\ \boldsymbol{e}_2' = s_{21}\boldsymbol{e}_1' + s_{22}\boldsymbol{e}_2'$$

$$\boldsymbol{e}_3 = \boldsymbol{e}_3' = s_{33}\boldsymbol{e}_3'$$

$$\text{すなわち}\quad \boldsymbol{e}_i = \sum_{j=1}^{3} s_{ij}\boldsymbol{e}_j' = s_{ij}\boldsymbol{e}_j' \tag{4.1 d}$$

である．ここに現れた係数 s_{ij} を成分とする行列 S が変換行列である．式 (4.1 c, d) に現れなかった係数は 0 $(s_{13}=s_{31}=s_{23}=s_{32}=0)$ である．式 (4.1 c, d) の最終表現のように，同じ添字が繰り返し使われているときは，「その添字について可能な値を順に与えて和をとる」ものと約束し，$\sum$ の記号はしばしば省略される．この約束はアインシュタインにより提唱されたもので，**総和規約**と呼ば

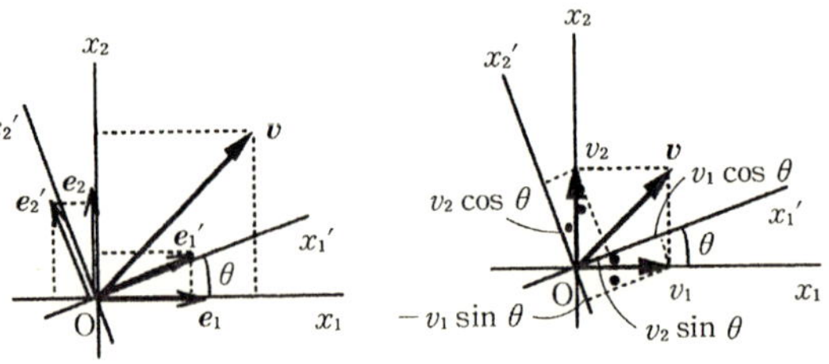

図 4.1　座標変換

れている(演習問題4.1も参照). さらに, (4.1 c, d)の関係から

$$s_{ij}=\boldsymbol{e}_i\cdot\boldsymbol{e}_j' \tag{4.1 e}$$

および

$$\delta_{ij}=\boldsymbol{e}_i\cdot\boldsymbol{e}_j=(s_{ik}\boldsymbol{e}_k')\cdot(s_{jl}\boldsymbol{e}_l')=s_{ik}s_{jl}\delta_{kl}=s_{ik}s_{jk}$$

$$\therefore\quad s_{ik}s_{jk}=\delta_{ij},\qquad \text{同様にして}\quad s_{ki}\,s_{kj}=\delta_{ij} \tag{4.1 f, g}$$

が得られる. これらは, 直交変換における関係式として知られている.

次に, ベクトル $\boldsymbol{v}$ がこれらの座標系によって

$$\begin{aligned}\boldsymbol{v}&=v_i\boldsymbol{e}_i(=v_1\boldsymbol{e}_1+v_2\boldsymbol{e}_2+v_3\boldsymbol{e}_3)\\&=v_i'\boldsymbol{e}_i'(=v_1'\boldsymbol{e}_1'+v_2'\boldsymbol{e}_2'+v_3'\boldsymbol{e}_3')\end{aligned} \tag{4.2}$$

と表現されたとする. これから, 両者の変換規則として

$$v_i'=\boldsymbol{v}\cdot\boldsymbol{e}_i'=(v_j\boldsymbol{e}_j)\cdot\boldsymbol{e}_i'=(v_js_{jk}\boldsymbol{e}_k')\cdot\boldsymbol{e}_i'=v_js_{jk}\delta_{ki}=s_{ji}v_j$$

を得る. これはまた, 変換行列 S の逆変換 $A(a_{ij}=s_{ji})$ を用いて

$$v_i'=a_{ij}v_j,\quad v_i=a_{ji}v_j' \tag{4.3 a, b}$$

すなわち

$$\begin{bmatrix}v_1'\\v_2'\\v_3'\end{bmatrix}=\begin{bmatrix}\cos\theta&\sin\theta&0\\-\sin\theta&\cos\theta&0\\0&0&1\end{bmatrix}\begin{bmatrix}v_1\\v_2\\v_3\end{bmatrix}$$

$$=\begin{bmatrix}\cos\theta&\cos\left(\dfrac{\pi}{2}-\theta\right)&0\\\cos\left(\dfrac{\pi}{2}+\theta\right)&\cos\theta&0\\0&0&1\end{bmatrix}\begin{bmatrix}v_1\\v_2\\v_3\end{bmatrix}=\begin{bmatrix}a_{11}&a_{12}&a_{13}\\a_{21}&a_{22}&a_{23}\\a_{31}&a_{32}&a_{33}\end{bmatrix}\begin{bmatrix}v_1\\v_2\\v_3\end{bmatrix}$$

とも表される. ここで, a_{ij} は x_i' 軸と x_j 軸の間の角度 θ_{ij} の余弦 $a_{ij}=\cos\theta_{ij}$ であり, **方向余弦**と呼ばれている. これを用いれば

$$\boldsymbol{e}_i'=a_{ij}\boldsymbol{e}_j,\qquad \boldsymbol{e}_i=a_{ji}\boldsymbol{e}_j',\qquad a_{ij}=\boldsymbol{e}_i'\cdot\boldsymbol{e}_j \tag{4.4 a, b, c}$$

$$\therefore\quad a_{ki}a_{kj}=\delta_{ij},\qquad a_{ik}a_{jk}=\delta_{ij} \tag{4.4 d, e}$$

式(4.3)の変換則は $\boldsymbol{v}$ が速度, 加速度, 力, などあらゆるベクトルについて成り立つ. そこで, 逆に

「変換則(4.3)に従うものがベクトルである」　(*)

と定義し直すことができる.

4.1.2 テンソル

第2章で, われわれは単位面積当たりに働く力(応力)を導入し, この力が面に垂直に働く場合(**法線応力**)と面に平行に働く場合(**接線応力**)とでは弾性

体の変形に及ぼす作用が異なることを述べた．すなわち，応力を指定するためには“面についての情報”と“その面に働く力の大きさや向きについて（すなわちベクトル量として）の情報”の両方が必要である．そこでこれらを正確かつ簡潔に表現する方法を考えよう．

まず，図 4.2 のように直方体の微小な弾性体領域を考える．陵に平行に x, y, z 軸を選び，x 軸に垂直な面 ABCD に働く応力を $\boldsymbol{p}_x$ のように添字 x を付けて区別する．応力 $\boldsymbol{p}_x$ はベクトル量であるから，x, y, z 方向の 3 成分 $(p_x)_x$, $(p_y)_x$, $(p_z)_x$ をもっている．これらをそれぞれ p_{xx}, p_{yx}, p_{zx} と表記する．他の面についても同様である．この表現によれば p_{xx}, p_{yy}, p_{zz} は法線応力を，p_{xy}, p_{xz}, p_{yx}, p_{yz}, p_{zx}, p_{zy} は接線応力を表す．応力 $\boldsymbol{p}_x$ をベクトルの成分で表すには $\boldsymbol{p}_x=(p_{xx}, p_{yx}, p_{zx})^{\mathrm{T}}$ とすればよい．一般に上付き添字 T は転置行列を表し，ここではこれらの成分を縦に並べた列ベクトルを表す．

前の例では，直角座標系の座標軸方向を法線とする面に働く応力だけを考えたが，今度は勝手な向きをもつ面に働く応力について考えよう．図 4.3 に示したように，x, y, z 軸上の勝手な点 A, B, C と原点 P を頂点とする微小な 4 面体 PABC を作る．面 ABC の面積を δS，外向き法線を $\boldsymbol{n}$，これに働く応力を $\boldsymbol{p}_n$，面 PBC，面 PAC，面 PAB の面積をそれぞれ δS_x, δS_y, δS_z，これらに働く応力をそれぞれ $\boldsymbol{p}_{-x}$, $\boldsymbol{p}_{-y}$, $\boldsymbol{p}_{-z}$ と書く（外向き法線の方向がそれぞれ $-x$, $-y$, $-z$ の方向であることに注意）．この 4 面体に働く力としては，上に述べた応力のような面積に比例する力（面積力）だけでなく，重力のような体積に比例する力（体積力）もある．しかし，4 面体の一辺の長さを ε の程度とすると，体積力は ε^3，面積力は ε^2 に比例するから，$\varepsilon\to 0$ で前者は後者に比べて無視できる．したがって，微小な 4 面体における力の釣り合いは

$$\boldsymbol{p}_n\delta S+\boldsymbol{p}_{-x}\delta S_x+\boldsymbol{p}_{-y}\delta S_y+\boldsymbol{p}_{-z}\delta S_z=\boldsymbol{0} \qquad (4.5)$$

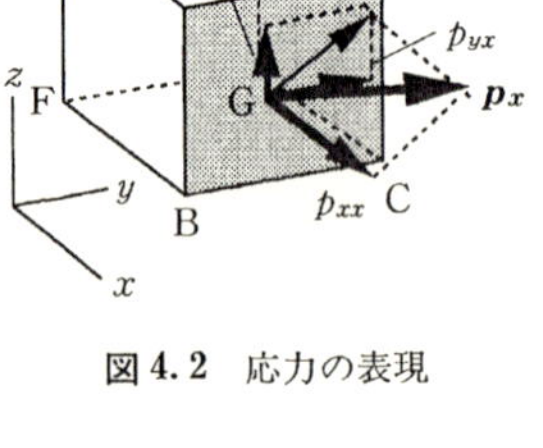

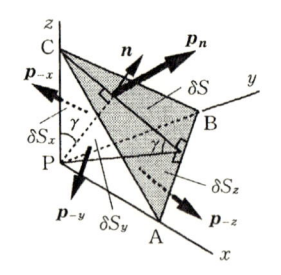

図 4.2　応力の表現

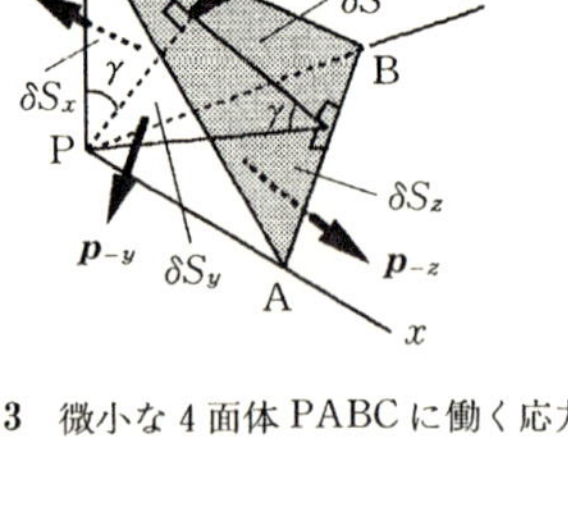

図 4.3　微小な 4 面体 PABC に働く応力

だけでよい．ここで単位ベクトル $\boldsymbol{n}$ と x, y, z 軸との間の角度をそれぞれ α, β, γ とおくと，$\boldsymbol{n}=(\cos\alpha, \cos\beta, \cos\gamma)^{\mathrm{T}}=(l, m, n)^{\mathrm{T}}$ と表される．ただし，l, m, n は方向余弦である．これを用いると

$$\delta S_x=\delta S\cos\alpha=l\delta S, \qquad \delta S_y=\delta S\cos\beta=m\delta S, \qquad \delta S_z=\delta S\cos\gamma=n\delta S \tag{4.6}$$

と書ける(図 4.3 では δS_z と δS の関係を示した)．また，作用・反作用の法則から

$$\boldsymbol{p}_{-x}=-\boldsymbol{p}_x, \qquad \boldsymbol{p}_{-y}=-\boldsymbol{p}_y, \qquad \boldsymbol{p}_{-z}=-\boldsymbol{p}_z \tag{4.7}$$

が成り立つ．したがって，式(4.5)は

$$\boldsymbol{p}_n=l\boldsymbol{p}_x+m\boldsymbol{p}_y+n\boldsymbol{p}_z=(\boldsymbol{p}_x, \boldsymbol{p}_y, \boldsymbol{p}_z)\cdot\boldsymbol{n}=P\cdot\boldsymbol{n} \tag{4.8}$$

と書ける．ここに現れた

$$P=(\boldsymbol{p}_x, \boldsymbol{p}_y, \boldsymbol{p}_z)=\begin{bmatrix} p_{xx} & p_{xy} & p_{xz} \\ p_{yx} & p_{yy} & p_{yz} \\ p_{zx} & p_{zy} & p_{zz} \end{bmatrix} \tag{4.9}$$

という量は，面の向きと力の向きの2つを指定してはじめて確定するもので，式(4.8)のようにベクトルとのスカラー積をとったときに別のベクトルを作る．このようなものを2階のテンソルと呼ぶ．とくに式(4.9)は応力を表すので**応力テンソル**と呼ぶ．P の対角成分は法線応力，非対角成分は接線応力を表す．関係式(4.8)は1点とみなせるような無限に小さな4面体PABCについて成立する．したがって，考えている点を通る3つの基準軸を法線方向とする面に働く応力の成分をあらかじめ求めておけば，その「点を通り勝手な向きをもつ面に働く応力」がただちに計算できることになる．

テンソルの式(4.9)は

$$P=p_{xx}\boldsymbol{e}_x\boldsymbol{e}_x+p_{xy}\boldsymbol{e}_x\boldsymbol{e}_y+p_{xz}\boldsymbol{e}_x\boldsymbol{e}_z+\cdots+p_{zz}\boldsymbol{e}_z\boldsymbol{e}_z=p_{ij}\boldsymbol{e}_i\boldsymbol{e}_j \tag{4.10}$$

とも表記される．行列表現による式(4.9)の i 行 j 列の位置を示すものが $\boldsymbol{e}_i\boldsymbol{e}_j$ という単位だと思えばよい．このように単位ベクトルを2つ並記して成分の位置づけを表す方法を**ダイアディック**(dyadic)と呼ぶ．

ベクトルの場合にならって，テンソルの変換規則を求めよう．いま，物理量 P が座標軸の選び方によらず，新旧2つの座標系において

$$P=p_{ij}\boldsymbol{e}_i\boldsymbol{e}_j=p_{kl}'\boldsymbol{e}_k'\boldsymbol{e}_l'$$

と表されるものとする．このとき

$$P=p_{ij}\boldsymbol{e}_i\boldsymbol{e}_j=p_{ij}(a_{ki}\boldsymbol{e}_k')(a_{lj}\boldsymbol{e}_l')=a_{ki}a_{lj}p_{ij}\boldsymbol{e}_k'\boldsymbol{e}_l'=p_{kl}'\boldsymbol{e}_k'\boldsymbol{e}_l'$$

であるから

$$p_{kl}'=a_{ki}a_{lj}p_{ij}, \quad \text{同様にして} \quad p_{kl}=a_{ik}a_{jl}p_{ij}' \tag{4.11}$$

がテンソルの満たす変換則である．そこで，

「変換則 (4.11) に従うものがテンソルである」　　(＊＊)

と再定義する．もともとテンソルという呼び名は，応力の一種である張力＝tension からきていたが，上のような拡張によって他の物理量にもこの概念が使われるようになると，対象とする物理量の名前を冠して応力テンソル，慣性テンソル(剛体の回転を参照)，などのような区別をする必要が生じたのである．また，テンソルが位置 (と時間) に依存するときに，それをテンソル場と呼ぶのはスカラー場やベクトル場の場合と同様である．

【例】 図 4.4 (a)，(b) のように無限小の直方体に応力 f が働いているとする (図では奥行き方向は示していない)．それぞれの場合について応力テンソル，および面 Σ に働く応力 $\boldsymbol{p}_n$ およびテンソルの変換則を確認してみよう．

まず，(a) の場合について考える．直方体の面に沿った向きに直角座標系 (x_1, x_2, x_3) を選ぶと応力テンソル P，応力 $\boldsymbol{p}_n$ は，

$$P=\begin{bmatrix} f & 0 & 0 \\ 0 & 0 & 0 \\ 0 & 0 & 0 \end{bmatrix}, \quad \boldsymbol{n}=\begin{bmatrix} \cos\theta \\ \sin\theta \\ 0 \end{bmatrix} \quad \to \quad \boldsymbol{p}_n=P\cdot\boldsymbol{n}=\begin{bmatrix} f\cos\theta \\ 0 \\ 0 \end{bmatrix}$$

である．面 Σ に働く応力の法線成分は $\boldsymbol{p}_n$ を $\boldsymbol{n}$ の方向に射影したもので $f\cos^2\theta$，また接線成分は $-f\cos\theta\sin\theta$ となる．

この計算を式 (4.11) を用いて行ってみよう．はじめの座標系を x_3 軸のまわりに θ だけ回転した新しい座標系を (x_1', x_2', x_3') とする．座標変換は

$$(a_{ij})=\begin{bmatrix} \cos\theta & \sin\theta & 0 \\ -\sin\theta & \cos\theta & 0 \\ 0 & 0 & 1 \end{bmatrix}$$

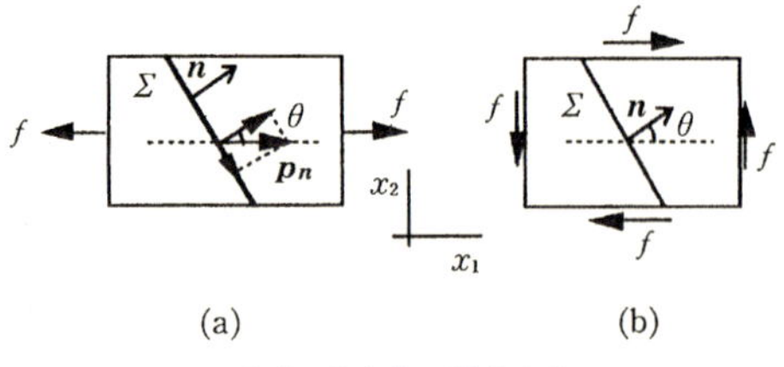

図 4.4　直方体に働く応力

で与えられ，新しい座標系での応力テンソルは

$$p_{11}'=a_{1i}a_{1j}p_{ij}=f\cos^2\theta,\quad p_{12}'=a_{1i}a_{2j}p_{ij}=-f\sin\theta\cos\theta$$
$$p_{21}'=a_{2i}a_{1j}p_{ij}=-f\sin\theta\cos\theta,\quad p_{22}'=a_{2i}a_{2j}p_{ij}=f\sin^2\theta$$

となる．面 Σ に働く法線応力は p_{11}'，接線応力は p_{21}' である．

同様にして，(b) の場合は，

$$P=\begin{bmatrix}0 & f & 0\\ f & 0 & 0\\ 0 & 0 & 0\end{bmatrix},\quad \boldsymbol{p}_n=\begin{bmatrix}f\sin\theta\\ f\cos\theta\\ 0\end{bmatrix},\quad P'=\begin{bmatrix}f\sin 2\theta & f\cos 2\theta & 0\\ f\cos 2\theta & -f\sin 2\theta & 0\\ 0 & 0 & 0\end{bmatrix}$$

となる．とくに $\theta=\pi/4$ の場合には，x_1' 方向に張力 f，x_2' 方向に圧力 f だけが働く (2.3.2 項を参照)．

4.2 ひ　ず　み

4.2.1 ひずみテンソル

図 4.5 に示したように，弾性体中の近接した 2 点 $\boldsymbol{r}$，$\boldsymbol{r}'=\boldsymbol{r}+\delta\boldsymbol{r}$ における変位をそれぞれ $\boldsymbol{u}$，$\boldsymbol{u}'$ と書く．もし $\boldsymbol{u}$ と $\boldsymbol{u}'$ が等しくなければ弾性体中で局所的なひずみ $\delta\boldsymbol{u}=\boldsymbol{u}'-\boldsymbol{u}$ を生じることになる ($\boldsymbol{u}'=\boldsymbol{u}$ であれば平行移動が起こるだけであり，ひずみは生じていない)．この相対的な変位 $\delta\boldsymbol{u}=(\delta u, \delta v, \delta w)$ と 2 点間の距離 $\delta\boldsymbol{r}=(\delta x, \delta y, \delta z)$ の関係を調べてみよう．

注：1.3 節では速度 $\boldsymbol{v}$ の成分として (u, v, w) を用いた．ここでは変位 $\boldsymbol{u}$ の成分として同じ文字を使っているので注意されたい．

変位は場所の連続関数と考えてよいから，$\boldsymbol{u}'=\boldsymbol{u}(\boldsymbol{r}+\delta\boldsymbol{r})$ である．これを $|\delta\boldsymbol{r}|\ll|\boldsymbol{r}|$ としてテイラー展開すると，例えば x 成分について

$$u'=u(x+\delta x, y+\delta y, z+\delta z)=u(x, y, z)+\frac{\partial u}{\partial x}\delta x+\frac{\partial u}{\partial y}\delta y+\frac{\partial u}{\partial z}\delta z+\cdots$$

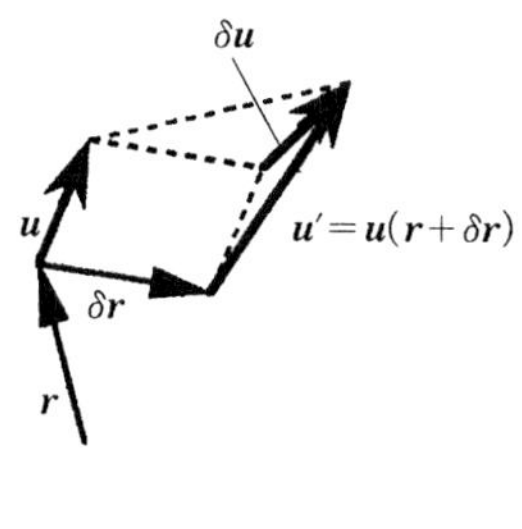

図 4.5 ひずみ

したがって

$$\delta u = u' - u = \frac{\partial u}{\partial x}\delta x + \frac{\partial u}{\partial y}\delta y + \frac{\partial u}{\partial z}\delta z \tag{4.12}$$

となる．他の成分も同様であるから

$$\begin{bmatrix} \delta u \\ \delta v \\ \delta w \end{bmatrix} = \begin{bmatrix} \dfrac{\partial u}{\partial x} & \dfrac{\partial u}{\partial y} & \dfrac{\partial u}{\partial z} \\ \dfrac{\partial v}{\partial x} & \dfrac{\partial v}{\partial y} & \dfrac{\partial v}{\partial z} \\ \dfrac{\partial w}{\partial x} & \dfrac{\partial w}{\partial y} & \dfrac{\partial w}{\partial z} \end{bmatrix} \begin{bmatrix} \delta x \\ \delta y \\ \delta z \end{bmatrix}, \quad \text{すなわち} \quad \delta \boldsymbol{u} = D \cdot \delta \boldsymbol{r} \tag{4.13}$$

と表される．式(4.13)に現れた D は2階のテンソルで**相対変位テンソル**と呼ばれている．

次に D を対称テンソル E と反対称テンソル Ω に分離してみよう．

$$\begin{gathered} D = \frac{1}{2}(D + D^{\mathrm{T}}) + \frac{1}{2}(D - D^{\mathrm{T}}) = E + \Omega \\ \text{ただし} \quad E = \frac{1}{2}(D + D^{\mathrm{T}}), \quad \Omega = \frac{1}{2}(D - D^{\mathrm{T}}) \end{gathered} \tag{4.14}$$

ここで D^{T} は D の転置行列である．E の成分を書き下すと

$$E = \begin{bmatrix} e_{xx} & e_{xy} & e_{xz} \\ e_{yx} & e_{yy} & e_{yz} \\ e_{zx} & e_{zy} & e_{zz} \end{bmatrix} = \begin{bmatrix} \dfrac{\partial u}{\partial x} & \dfrac{1}{2}\left(\dfrac{\partial u}{\partial y} + \dfrac{\partial v}{\partial x}\right) & \dfrac{1}{2}\left(\dfrac{\partial u}{\partial z} + \dfrac{\partial w}{\partial x}\right) \\ \dfrac{1}{2}\left(\dfrac{\partial v}{\partial x} + \dfrac{\partial u}{\partial y}\right) & \dfrac{\partial v}{\partial y} & \dfrac{1}{2}\left(\dfrac{\partial v}{\partial z} + \dfrac{\partial w}{\partial y}\right) \\ \dfrac{1}{2}\left(\dfrac{\partial w}{\partial x} + \dfrac{\partial u}{\partial z}\right) & \dfrac{1}{2}\left(\dfrac{\partial w}{\partial y} + \dfrac{\partial v}{\partial z}\right) & \dfrac{\partial w}{\partial z} \end{bmatrix} \tag{4.15}$$

となる．ここで (x, y, z) を (x_1, x_2, x_3), (u, v, w) を (u_1, u_2, u_3) と書き直すと，E の成分 $e_{ij}\,(i, j = x, y, z)$ は一般に

$$e_{ij} = \frac{1}{2}\left(\frac{\partial u_i}{\partial x_j} + \frac{\partial u_j}{\partial x_i}\right) \tag{4.16}$$

のように表現できる．定義により，E は対称テンソル，すなわち

$$e_{ij} = e_{ji} \tag{4.17}$$

の関係がある．のちに示すように E は弾性体中におけるひずみを表すので，**ひずみテンソル** (strain tensor) と呼ばれている．これに対して反対称部分 Ω は

$$\Omega=\begin{bmatrix} 0 & \frac{1}{2}\left(\frac{\partial u}{\partial y}-\frac{\partial v}{\partial x}\right) & \frac{1}{2}\left(\frac{\partial u}{\partial z}-\frac{\partial w}{\partial x}\right) \\ \frac{1}{2}\left(\frac{\partial v}{\partial x}-\frac{\partial u}{\partial y}\right) & 0 & \frac{1}{2}\left(\frac{\partial v}{\partial z}-\frac{\partial w}{\partial y}\right) \\ \frac{1}{2}\left(\frac{\partial w}{\partial x}-\frac{\partial u}{\partial z}\right) & \frac{1}{2}\left(\frac{\partial w}{\partial y}-\frac{\partial v}{\partial z}\right) & 0 \end{bmatrix}=\begin{bmatrix} 0 & -\zeta & \eta \\ \zeta & 0 & -\xi \\ -\eta & \xi & 0 \end{bmatrix} \tag{4.18}$$

と表される．Ω はまた3つの成分 ξ, η, ζ だけで表され，ベクトル解析で知られている**回転** (rotation) の演算とは

$$(\xi, \eta, \zeta)=\frac{1}{2}\,\mathrm{rot}\,\boldsymbol{u} \tag{4.19}$$

の関係がある．

4.2.2 E, Ω の物理的解釈

a. e_{xx} の意味

まず e_{xx} だけが0でない場合に変位 $\delta\boldsymbol{u}=E\cdot\delta\boldsymbol{r}$ を考察する．成分に分けて書くと

$$\delta u=e_{xx}\delta x, \qquad \delta v=\delta w=0 \tag{4.20}$$

である．これは図4.6(a)に示したように x 方向の伸びを表し，e_{xx} は伸びの割合を示す．e_{yy}, e_{zz} も同様に，それぞれ y, z 方向の伸びの割合を示す．一般に，はじめに長さ δx, δy, δz であった直方体領域がそれぞれの方向に δu, δv, δw だけ伸びを生じたときの体積膨張率は

$$\frac{(\delta x+\delta u)(\delta y+\delta v)(\delta z+\delta w)-\delta x\delta y\delta z}{\delta x\delta y\delta z}\approx\frac{\partial u}{\partial x}+\frac{\partial v}{\partial y}+\frac{\partial w}{\partial z}=\mathrm{div}\,\boldsymbol{u}$$
$$=e_{xx}+e_{yy}+e_{zz} \tag{4.21}$$

である．最右辺はテンソル E の対角成分の和 Trace(E) に等しい．また div $\boldsymbol{u}$ はベクトル解析でよく知られた**発散** (divergence) である．

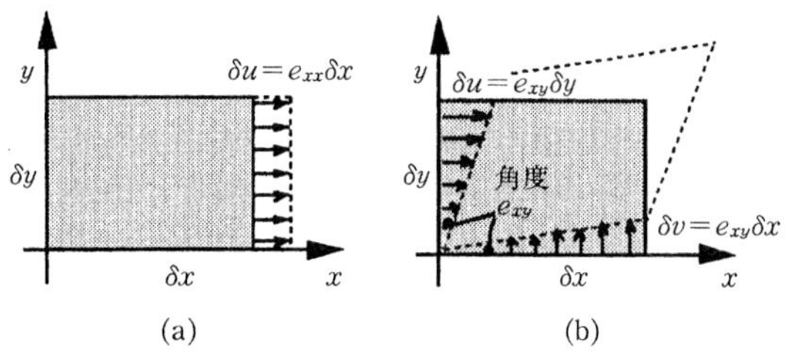

図4.6 (a) 一様な伸びと (b) ずれ

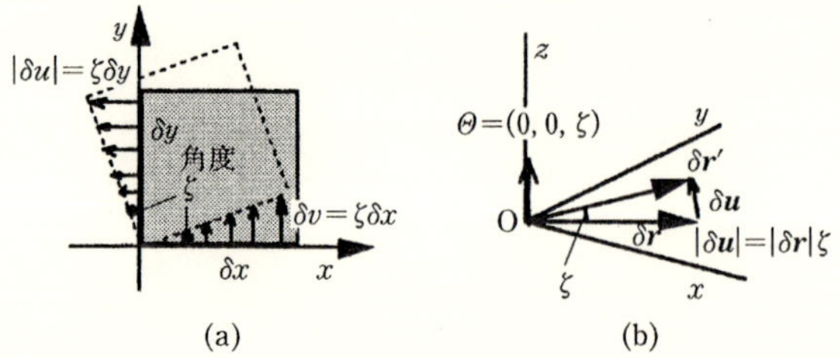

図 4.7　剛体回転

b. $\boldsymbol{e}_{xy}(=\boldsymbol{e}_{yx})$ の意味

次に e_{xy} だけが 0 でないとして変位 $\delta\boldsymbol{u}=E\cdot\delta\boldsymbol{r}$ を成分で表示すると

$$\delta u=e_{xy}\delta y, \qquad \delta v=e_{xy}\delta x, \qquad \delta w=0 \tag{4.22}$$

となる．これは図 4.6 (b) に示したように xy 面内での純粋なずれを表す．e_{xy} は xy 面内で長方形の各辺がひしゃげた角度である．同様にして，e_{yz}, e_{zx} はそれぞれ yz 面内，zx 面内の純粋なずれを表す．

c. ζ の意味

最後に ζ だけが 0 でない場合について変位 $\delta\boldsymbol{u}=\Omega\cdot\delta\boldsymbol{r}$ を書いてみよう．

$$\delta u=-\zeta\delta y, \qquad \delta v=\zeta\delta x, \qquad \delta w=0 \tag{4.23}$$

これは図 4.7 (a) に示したように，z 軸のまわりの**剛体回転**を表す．ζ はその回転角である．同様にして ξ, η はそれぞれ x 軸，y 軸のまわりの剛体回転を表し，その回転角がそれぞれ ξ, η である．剛体回転においては任意に選んだ 2 点の相対位置は変化しない．

注：一般に式 (4.18) で定義される反対称テンソル Ω と，その成分で定義されるベクトル $\Theta=(\xi,\eta,\zeta)$ とは

$$\delta\boldsymbol{u}=\Omega\cdot\delta\boldsymbol{r}=\Theta\times\delta\boldsymbol{r} \tag{4.24}$$

の関係にある．このことは，例えば z 軸のまわりの回転について式 (4.24) の左右両辺を直接計算することにより，容易に確かめられる．

4.3　等方性テンソル

等方的な媒質においては，何らかの外力（力，モーメント，電磁場，電流など）に対する応答を関係づける“比例係数”はどのような座標系から見ても変わらない．例えば，一般化したフックの法則 (2.6) は応力 f と伸びの割合 $\delta l/$

l の関係を与えているが，このときの“比例係数”(一般にはテンソル) E は応力やひずみの方向によらない物質定数であった．座標系の選び方によらないテンソルを一般に**等方性テンソル**という．スカラー量は向きに関係しないからこの性質を満たしている．これをテンソルの特別な場合とみなして，0 階の等方性テンソルということもある．さらに高次のテンソルではどうだろうか？

4.3.1　1 階の等方性テンソル

1 階のテンソルは $v_i\,(i=1,2,3)$ のように添字 1 個で表され，これまでベクトルと呼んでいたものと同じである．x_1, x_2, x_3 方向の単位ベクトルをそれぞれ $\boldsymbol{e}_1, \boldsymbol{e}_2, \boldsymbol{e}_3$ と表すと，任意の 3 次元ベクトルは $\boldsymbol{v}=v_1\boldsymbol{e}_1+v_2\boldsymbol{e}_2+v_3\boldsymbol{e}_3$ と表される．座標系の回転によってこのベクトルが不変であれば，新しい座標系における表現 $\boldsymbol{v}'$ との間に $\boldsymbol{v}'=\boldsymbol{v}$ が成り立つはずである．これからただちに $v_1=v_2=v_3=0$ が導かれる (演習問題 4.3)．すなわち，

“1 階の等方性テンソルは $\boldsymbol{0}$ (ゼロ) ベクトルである”

4.3.2　2 階の等方性テンソル

2 階のテンソルは $t_{ij}\,(i,j=1,2,3)$ のように添字 2 個で指定され，

$$\begin{aligned} T &= t_{ij}\boldsymbol{e}_i\boldsymbol{e}_j \\ &= t_{11}\boldsymbol{e}_1\boldsymbol{e}_1+t_{12}\boldsymbol{e}_1\boldsymbol{e}_2+t_{13}\boldsymbol{e}_1\boldsymbol{e}_3+t_{21}\boldsymbol{e}_2\boldsymbol{e}_1+\cdots+t_{33}\boldsymbol{e}_3\boldsymbol{e}_3 \end{aligned}$$

とも表される．座標系の回転，例えば第 3 軸のまわりの 180° の回転によってこれが変わらないためには，例えば

$$t_{13}(-\boldsymbol{e}_1)\boldsymbol{e}_3=-t_{13}\boldsymbol{e}_1\boldsymbol{e}_3=t_{13}\boldsymbol{e}_1\boldsymbol{e}_3 \qquad \therefore \quad t_{13}=0$$

のように，1 つの添字を 1 回しか含まない係数は 0 でなければならない．また，$t_{11}\boldsymbol{e}_1\boldsymbol{e}_1$ のように同一の添字を 2 回含むものは符号が 2 度変化してもとと同じものになるので係数 t_{11} が 0 とはいえないが，3 つの座標軸の方向がすべて同等であることを考慮すると $t_{11}=t_{22}=t_{33}$ でなければならない．したがって，$t_{ij}=c\delta_{ij}$ (c は定数) と書ける．すなわち，

“2 階の等方性テンソルはクロネッカーのデルタ δ_{ij} である”

4.3.3　3 階の等方性テンソル

クロネッカーのデルタ δ_{ij} は単位ベクトル $\boldsymbol{e}_i\,(i=1,2,3)$ を用いて $\delta_{ij}=\boldsymbol{e}_i\cdot\boldsymbol{e}_j$ と表せる．このことは，2 つの単位ベクトルから作られるスカラー量を，その組み合わせを変えて順に並べたものが，2 階の等方性テンソルになっていることを示唆している．この結果を拡張して，さらに高次の等方性テンソルを求めてみよう．

3つのベクトルからスカラー量を作る演算を考える．それには，まず1つのベクトル $\boldsymbol{e}_i$ を選び，残り2つのベクトル $\boldsymbol{e}_j$, $\boldsymbol{e}_k$ から作ったベクトルとのスカラー積を作る必要がある．後者はベクトル積 $\boldsymbol{e}_j \times \boldsymbol{e}_k$ により実現される．また，このときに得られるスカラー量は，$\boldsymbol{e}_i \cdot (\boldsymbol{e}_j \times \boldsymbol{e}_k)$ である．これを ε_{ijk} と書く（レヴィ-チヴィタの記号，エディントンの記号，あるいはテンソルの性質に着目して**交代テンソル**という）．この演算は $\boldsymbol{e}_i$, $\boldsymbol{e}_j$, $\boldsymbol{e}_k$ を3辺とする平行6面体の体積に等しい．したがって，i, j, k が順に入れ替わっても体積は変わらない．ただし，ベクトル積の $\boldsymbol{e}_j \times \boldsymbol{e}_k$ で j, k が入れ替わると $\boldsymbol{e}_i$ との相対的な向きが逆になるから体積の符号が変わる．また，i, j, k のいずれかが重複していれば平行6面体はつぶれてしまい体積は0となる．これらをまとめると

$$\varepsilon_{ijk} = \begin{cases} 1 & (i, j, k) \text{ が } (1, 2, 3) \text{ の偶置換} \\ -1 & (i, j, k) \text{ が } (1, 2, 3) \text{ の奇置換} \\ 0 & \text{上記以外} \end{cases}$$

となる．ε_{ijk} のようにスカラー量ではあるが，座標反転によっては符号が変わるものを擬スカラーと呼ぶ．

4.3.4　4階の等方性テンソル

同様にして4つのベクトル $\boldsymbol{e}_i$, $\boldsymbol{e}_j$, $\boldsymbol{e}_k$, $\boldsymbol{e}_l$ からスカラー量を作る演算を考える．その方法は次の3通りである．

(i)　2つのベクトルの組 $(\boldsymbol{e}_i, \boldsymbol{e}_j)$, $(\boldsymbol{e}_k, \boldsymbol{e}_l)$ のそれぞれでスカラーを作り，両者の積を作る：

$$(\boldsymbol{e}_i \cdot \boldsymbol{e}_j)(\boldsymbol{e}_k \cdot \boldsymbol{e}_l) = \delta_{ij}\delta_{kl}$$

ベクトルの組の選び方により，$\delta_{ij}\delta_{kl}$, $\delta_{ik}\delta_{jl}$, $\delta_{il}\delta_{jk}$ の3種類がある．

(ii)　2つのベクトルの組 $(\boldsymbol{e}_i, \boldsymbol{e}_j)$, $(\boldsymbol{e}_k, \boldsymbol{e}_l)$ のそれぞれでベクトルを作り，両者のスカラー積を作る：

$$(\boldsymbol{e}_i \times \boldsymbol{e}_j) \cdot (\boldsymbol{e}_k \times \boldsymbol{e}_l) = \varepsilon_{\alpha ij}\varepsilon_{\alpha kl} = \delta_{ik}\delta_{jl} - \delta_{il}\delta_{jk}$$

ベクトルの組の作り方により，上の場合に加えて $\delta_{ij}\delta_{kl} - \delta_{il}\delta_{jk}$, $\delta_{ij}\delta_{kl} - \delta_{ik}\delta_{jl}$ の3種類がある．

(iii)　1つのベクトル $\boldsymbol{e}_i$ を選び，残りの3つのベクトル $\boldsymbol{e}_j$, $\boldsymbol{e}_k$, $\boldsymbol{e}_l$ から作られるベクトルとのスカラー積を作る：

$$\begin{aligned} \boldsymbol{e}_i \cdot (\boldsymbol{e}_j \times (\boldsymbol{e}_k \times \boldsymbol{e}_l)) &= \boldsymbol{e}_i \cdot ((\boldsymbol{e}_j \cdot \boldsymbol{e}_l)\boldsymbol{e}_k - (\boldsymbol{e}_j \cdot \boldsymbol{e}_k)\boldsymbol{e}_l) \\ &= (\boldsymbol{e}_i \cdot \boldsymbol{e}_k)(\boldsymbol{e}_j \cdot \boldsymbol{e}_l) - (\boldsymbol{e}_i \cdot \boldsymbol{e}_l)(\boldsymbol{e}_j \cdot \boldsymbol{e}_k) = \delta_{ik}\delta_{jl} - \delta_{il}\delta_{jk} \end{aligned}$$

これは(ii)の場合と同じである．

いずれにしても，4階の等方性テンソルは $\delta_{ij}\delta_{kl}$，$\delta_{ik}\delta_{jl}$，$\delta_{il}\delta_{jk}$ の3種類の重ね合わせで表現できることが示された．

4.4 テンソルの異方性

テンソルが異方的な場合にどのようなことが起こるかを，簡単な例で見てみよう．電磁気学におけるオームの法則は“電流 I が電圧 V に比例し，その比例係数が $1/R$ (R は抵抗)”であることを述べている．これを不均一な媒質中を流れる電流密度 $\boldsymbol{j}$ と電場 $\boldsymbol{E}$ の場合に拡張すると

$$\boldsymbol{j}=[\sigma]\boldsymbol{E}, \quad \text{すなわち} \quad j_i=\sigma_{ij}E_j \tag{4.25}$$

となる．ここで $[\sigma]=\sigma_{ij}$ は電気伝導度テンソルである．

もし，σ_{ij} が等方性テンソルでなければ，電場の向きによって電流の流れやすさが異なる．

【例】 媒質の電気伝導度テンソルが，ある1つの座標系で

$$[\sigma_{ij}]=\begin{bmatrix} 1 & \sqrt{2} & 0 \\ \sqrt{2} & 3 & 1 \\ 0 & 1 & 1 \end{bmatrix} \tag{4.26}$$

と表されたとする．このときの電流密度は，もちろん式(4.25)で与えられる．しかし，適当な座標変換をすると，これをさらに見やすくすることができる．そのためには行列(4.26)を**対角化**すればよい．詳しい計算は省略するが，固有値 λ_i ($i=1, 2, 3$) は行列式 $\det(\sigma_{ij}-\lambda\delta_{ij})=0$ の解として与えられ，$\lambda_i=4, 1, 0$ となる．したがって，この新しい座標系(これを主軸方向という)では

$$[\sigma_{ij}']=\begin{bmatrix} 4 & 0 & 0 \\ 0 & 1 & 0 \\ 0 & 0 & 0 \end{bmatrix} \tag{4.27}$$

$$j_i'=\sigma_{ij}'E_j', \quad \text{すなわち} \quad j_i'=\lambda_i E_i' \tag{4.28 a, b}$$

と表される．この結果は，1つの主軸方向には電場をかけても電流が流れないこと，またこれに垂直な面内で2つの直交する方向に流れる電流の大きさが等しくないこと，などを示している．

この例のように，異方性媒質においては座標系を適切に選ぶことによって現象の理解が格段にやさしくなることが少なくない．

演習問題

4.1　スカラー積 $\boldsymbol{a}\cdot\boldsymbol{b}$，ベクトル積 $\boldsymbol{a}\times\boldsymbol{b}$，発散 div $\boldsymbol{u}$，回転 rot $\boldsymbol{u}$，ラプラシアン $\Delta\phi$ を総和規約を用いて表せ．

4.2　弾性体の内部に力のモーメントが分布していない場合には，応力テンソルが対称テンソルになることを示せ．

4.3　3 次元ベクトル $\boldsymbol{v}=v_1\boldsymbol{e}_1+v_2\boldsymbol{e}_2+v_3\boldsymbol{e}_3$ が座標系の回転によって不変であるという条件を具体的に表し，$\boldsymbol{v}'=\boldsymbol{v}$ が成り立つためには $v_1=v_2=v_3=0$ でなければならないことを示せ．

4.4　スカラー積 $\boldsymbol{u}\cdot\boldsymbol{v}$，および発散 div $\boldsymbol{u}$ が座標変換で不変であることを式(4.3)を用いて示せ．

5

媒質の対称性と弾性定数

前章ではテンソルの一般論を述べた．現実の弾性体について応力と変形の関係を求めようとすると，媒質の個性が現れる．例えば，結晶のように構造をもつ媒質では，力を加える面やその向きによって変形の様子が異なり，フックの法則に現れた“ばね定数”に相当する係数(弾性定数)も一通りではない．一般に，媒質を平行移動や回転，あるいはある面で折り返したりしても構成分子の位置が重なって変化がないもの(もちろん，有限な媒質であれば境界付近の分子は除外しての話である)をそれぞれ並進対称，回転対称，反転対称などという．結晶ではこれらの対称性の程度に応じて弾性定数の数が決まっている．ここではまず両者の関係を調べる．次に，とくに対称性のよい場合について第2章で求めた弾性定数との関係を導く．

キーワード　弾性エネルギー，弾性定数，結晶の対称性，ラメの定数

5.1　フックの法則の一般化

ばね定数 k のばねに力 F が働くと長さ x の伸び(ひずみ)が生じ，これらの間には $F=kx$ の関係があった(フックの法則)．第2章ではこれを弾性体の棒の一様な伸びについて拡張し $f=E\,\partial u/\partial x$ の関係を得たが，ここではこれをさらに一般化してみよう．

弾性体に応力が働くとひずみが生じ，また逆にひずみが生じるとそこに応力が発生する．すなわち，応力 P (成分を p_{ij} と書く．第1の添字 i は力の方向，第2の添字 j は面の法線方向を表すものと約束する)は，ひずみの関数である．4.2節で述べた相対変位テンソル D のうち，Ω の方は剛体回転を表すので，応力には寄与しない．これらを考慮して数式で表せば，$i, j=1, 2, 3$ に対して

$$p_{ij}=f_{ij}(e_{11}, e_{12}, \cdots, e_{33}) \qquad [=f_{ij}(e_{kl}) \text{ と略記}] \tag{5.1}$$

となる(第2章で扱った弾性体の棒の一様な伸びに対する関係 $f=E\,\partial u/\partial x$ を

式(5.1)の形に表せば，$p_{xx}=Ee_{xx}$，あるいは $p_{11}=Ee_{11}$ となっている).

関数 f_{ij} は弾性体の性質や変形の程度に依存し一般には複雑であるが，ここでは話を簡単にするために，ひずみ e_{kl} が微小という仮定をおく．われわれは連続体を扱っているので関数 f_{ij} はもちろん連続であり，$e_{kl}=0$(ひずみのない状態)のまわりでテイラー級数に展開することができる.

$$p_{ij}=f_{ij}(0)+\sum_{k,l=1}^{3}\left(\frac{\partial f_{ij}}{\partial e_{kl}}\right)_{e_{kl}=0}e_{kl}+\cdots \tag{5.2}$$

通常の場合，ひずみのない状態では応力が働いていないので $f_{ij}(0)=0$ であり，e_{kl} の2次以上の微小量を無視すれば

$$p_{ij}=\sum_{k,l=1}^{3}C_{ijkl}e_{kl}=C_{ijkl}e_{kl} \tag{5.3}$$

となる．式(5.3)の最右辺では，第4章で説明した総和規約を用い，同じ添字が繰り返して使われているときは，この添字について可能なすべての値(いまの場合には，$k, l=1, 2, 3$)を与え，それらについて和をとるとの約束で Σ の記号を省略した．C_{ijkl} は物質に固有な4階のテンソルで**弾性テンソル**と呼ばれている．また，式(5.3)は**一般化されたフックの法則**と呼ばれている.

5.2 弾性エネルギー

ばね定数 k のばねを自然状態から長さ l だけ伸ばしたときに，ばねに蓄えられるエネルギー W_e(これを**弾性エネルギー**と呼ぶ)は $(1/2)kl^2$ で与えられた．これは x だけ伸びているばねをさらに微小な長さ $\mathrm{d}x$ だけ伸ばすのに必要な仕事 $\mathrm{d}W_e$ が

$$\mathrm{d}W_e=(\text{力})\times(\text{力の方向の変位})=kx\times\mathrm{d}x$$

であり，これを変位 x が0から l に達するまで積分して

$$W_e=\int_0^l kx\,\mathrm{d}x=\frac{1}{2}kl^2 \tag{5.4}$$

となることによる．これをいまのような一般的な場合に拡張すれば，

$$\mathrm{d}w_e=p_{ij}\,\mathrm{d}e_{ij}=C_{ijkl}e_{kl}\mathrm{d}e_{ij}$$

であるから，単位体積当たりの物質中に蓄えられる弾性エネルギー w_e は

$$w_e=\frac{1}{2}C_{ijkl}e_{ij}e_{kl}\left(=\frac{1}{2}p_{ij}e_{ij}\right) \tag{5.5}$$

したがって，物体の変形に使われた仕事は全体で

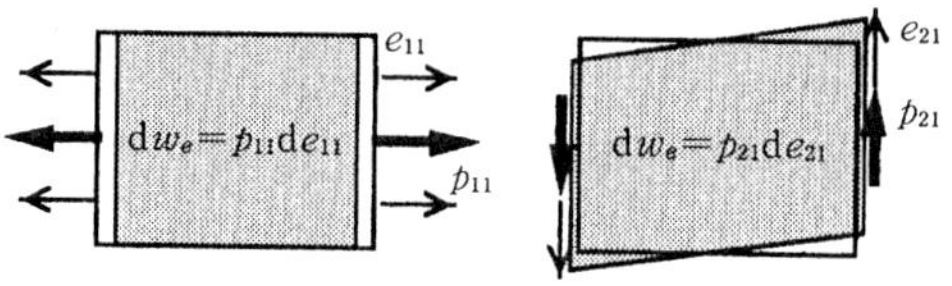

図 5.1 応力と変形，弾性エネルギー

$$W_e = \int_V w_e \,\mathrm{d}V = \int_V \frac{1}{2} C_{ijkl} e_{ij} e_{kl} \,\mathrm{d}V \left(= \int_V \frac{1}{2} p_{ij} e_{ij} \,\mathrm{d}V \right) \tag{5.6}$$

となる．弾性エネルギーはスカラー量であり，座標軸の選び方によらない．また，C_{ijkl} において (i, j) の組と (k, l) の組を入れ替えても w_e は変わらない．

5.3 弾性テンソル

弾性定数 C_{ijkl} は 4 階のテンソルであり，$i, j, k, l = 1, 2, 3$ とすると全部で $3^4 = 81$ 個の成分をもっているように見えるが，対称性により独立な成分の数はそれよりも少ない．例えば，これが 6 個の応力テンソルの成分 p_{ij} と 6 個のひずみテンソルの成分 e_{kl} との関係であることに注意すれば，6 行 6 列の 2 階のテンソルで表されるはずである．見やすくするために，$\tau_1 = p_{11}$，$\tau_2 = p_{22}$，$\tau_3 = p_{33}$，$\tau_4 = p_{23}$，$\tau_5 = p_{31}$，$\tau_6 = p_{12}$，$\varepsilon_1 = e_{11}$，$\varepsilon_2 = e_{22}$，$\varepsilon_3 = e_{33}$，$\varepsilon_4 = 2e_{23}$，$\varepsilon_5 = 2e_{31}$，$\varepsilon_6 = 2e_{12}$ とおいてこれを表すと

$$\begin{bmatrix} \tau_1 \\ \tau_2 \\ \tau_3 \\ \tau_4 \\ \tau_5 \\ \tau_6 \end{bmatrix} = \begin{bmatrix} k_{11} & k_{12} & k_{13} & k_{14} & k_{15} & k_{16} \\ k_{21} & k_{22} & k_{23} & k_{24} & k_{25} & k_{26} \\ k_{31} & k_{32} & k_{33} & k_{34} & k_{35} & k_{36} \\ k_{41} & k_{42} & k_{43} & k_{44} & k_{45} & k_{46} \\ k_{51} & k_{52} & k_{53} & k_{54} & k_{55} & k_{56} \\ k_{61} & k_{62} & k_{63} & k_{64} & k_{65} & k_{66} \end{bmatrix} \begin{bmatrix} \varepsilon_1 \\ \varepsilon_2 \\ \varepsilon_3 \\ \varepsilon_4 \\ \varepsilon_5 \\ \varepsilon_6 \end{bmatrix} \tag{5.7}$$

すなわち，

$$\tau_i = k_{ij} \varepsilon_j \tag{5.7'}$$

と書ける．また，

$$\begin{aligned} \mathrm{d}w_e &= p_{ij}\mathrm{d}e_{ij} = p_{11}\mathrm{d}e_{11} + \cdots + (p_{23}\,\mathrm{d}e_{23} + p_{32}\,\mathrm{d}e_{32}) + \cdots \\ &= \tau_1 \mathrm{d}\varepsilon_1 + \cdots + \tau_4 \mathrm{d}\varepsilon_4 + \cdots = \sum_{i=1}^{6} \tau_i \mathrm{d}\varepsilon_i = \tau_i \mathrm{d}\varepsilon_i \end{aligned}$$

であるから，弾性エネルギー w_e は

$$w_e=\frac{1}{2}k_{ij}\varepsilon_i\varepsilon_j=\frac{1}{2}\tau_i\varepsilon_i$$

と表せる (これは式 (5.5) と同じものである). 式 (5.7) に現れた係数 k_{ij} は 6×6=36 個ある. しかし, 以下に示すような対称性があると, 独立な係数の数はさらに減少する.

5.3.1 結晶の対称性と弾性テンソル

結晶では, 原子や分子が周期的に配列した構造をもっている. 各方向で周期の整数倍になっている点を結ぶと, 3 次元の格子ができる. この格子を**空間格子** (space lattice), 空間格子の単位である平行 6 面体を**単位胞** (unit cell) と呼ぶ. 単位胞の 3 辺を 3 つのベクトル $\boldsymbol{a}, \boldsymbol{b}, \boldsymbol{c}$ で表すと, 空間格子の任意の点 $\boldsymbol{r}$ は

$$\boldsymbol{r}=l\boldsymbol{a}+m\boldsymbol{b}+n\boldsymbol{c} \qquad (l, m, n \text{ は整数})$$

と表される.

この $\boldsymbol{a}, \boldsymbol{b}, \boldsymbol{c}$ の整数倍の平行移動によって内部の環境はもとの状態と変わらない. 鏡に映したり折り返したりするときに見られる対称性に限らず, 一般に, ある操作によって着目する現象が変わらないときに, その操作に対して対称であるという. 上の例では平行移動という操作を考えていたので, これを**並進対称性**と呼ぶ. 結晶は, 回転操作による対称性ももっている (**回転対称性**). 回転の角度が 360°, 180°, 120°, 90°, 60° に対して対称になるものをそれぞれ 1, 2, 3, 4, 6 回の回転軸をもつと呼ぶ. この 5 種類の回転軸の組み合わせによって各格子点を対応させる方法は 7 種類あり, 結晶系または**晶系** (crystal system) という. 図 5.2 にこれらの晶系の単位胞を示す.

a. 三斜晶系 (triclinic system)

これは 3 つの結晶軸の長さが異なり, それらの向きも勝手な方向を向いている場合である. 弾性テンソルは対称であるが, それ以上の対称性はない. したがって, 独立な係数の数は 6×7/2=21 個である. 斜長石が代表例である.

b. 単斜晶系 (monoclinic system)

これは 3 軸の長さは異なるが, 2 対の軸が直交する場合で, 1 つの軸 (例えば c 軸) のまわりに 180° 回転しても対称である. c 軸の向きを z 軸, これに垂直な面を xy 面に選ぶと, 180° の回転により $x'=-x$, $y'=-y$, $z'=z$, $u'=-u$, $v'=-v$, $w'=w$ となる. この変換により

$$\varepsilon_1=\frac{\partial u}{\partial x}=\frac{\partial(-u')}{\partial(-x')}=\frac{\partial u'}{\partial x'}=\varepsilon_1', \cdots, \varepsilon_3=\frac{\partial w}{\partial z}=\frac{\partial w'}{\partial z'}=\varepsilon_3'$$

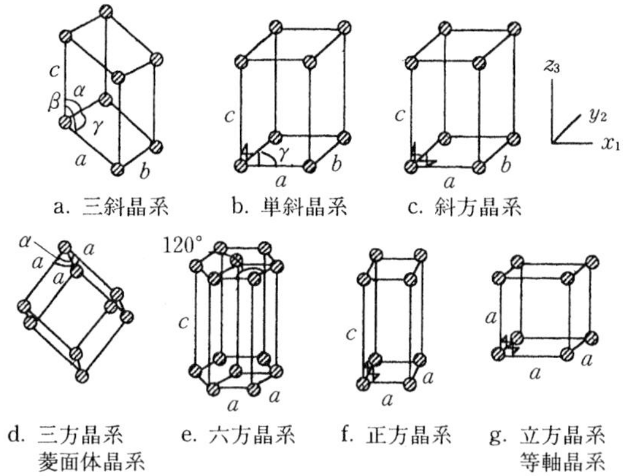

図 5.2 結晶系とその対称性

$$\varepsilon_4=2e_{23}=\frac{\partial w}{\partial y}+\frac{\partial u}{\partial z}=\frac{\partial w'}{\partial(-y')}+\frac{\partial(-u')}{\partial z'}=-2e_{23}=-\varepsilon_4',\ \varepsilon_5=-\varepsilon_5',\ \varepsilon_6=\varepsilon_6'$$

であるから，w_e が不変であるためには

$$\begin{bmatrix} k_{11} & k_{12} & k_{13} & 0 & 0 & k_{16} \\ k_{12} & k_{22} & k_{23} & 0 & 0 & k_{26} \\ k_{13} & k_{23} & k_{33} & 0 & 0 & k_{36} \\ 0 & 0 & 0 & k_{44} & k_{45} & 0 \\ 0 & 0 & 0 & k_{45} & k_{55} & 0 \\ k_{16} & k_{26} & k_{36} & 0 & 0 & k_{66} \end{bmatrix} \tag{5.8}$$

の形が必要である．すなわち，添字 4 または 5 を 1 回含む係数 ($k_{14}=k_{24}=k_{34}=k_{15}=k_{25}=k_{35}=k_{46}=k_{56}=0$, および対角線に対してそれらと対称な位置にある成分) は 0 となる．独立な係数は 21−8=13 個となる．

この同じ場合を，式 (5.7) の k_{ij} の代わりに式 (5.3) で導入した C_{ijkl} を用いて考えると次のようになる．

$$(C_{ijkl})=\begin{bmatrix} C_{1111} & C_{1122} & C_{1133} & \cancel{C_{1123}} & \cancel{C_{1131}} & C_{1112} \\ C_{2211} & C_{2222} & C_{2233} & \cancel{C_{2223}} & \cancel{C_{2231}} & C_{2212} \\ C_{3311} & C_{3322} & C_{3333} & \cancel{C_{3323}} & \cancel{C_{3331}} & C_{3312} \\ \cancel{C_{2311}} & \cancel{C_{2322}} & \cancel{C_{2333}} & C_{2323} & C_{2331} & \cancel{C_{2312}} \\ \cancel{C_{3111}} & \cancel{C_{3122}} & \cancel{C_{3133}} & C_{3123} & C_{3131} & \cancel{C_{3112}} \\ C_{1211} & C_{1222} & C_{1233} & \cancel{C_{1223}} & \cancel{C_{1231}} & C_{1212} \end{bmatrix} \tag{5.9}$$

すなわち，z 軸(第3軸)のまわりに 180° 回転して，x 軸(第1軸)，y 軸(第2軸)の向きが逆になっても，媒質の性質が変わらないためには，係数 C_{ijkl} の添字 i, j, k, l が $x[1]$ または $y[2]$ を合わせて偶数個含んでいる場合に限られる．したがって，例えば1行4列の C_{1123} では1または2が計3個あるのでこの係数が残ってはならないが，1行6列の C_{1112} では1または2が計4個あるのでこの係数は残る，という具合である．このようにして式(5.9)で斜線を引いた係数はすべて0となり，式(5.8)と一致する．この晶系に属するものに正長石，輝石類，角閃石類などがある．

c. 斜方晶系 (orthorhombic system)

これは2つの軸のまわりに 180° 回転対称な場合であり，実は第3の軸に対しても自動的に 180° 回転対称になっている．前項bの単斜晶系で考えた添字4と5に加えて添字5と6についても同様のことがいえる．したがって，$\underline{k_{15}}=\underline{k_{25}}=\underline{k_{35}}=k_{45}=k_{16}=k_{26}=k_{36}=\underline{k_{46}}=0$ であるが，下線を引いた係数はb項の場合と重複しているので，独立な係数は4個減って $13-4=9$ 個となる(図5.3(c)も参照)．この晶系に属するものに自然硫黄，カンラン石，トパーズなどがある．

d. 三方晶系 (trigonal system)，**菱面体晶系** (rhombohedral system)

これは単位胞の立体対角方向に 120° 回転対称性をもつ場合で，3軸は等価である．方解石はこの晶系に属す．

e. 六方晶系 (hexagonal system)

これは単位胞の1つの軸，例えば a 軸に 120° 回転対称性をもつ場合である．水晶，緑柱石，電気石などはこの晶系に属す．

f. 正方晶系 (tetragonal system)

これは1つの軸，例えば c 軸(z 軸に選ぶ)のまわりに 90° 回転対称性をもつ場合である．前項cの場合に加えて，添字1, 2および4, 5の置き換えについて対称である．したがって，$k_{11}=k_{22}$，$k_{44}=k_{55}$，$k_{13}=k_{23}$ となり，独立な係数はさらに3個減って $9-3=6$ 個となる(図5.3(f)も参照)．ジルコン，錫石，黄銅鉱などはこの晶系に属す．

g. 立方晶系 (cubic system)，**等軸晶系** (regular system)

この場合には3つの軸が 90° 回転対称性をもつ．添字1, 2, 3および4, 5, 6の間で区別がないので，f項の場合に加えて $k_{33}=k_{11}$，$k_{66}=k_{44}$，$k_{12}=k_{13}$ が成り立つ．したがって，独立な係数はさらに3個減って $6-3=3$ 個となる(図5.3(g)

$$
\text{(c)}\begin{bmatrix} k_{11} & k_{12} & k_{13} & & & \\ k_{12} & k_{22} & k_{23} & & 0 & \\ k_{13} & k_{23} & k_{33} & & & \\ & & & k_{44} & 0 & 0 \\ & 0 & & 0 & k_{55} & 0 \\ & & & 0 & 0 & k_{66} \end{bmatrix}
\quad
\text{(f)}\begin{bmatrix} k_{11} & k_{12} & k_{23} & & & \\ k_{12} & k_{11} & k_{23} & & 0 & \\ k_{23} & k_{23} & k_{33} & & & \\ & & & k_{44} & 0 & 0 \\ & 0 & & 0 & k_{44} & 0 \\ & & & 0 & 0 & k_{66} \end{bmatrix}
\quad
\text{(g)}\begin{bmatrix} k_{11} & k_{23} & k_{23} & & & \\ k_{23} & k_{11} & k_{23} & & 0 & \\ k_{23} & k_{23} & k_{11} & & & \\ & & & k_{44} & 0 & 0 \\ & 0 & & 0 & k_{44} & 0 \\ & & & 0 & 0 & k_{44} \end{bmatrix}
$$

斜方晶系　　正方晶系　　立方晶系

図 5.3 弾性テンソルの形

も参照). ダイヤモンド, ざくろ石, 方鉛鉱, 黄鉄鉱, 岩塩などはこの晶系に属す.

立方晶系の場合について C_{ijkl} を用いた表現も示しておく. 座標系の 180° 回転によって x, y, z 軸の向きが変わっても媒質の性質が変わらないためには C_{ijkl} の添字 i, j, k, l が 1, 2, 3 の奇数個の成分はすべて 0 でなければならない. また, 座標系の 90° 回転によって変わらないためには $x, y, z\,[1, 2, 3]$ について対等でなければならないので, 例えば $C_{1111}=C_{2222}=C_{3333}$, $C_{1122}=C_{2233}=C_{3311}$ などとなっている. 式 (5.10) において ○, △, □ の係数は同じであり, 独立な係数が 3 個であることも明らかであろう.

$$
(C_{ijkl})=\begin{bmatrix}
\boxed{C_{1111}} & \overset{\triangle}{C_{1122}} & \overset{\triangle}{C_{1133}} & \cancel{C_{1123}} & \cancel{C_{1131}} & \cancel{C_{1112}} \\
\overset{\triangle}{C_{2211}} & \boxed{C_{2222}} & \overset{\triangle}{C_{2233}} & \cancel{C_{2223}} & \cancel{C_{2231}} & \cancel{C_{2212}} \\
\overset{\triangle}{C_{3311}} & \overset{\triangle}{C_{3322}} & \boxed{C_{3333}} & \cancel{C_{3323}} & \cancel{C_{3331}} & \cancel{C_{3312}} \\
\cancel{C_{2311}} & \cancel{C_{2322}} & \cancel{C_{2333}} & \bigcirc C_{2323} & \cancel{C_{2331}} & \cancel{C_{2312}} \\
\cancel{C_{3111}} & \cancel{C_{3122}} & \cancel{C_{3133}} & \cancel{C_{3123}} & \bigcirc C_{3131} & \cancel{C_{3112}} \\
\cancel{C_{1211}} & \cancel{C_{1222}} & \cancel{C_{1233}} & \cancel{C_{1223}} & \cancel{C_{1231}} & \bigcirc C_{1212}
\end{bmatrix} \tag{5.10}
$$

5.3.2 等方性物質

原子・分子の存在を塗りつぶした連続体では対称性がさらに高くなる. 対称性が無限にあり, その物理的特性が座標系の向きに依存しないような物質を一般に**等方性物質** (isotropic medium) という. いまの場合には, 任意の座標変換に対して弾性テンソル C_{ijkl} が不変であることが等方性物質という意味である. そのためには弾性テンソルが等方的でなければならない. 4.3.4 項で示したように, 4 階の等方性テンソルは $\delta_{ij}\delta_{kl}$, $\delta_{ik}\delta_{jl}$, $\delta_{il}\delta_{jk}$ の 3 種類だけで表される. ただし δ_{ij} はクロネッカーのデルタである. これを用いると, 式 (5.3) で導入した弾性テンソル C_{ijkl} は

$$
C_{ijkl}=A\delta_{ij}\delta_{kl}+B\delta_{ik}\delta_{jl}+C\delta_{il}\delta_{jk} \tag{5.11}
$$

と書ける. ただし, A, B, C は定数である. 式 (5.11) を一般化したフックの

法則 (5.3) に代入すると

$$\begin{aligned} p_{ij} &= (A\delta_{ij}\delta_{kl} + B\delta_{ik}\delta_{jl} + C\delta_{il}\delta_{jk})e_{kl} \\ &= Ae_{kk}\delta_{ij} + Be_{ij} + Ce_{ji} \\ &= A(\mathrm{div}\,\boldsymbol{u})\delta_{ij} + (B+C)e_{ij} \end{aligned} \tag{5.12}$$

となる．ただし，$e_{kk} = \mathrm{div}\,\boldsymbol{u}$, $e_{ij} = e_{ji}$ を用いた．通常はここに現れた定数 A, B, C の代わりに $\lambda = A$, $\mu = (B+C)/2$ を用いて

$$p_{ij} = \lambda(\mathrm{div}\,\boldsymbol{u})\delta_{ij} + 2\mu e_{ij} \tag{5.13}$$

という表現が用いられる．λ, μ を**ラメ (Lamé) の弾性定数**と呼ぶ．等方性の仮定により，弾性テンソルは 2 つのパラメターだけで表現されたことになる．

式 (5.13) はひずみを与えたときに生じる応力を示しているが，これを逆に解くと，応力を与えたときに生じるひずみが得られる．すなわち，式 (5.13) の対角成分の和 (トレース) をとり，式 (4.21) で得た $e_{ii} = \mathrm{div}\,\boldsymbol{u}$ の関係を用いると，

$$p_{ii} = 3\lambda(\mathrm{div}\,\boldsymbol{u}) + 2\mu e_{ii} = (3\lambda + 2\mu)(\mathrm{div}\,\boldsymbol{u}), \qquad \because \quad \delta_{ii} = 3$$

$$\therefore \quad \mathrm{div}\,\boldsymbol{u} = \frac{p_{ii}}{3\lambda + 2\mu} = \frac{p_{kk}}{3\lambda + 2\mu} \tag{5.14}$$

これを式 (5.13) に代入して変形すると

$$e_{ij} = \frac{1}{2\mu}[p_{ij} - \lambda(\mathrm{div}\,\boldsymbol{u})\delta_{ij}] = \frac{1}{2\mu}\left(p_{ij} - \frac{\lambda p_{kk}}{3\lambda + 2\mu}\delta_{ij}\right) \tag{5.15}$$

を得る．さらに具体的な表現は演習問題 5.1 を参照．

この節で述べてきた等方性物質はもちろん理想化された媒質ではあるが，ゴムやガラスなどの非晶質固体や，多結晶体からなる物質でも近似的にこの性質が満たされていると考えてよい．

5.4　ラメの定数 λ, μ と K, G, E, σ の関係

5.4.1　ラメの定数と体積弾性率

まず，弾性体に一様な圧力 δp がかかった場合を考える．応力テンソルは $p_{ij} = -(\delta p)\delta_{ij}$ であるから，式 (5.13) は

$$-(\delta p)\delta_{ij} = \lambda(\mathrm{div}\,\boldsymbol{u})\delta_{ij} + 2\mu e_{ij}$$

となる．前節と同様に $j = i$ とし，i について 1 から 3 まで総和をとると

$$-3(\delta p) = 3\lambda(\mathrm{div}\,\boldsymbol{u}) + 2\mu e_{ii}, \qquad \because \quad \delta_{ii} = 3$$

となるが，式(4.21)から $e_{ii}=\mathrm{div}\,\boldsymbol{u}=\delta V/V$ (体積膨張率)であるから

$$-3(\delta p)=(3\lambda+2\mu)\mathrm{div}\,\boldsymbol{u}=(3\lambda+2\mu)\frac{\delta V}{V}$$

$$\therefore \quad \delta p=-\left(\lambda+\frac{2}{3}\mu\right)\frac{\delta V}{V}$$

を得る．これを式(2.8)と比較すれば体積弾性率 K との間に

$$K=\lambda+\frac{2}{3}\mu \tag{5.16}$$

の関係が導かれる．

5.4.2　ラメの定数とずれ弾性率

次に，図5.4のように下面が固定された直方体の上面に応力 p_{12} が働いている場合を考えよう．直方体のひしゃげる角度を $\theta(\theta\ll 1)$ とすれば，変位は x_1 方向だけで $u_1\approx\theta x_2$ であるから，式(5.13)は

$$e_{12}=\frac{1}{2}\left(\frac{\partial u_1}{\partial x_2}+\frac{\partial u_2}{\partial x_1}\right)=\frac{1}{2}\theta, \qquad \therefore \quad p_{12}=2\mu e_{12}=\mu\theta$$

となる．これを式(2.14)と比較すれば

$$\mu=G \tag{5.17}$$

を得る．すなわち μ は，ずれ弾性率に等しい．

5.4.3　直方体の棒の引き伸ばし

今度は，図5.5のように，真直ぐで一様な直方体の棒の両端に法線応力 f を加えて引き伸ばす場合を考えてみよう．

棒に沿って x 軸を，これに垂直な面内に y, z 軸をとると，応力の成分のう

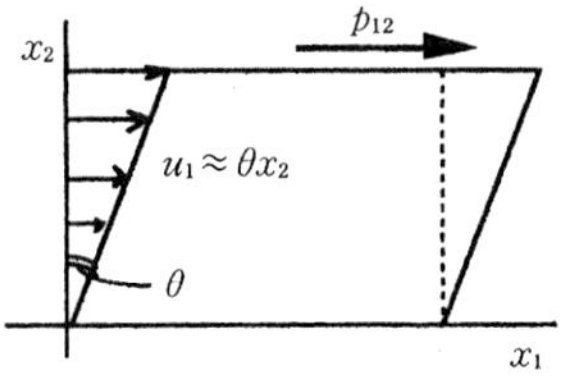

図5.4　単純なずれ変形

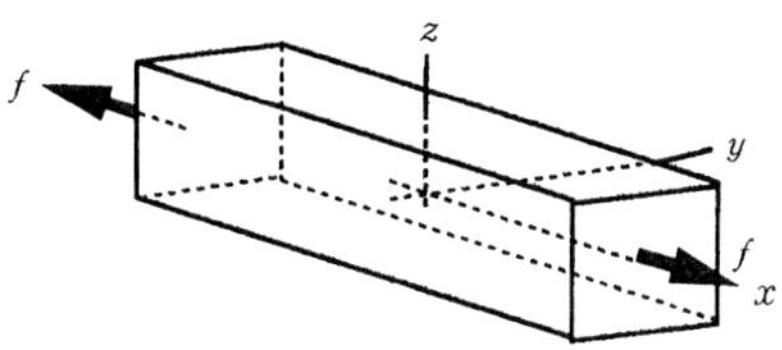

図5.5　直方体の棒の引き伸ばし

ち 0 でないものは $p_{xx}=f$ だけである．したがって，式 (5.13) から

$$(\lambda+2\mu)e_{xx}+\lambda(e_{yy}+e_{zz})=f \tag{5.18 a}$$

$$(\lambda+2\mu)e_{yy}+\lambda(e_{zz}+e_{xx})=0 \tag{5.18 b}$$

$$(\lambda+2\mu)e_{zz}+\lambda(e_{xx}+e_{yy})=0 \tag{5.18 c}$$

$$e_{xy}=e_{yz}=e_{zx}=0 \tag{5.18 d}$$

を得る．式 (5.18 a～c) を辺々加えて

$$(3\lambda+2\mu)(e_{xx}+e_{yy}+e_{zz})=f$$

これに $\lambda/(3\lambda+2\mu)$ を掛けて (5.18 a～c) から引くと

$$e_{xx}=\frac{\lambda+\mu}{\mu(3\lambda+2\mu)}f, \qquad e_{yy}=e_{zz}=-\frac{\lambda}{2\mu(3\lambda+2\mu)}f$$

となる．ところで，第 2 章によればヤング率 E とポアッソン比 σ は

$$e_{xx}=\frac{f}{E}, \qquad \frac{e_{yy}}{e_{xx}}=-\sigma$$

を満たすから，両者を比較して

$$E=\frac{\mu(3\lambda+2\mu)}{\lambda+\mu}, \qquad \sigma=\frac{\lambda}{2(\lambda+\mu)} \tag{5.19 a, b}$$

の関係式が得られる．また，これを逆に解けば

$$\lambda=\frac{\sigma}{(1-2\sigma)(1+\sigma)}E, \qquad \mu=\frac{E}{2(1+\sigma)} \tag{5.20 a, b}$$

が得られる．

演 習 問 題

5.1　式 (5.15) を直角座標系 (x, y, z) を用いて具体的に表せ．

5.2　図 5.5 のような直方体の弾性体で x 軸方向に圧縮や引き伸ばしを行うときに，もし x 軸に垂直な方向 (yz 方向) には変位が生じないように固定してあったとすると，x 方向に加える力と伸びの関係はどのようになるか．

6

弾性体の運動方程式

この章では空間的にも時間的にも変化する変位と応力の関係を決める方程式を導く．前章まで述べてきたことがらは，すべてこの基礎方程式の特別な場合として含まれる．とくに，力を加えたときの弾性体の平衡形や弾性波などへの応用について述べる．後に述べる流体運動とのアナロジーにも着目してほしい．

キーワード　ナヴィエの方程式，サン・ブナンの問題，重力による変形，弾性波

6.1　微小変位理論

弾性体の内部で応力が釣り合っていない場合には，変位が時間的にも空間的にも変化する．以下では変位 $\boldsymbol{u}$ が微小であると仮定して弾性体の運動方程式を導こう．質点の力学では，着目している点に働く力とその質点がもっている運動量の時間変化を結びつけた（ニュートンの運動方程式）．しかし，連続体では面積力や体積力のような力を考える必要があるので，有限な大きさの領域に対してこれを考えていかなければならない．そこで，図 6.1 のように，弾性体中に閉曲面 S で囲まれた領域 V をとる．位置 $\boldsymbol{r}$ の近傍の微小な領域を $\mathrm{d}V$ とし，そこでの密度を $\rho(\boldsymbol{r})$ とすれば，微小領域内の弾性体の質量は $\rho \mathrm{d}V$ である．単位質量当たりの外力（体積力）を $\boldsymbol{K}(\boldsymbol{r})$ とすれば，領域 $\mathrm{d}V$ に働く外

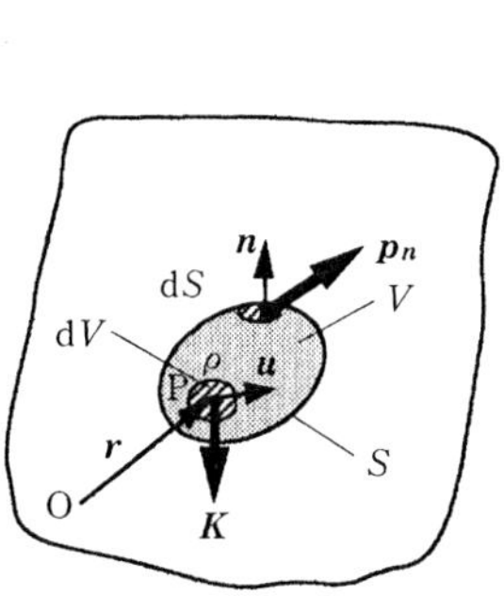

図 6.1　弾性体の運動方程式

力は$(\rho\,\mathrm{d}V)\boldsymbol{K}$，したがって領域$V$に対しては，$\rho\boldsymbol{K}$をこの領域内で積分したものになる．また，応力$\boldsymbol{p}_n$により面$S$上の微小な面$dS$に働く力は$\boldsymbol{p}_n\mathrm{d}S$であるから，領域$V$に対してはこれを$S$全体で積分したものになる．他方，領域$V$内の運動量の時間変化は

$$\frac{D}{Dt}\int_V(\rho\,\mathrm{d}V)\boldsymbol{v}$$

と表される．ここで式(1.9)から$\boldsymbol{v}=D\boldsymbol{u}/Dt$であり，とくに変位が微小な場合には$D/Dt\fallingdotseq\partial/\partial t$となる．これらが釣り合うことから

$$\int_V\rho\frac{\partial^2\boldsymbol{u}}{\partial t^2}\mathrm{d}V=\int_V\rho\boldsymbol{K}\,\mathrm{d}V+\int_S\boldsymbol{p}_n\,\mathrm{d}S \tag{6.1}$$

を得る．右辺第2項において応力の表現(4.8)を用い，またガウスの定理(付録A[3]参照)を適用して面積積分を体積積分に変えると

$$\int_S\boldsymbol{p}_n\,\mathrm{d}S=\int_S P\cdot\boldsymbol{n}\,\mathrm{d}S=\int_V\mathrm{div}\,P\,\mathrm{d}V$$

成分表示では

$$=\int_S p_{ij}n_j\,\mathrm{d}S=\int_V\frac{\partial}{\partial x_j}p_{ij}\,\mathrm{d}V$$

となる．これを式(6.1)に代入し，この関係式が任意の弾性体領域で成り立つことを考慮すると

$$\rho\frac{\partial^2\boldsymbol{u}}{\partial t^2}=\rho\boldsymbol{K}+\mathrm{div}\,P \tag{6.2 a}$$

を得る．成分に分けて表示すれば

$$\left.\begin{aligned}
\rho\frac{\partial^2 u}{\partial t^2}&=\frac{\partial p_{xx}}{\partial x}+\frac{\partial p_{xy}}{\partial y}+\frac{\partial p_{xz}}{\partial z}+\rho K_x\\
\rho\frac{\partial^2 v}{\partial t^2}&=\frac{\partial p_{yx}}{\partial x}+\frac{\partial p_{yy}}{\partial y}+\frac{\partial p_{yz}}{\partial z}+\rho K_y\\
\rho\frac{\partial^2 w}{\partial t^2}&=\frac{\partial p_{zx}}{\partial x}+\frac{\partial p_{zy}}{\partial y}+\frac{\partial p_{zz}}{\partial z}+\rho K_z
\end{aligned}\right\} \tag{6.2 b}$$

である．もし変位が時間的に変化しなければ，式(6.2 a, b)の左辺は0となり，これらは応力p_{ij}と外力$\boldsymbol{K}$の関係を与える式となる．

さて，一様で等方的なフック弾性体では式(5.13)が成立するから

$$(\mathrm{div}\,P)_i=\frac{\partial}{\partial x_j}p_{ij}=\frac{\partial}{\partial x_j}[\lambda(\mathrm{div}\,\boldsymbol{u})\delta_{ij}+2\mu e_{ij}]$$

であるが，ここで上式の最右辺第2項は

$$\frac{\partial}{\partial x_j}\left[\mu\left(\frac{\partial u_i}{\partial x_j}+\frac{\partial u_j}{\partial x_i}\right)\right]=\mu\left[\frac{\partial^2 u_i}{\partial {x_j}^2}+\frac{\partial}{\partial x_i}\left(\frac{\partial u_j}{\partial x_j}\right)\right]=\mu[\Delta \boldsymbol{u}+\nabla(\mathrm{div}\ \boldsymbol{u})]_i$$

と計算されるので

$$\mathrm{div}\ P=(\lambda+\mu)\nabla(\mathrm{div}\ \boldsymbol{u})+\mu\Delta\boldsymbol{u}$$

したがって，式(6.2 a)から

$$\rho\frac{\partial^2 \boldsymbol{u}}{\partial t^2}=(\lambda+\mu)\nabla(\mathrm{div}\ \boldsymbol{u})+\mu\Delta\boldsymbol{u}+\rho\boldsymbol{K} \tag{6.3 a}$$

を得る．これが弾性体の変位を決める基礎方程式であり，**ナヴィエ**(Navier)**の方程式**と呼ばれることもある．さらに，(5.20 a, b)を用いてラメの定数λ, μをヤング率E，ポアッソン比σで書き換えると，式(6.3 a)は

$$\frac{2\rho(1+\sigma)}{E}\frac{\partial^2 \boldsymbol{u}}{\partial t^2}=\Delta\boldsymbol{u}+\frac{1}{1-2\sigma}\nabla(\mathrm{div}\ \boldsymbol{u})+\frac{2\rho(1+\sigma)}{E}\boldsymbol{K} \tag{6.3 b}$$

と表すこともできる．

注：ラプラス演算子をベクトル量に作用させるときには注意が必要である．これはベクトル$\boldsymbol{u}$を単位ベクトル$\boldsymbol{i}$, $\boldsymbol{j}$, $\boldsymbol{k}$を用いて$\boldsymbol{u}=u\boldsymbol{i}+v\boldsymbol{j}+w\boldsymbol{k}$などと表すとき，一般には$\boldsymbol{i}$, $\boldsymbol{j}$, $\boldsymbol{k}$が空間の位置によって向きを変えるので，例えば$\Delta(u\boldsymbol{i})$ではuだけでなく$\boldsymbol{i}$の方にも空間微分が実行され，$\boldsymbol{j}$, $\boldsymbol{k}$方向への寄与がありうるし，また逆に，$\Delta(v\boldsymbol{j}+w\boldsymbol{k})$の演算から$\boldsymbol{i}$方向の成分が現れることもあるからである．ただし，直角座標系では単位ベクトル$\boldsymbol{e}_x$, $\boldsymbol{e}_y$, $\boldsymbol{e}_z$が定ベクトルなので，$\Delta\boldsymbol{u}=\Delta(u_x\boldsymbol{e}_x+u_y\boldsymbol{e}_y+u_z\boldsymbol{e}_z)=(\Delta u_x)\boldsymbol{e}_x+(\Delta u_y)\boldsymbol{e}_y+(\Delta u_z)\boldsymbol{e}_z$の関係が成り立つ．そこで，式(6.3 a)を一般の曲線座標系で表すときには，関係式$\Delta\boldsymbol{u}=\mathrm{grad\ div}\ \boldsymbol{u}-\mathrm{rot\ rot}\ \boldsymbol{u}$(付録A [2] 参照)を使って，

$$\rho\frac{\partial^2 \boldsymbol{u}}{\partial t^2}=(\lambda+2\mu)\nabla(\mathrm{div}\ \boldsymbol{u})-\mu\,\mathrm{rot\ rot}\ \boldsymbol{u}+\rho\boldsymbol{K} \tag{6.3 c}$$

と表現しておくと誤解が生じにくい．

基礎方程式(6.3)は微小変位を仮定して得られたものであり，線形であるから，解の重ね合わせが可能である．以下では，いくつかの典型的な問題を取り上げ，どのようにして変位や応力が求められるかを見てみよう．

6.2 定常な面積力による変形

この場合には，方程式(6.3)で時間変化および体積力を0とおいた式を用いればよい．外力は境界条件に現れる．

6.2.1　一様な圧力による変形

弾性体でできた同心中空の球殻がある．内半径を a，外半径を b，それぞれに働く圧力を p_a，p_b とするとき，弾性体に働く応力や変位を求めよう．

この場合には球対称な変形が起こるので，$\boldsymbol{u}$ は r 成分 u_r だけしかもたず，u_r は r の関数である．したがって，$\mathrm{rot}\,\boldsymbol{u}=\boldsymbol{0}$ であり，式(6.3 c)から

$$\nabla(\mathrm{div}\,\boldsymbol{u})=\boldsymbol{0} \tag{6.4}$$

を得る．これを積分すると

$$\mathrm{div}\,\boldsymbol{u}=\frac{1}{r^2}\frac{\mathrm{d}}{\mathrm{d}r}(r^2u_r)=\alpha \quad\rightarrow\quad u_r=\frac{\alpha r}{3}+\frac{\beta}{r^2} \qquad (\alpha, \beta \text{ は積分定数}) \tag{6.5}$$

となる(div $\boldsymbol{u}$ の表現は付録 B [2] 参照)．これより

$$e_{rr}\equiv\frac{\partial u_r}{\partial r}=\frac{\alpha}{3}-\frac{2\beta}{r^3}$$

したがって，応力の成分 p_{rr} は

$$p_{rr}=\lambda(\mathrm{div}\,\boldsymbol{u})+2\mu e_{rr}=\lambda\alpha+2\mu\left(\frac{\alpha}{3}-\frac{2\beta}{r^3}\right)=\left(\lambda+\frac{2}{3}\mu\right)\alpha-\frac{4\mu}{r^3}\beta \tag{6.6}$$

となる．境界条件 $[p_{rr}]_{r=a}=-p_a$，$[p_{rr}]_{r=b}=-p_b$ を課すと

$$\alpha=\frac{3(a^3p_a-b^3p_b)}{(3\lambda+2\mu)(b^3-a^3)},\quad \beta=\frac{a^3b^3(p_a-p_b)}{4\mu(b^3-a^3)} \tag{6.7}$$

となる．

とくに $a=0$ の場合には式(6.5)，(5.16)を用いて

$$\mathrm{div}\,\boldsymbol{u}=\frac{\varDelta V}{V}=(\alpha)_{a=0}=-\frac{3p_b}{3\lambda+2\mu}=-\frac{1}{K}p_b$$

となる．これは式(2.8)と一致する(K は体積弾性率)．$b\to\infty$ のときは無限に広い弾性体中の球形空洞を，また，$b-a=d$ (一定)で $a\gg d$ のときは球殻に対応する．

6.2.2　一様なねじりによる変形

一様な柱状物体の一端をねじったときの変形を考察しよう．図6.2(a)のように，高さ L の柱状物体を z 軸に沿って置き，これに垂直に x，y 軸を選ぶ．いま下端に対して上端を角度 Θ だけねじったとする．この場合の変形は，第1近似で考える限り，xy 面に平行な面の間の“ずれ”であり，横断面の形は変わらない．すなわち剛体回転的であり，体積変化はない(div $\boldsymbol{u}=0$)．したがって，変位を決める方程式は式(6.3 a)から

$$\Delta\boldsymbol{u}=\boldsymbol{0} \tag{6.8}$$

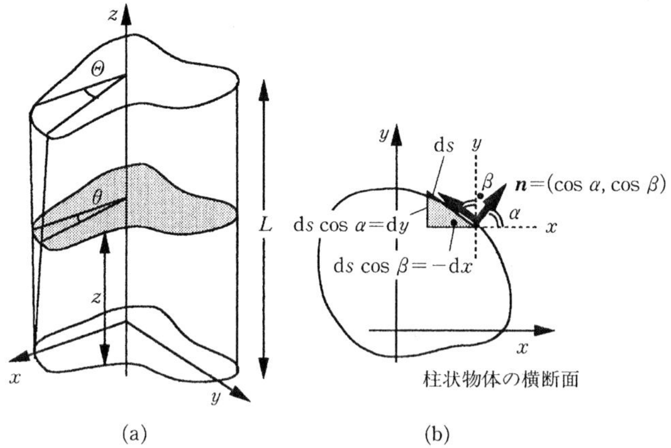

図 6.2　(a) 柱状物体のねじれと (b) 柱状物体の横断面

となり，変位は調和関数で表される．

まず任意の高さ z におけるねじれの角度 θ は $\theta=(z/L)\Theta$ であるから，xy 面内の変位は (式 (4.23) を参照)

$$u=-\theta y=-\frac{\Theta}{L}yz, \qquad v=\theta x=\frac{\Theta}{L}xz \tag{6.9 a, b}$$

と表される．これらを $\mathrm{div}\,\boldsymbol{u}=0$ に代入すると，z 方向の変位 w は $\partial w/\partial z=0$, したがって，w は x, y だけの関数となる．

$$w=\phi(x, y) \tag{6.10}$$

以上のように u, v, w を与えると，式 (6.8) の x, y 成分は恒等的に満たされ ($\Delta u=0$, $\Delta v=0$), z 成分は

$$\Delta\phi(x, y)=0 \tag{6.11}$$

を満たす．

境界条件は，式 (6.9 a, b)~(6.10) を考慮して

$$p_{xx}=2\mu\frac{\partial u}{\partial x}=0, \qquad p_{yy}=p_{zz}=0, \qquad p_{xy}=p_{yx}=\mu\left(\frac{\partial v}{\partial x}+\frac{\partial u}{\partial y}\right)=0$$

$$p_{yz}=p_{zy}=\mu\left(\frac{\partial w}{\partial y}+\frac{\partial v}{\partial z}\right)=\mu\left(\frac{\partial\phi}{\partial y}+\frac{\Theta x}{L}\right), \qquad p_{xz}=p_{zx}=\mu\left(\frac{\partial\phi}{\partial x}-\frac{\Theta y}{L}\right)$$

で与えられる．柱状物体の側面の法線ベクトル $\boldsymbol{n}$ と x, y 軸との角度を α, β とすると (図 6.2 (b) 参照)，前述の条件は物体表面上で

$$\boldsymbol{p}_n=P\cdot\boldsymbol{n}=(0, 0, p_{xz}\cos\alpha+p_{yz}\cos\beta)^{\mathrm{T}}=\boldsymbol{0} \tag{6.12}$$

となる．また，横断面内で周に沿う微小線分を $\mathrm{d}s$ とすると $\mathrm{d}s\cos\alpha=\mathrm{d}y$,

$\mathrm{d}s \cos \beta = -\mathrm{d}x$ であるから，式 (6.12) の z 成分は

$$\left(\frac{\partial \phi}{\partial x} - \frac{\Theta y}{L}\right)\frac{\mathrm{d}y}{\mathrm{d}s} - \left(\frac{\partial \phi}{\partial y} + \frac{\Theta x}{L}\right)\frac{\mathrm{d}x}{\mathrm{d}s} = 0 \qquad \text{(物体表面上で)} \qquad (6.13)$$

となる．次に，式 (6.13) を解くために

$$\frac{\partial \phi}{\partial x} = \frac{\partial \psi}{\partial y}, \qquad \frac{\partial \phi}{\partial y} = -\frac{\partial \psi}{\partial x} \qquad (6.14\ \mathrm{a, b})$$

を満たす関数 ψ を導入すると ψ は

$$\Delta \psi = 0 \qquad (6.15)$$

を満たし (すなわち ψ は調和関数)，物体表面上で

$$\left(\frac{\partial \psi}{\partial y} - \frac{\Theta y}{L}\right)\frac{\mathrm{d}y}{\mathrm{d}s} + \left(\frac{\partial \psi}{\partial x} - \frac{\Theta x}{L}\right)\frac{\mathrm{d}x}{\mathrm{d}s} = 0, \quad \text{すなわち} \quad \frac{\mathrm{d}\psi}{\mathrm{d}s} - \frac{\Theta}{2L}\frac{\mathrm{d}}{\mathrm{d}s}(x^2 + y^2) = 0$$

$$\therefore \quad \psi = \frac{\Theta}{2L} r^2 + k \qquad (k \text{ は積分定数}) \qquad (6.16)$$

となる．そこで，さらに

$$\Psi = \psi - \frac{\Theta}{2L} r^2 - k \qquad (6.17)$$

の置き換えをすると，Ψ は

$$\Delta \Psi = -\frac{2\Theta}{L} \qquad \text{(領域内)} \qquad (6.18\ \mathrm{a})$$

$$\Psi = 0 \qquad \text{(物体表面上)} \qquad (6.18\ \mathrm{b})$$

を満たす．あとは，具体例について Ψ を，したがって ψ, ϕ を決定すればよい．

方程式 (6.18) は，後に述べるように (8.6 節参照)，断面が一様な管内の粘性流体の流れ (ポアズイユの流れ) を決める方程式

$$\Delta w = -\frac{\delta p}{\mu L} \qquad \text{(流体領域内)} \qquad (6.19\ \mathrm{a})$$

$$w = 0 \qquad \text{(管壁面上)} \qquad (6.19\ \mathrm{b})$$

と同じ形をしている．ただし，w は管軸方向の流速成分，μ は粘性率，L は管の長さ，δp は管の両端の圧力差である．

このように，物理学では異なった問題が同一タイプの方程式と境界条件に支配されることがしばしばある．もしそれらのうちの 1 つの問題が解ければ，他の問題も解けたことになる．とくに「弾性体の棒の，軸のまわりのねじれにおける変形」と「同じ形の領域内に満たされた粘性流体の軸方向流れ」の間のアナロジーは**サン・ブナン** (Saint Venant) **の定理**と呼ばれている．

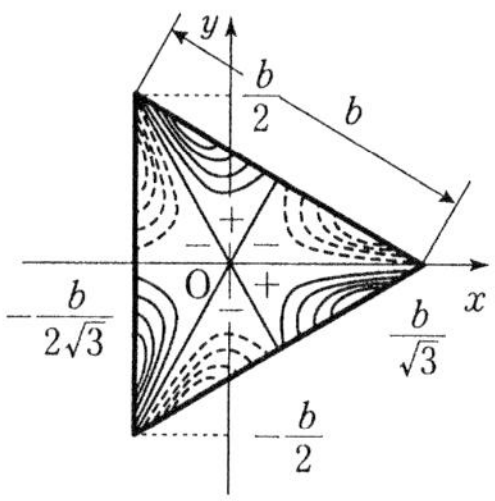

図 6.3 正 3 角柱のねじれによる湾曲

例えば，一辺の長さ b の正 3 角柱のねじれについて考えてみよう．それには式 (6.18 a) を解けばよい．境界条件 (6.18 b) を考慮して，"めのこ" で解を捜してみる．図 6.3 のように正 3 角柱を置き，境界上で $\Psi=0$ とするために

$$\Psi=A\left(x+\frac{b}{2\sqrt{3}}\right)\left(x-\frac{b}{\sqrt{3}}+\sqrt{3}y\right)\left(x-\frac{b}{\sqrt{3}}-\sqrt{3}y\right) \tag{6.20}$$

と仮定する．これを式 (6.18 a) に代入すると $\Delta\Psi=-2\sqrt{3}Ab=-(2\Theta/L)$ であるから，$A=\Theta/(\sqrt{3}\,bL)$ と選べばよいことがわかる．これらを式 (6.17), (6.14 a, b) に代入して

$$\phi=A(y^3-3x^2y)+\text{定数},\qquad \psi=A(x^3-3xy^2)+\text{定数} \tag{6.21}$$

を得る．2 次元の極座標系 (r,θ) では

$$\phi=-Ar^3\sin 3\theta+\text{定数},\qquad \psi=Ar^3\cos 3\theta+\text{定数}$$

と表すこともできる．

図 6.3 に $A>0$ の場合の z 方向の変位の等高線を示す．実線は平面より盛り上がり，鎖線はくぼむ部分を表す ($A<0$ の場合の凹凸は図 6.3 と逆になる)．

注：ねじれの問題に現れた ϕ, ψ は，複素数の導入により簡単に求められる．式 (6.14 a, b) は，複素関数論でよく知られている**コーシー-リーマン** (Cauchy-Riemann) **の関係式**である．ϕ, ψ は互いに共役な調和関数であり，$f=\phi+i\psi$ は $z=x+iy$ の解析関数である．ここで i は虚数単位 ($i^2=-1$)．したがって，ねじれの問題は

"弾性体領域内で正則 (微分可能) であり，
境界上で $\mathrm{Im}\,f(z)=(\Theta/2L)r^2+C$ (C は定数)"

であるような $f(z)$ を求める問題に帰着される．ただし Im は虚数部．例えば，

(a) 円柱では $f(z)=0$ (演習問題 6.1 参照)

(b) 楕円柱では $f(z)=ikz^2$ (演習問題 (6.2) 参照)

(c) 正 3 角柱では $f(z)=ikz^3$

[これから $\phi=k(y^3-3x^2y)$, $\psi=k(x^3-3xy^2)$]

などが導かれる.

6.3 定常な体積力による変形

外力が保存力(ポテンシャル Ω により $\boldsymbol{K}=-\nabla\Omega$ と表せる)で, ねじれのような変形がない場合を考えよう. この場合には rot $\boldsymbol{u}=\boldsymbol{0}$ であり, $\boldsymbol{u}=\mathrm{grad}\,\Phi$ と表せる. 基礎方程式(6.3c)は

$$(\lambda+2\mu)\nabla(\mathrm{div}\,\boldsymbol{u})-\rho\nabla\Omega=\boldsymbol{0} \tag{6.22}$$

となるので, これを積分して

$$\mathrm{div}\,\boldsymbol{u}=\Delta\Phi=\frac{\rho\Omega}{\lambda+2\mu}+\text{定数} \tag{6.23}$$

を得る. 力($\boldsymbol{K}$ または Ω)が与えられると, 式(6.23)により変位の割合が決まるので, これを適当な境界条件の下で積分して変位 $\boldsymbol{u}$ を得る.

6.3.1 自己重力による変形

半径 a, 密度 ρ(一様)の大きな弾性体の球が, 自分自身のもっている重力(万有引力)によって変形し, 釣り合っている状態を調べてみよう. 球対称性から, この変形は半径方向(r 方向)だけであり, ねじれ変形(回転)を伴わない. また, 球内部の半径 r の球面上で重力加速度 $\boldsymbol{g}'$ は,

$$\boldsymbol{g}'=\frac{gr}{a}\boldsymbol{e}_r=\nabla\left(\frac{gr^2}{2a}\right)$$

である. ただし, g は半径 a の球面上における重力加速度の大きさである. これらを式(6.23)に代入すると

$$\mathrm{div}\,\boldsymbol{u}\equiv\frac{1}{r^2}\frac{\mathrm{d}}{\mathrm{d}r}(r^2u_r)=\frac{\rho gr^2}{2a(\lambda+2\mu)}+C_1 \qquad (C_1\text{ は積分定数})$$

を得る(div $\boldsymbol{u}$ の表現は付録B[2]参照). これを積分し

$$u_r=\frac{\rho gr^3}{10(\lambda+2\mu)a}+\frac{C_1r}{3}+\frac{C_2}{r^2} \qquad (C_2\text{ も積分定数})$$

中心 $r=0$ で変位は0であるから $C_2=0$ でなければならない. このとき, ひずみテンソルの各成分は

$$e_{rr}=\frac{\partial u_r}{\partial r}=\frac{3\rho gr^2}{10(\lambda+2\mu)a}+\frac{C_1}{3}, \qquad e_{\theta\theta}=\frac{u_r}{r}, \quad e_{\phi\phi}=\frac{u_r}{r}, \qquad \text{それ以外はすべて }0$$

となる. さらに, 球面上の応力が0であることから

$$[p_{rr}]_{r=a}=[\lambda(\mathrm{div}\,\boldsymbol{u})+2\mu e_{rr}]_{r=a}=\frac{(5\lambda+6\mu)\rho ga}{10(\lambda+2\mu)}+\left(\lambda+\frac{2\mu}{3}\right)C_1=0$$

$$\therefore\quad C_1=-\frac{3(5\lambda+6\mu)\rho ga}{10(\lambda+2\mu)(3\lambda+2\mu)}$$

と決まる．以上より，半径方向の変位

$$\therefore\quad u_r=\frac{\rho g}{10(\lambda+2\mu)a}r\left(r^2-\frac{5\lambda+6\mu}{3\lambda+2\mu}a^2\right)$$

$$=-\frac{(1-2\sigma)(3-\sigma)\rho ga^2}{10(1-\sigma)E}\frac{r}{a}\left(1-\frac{1+\sigma}{3-\sigma}\frac{r^2}{a^2}\right) \tag{6.24}$$

が得られた．ただし，変位は十分小さく，これによって密度の値が変化しないような場合を想定している．球面上での変位は

$$\therefore\quad u_r(a)=-\frac{\rho ga^2}{5(3\lambda+2\mu)}=-\frac{(1-2\sigma)\rho ga^2}{5E} \tag{6.25}$$

であり，$\sigma\neq 1/2$ であれば必ず収縮する．変位の大きさが最大になる位置は

$$r^*=\sqrt{\frac{5\lambda+6\mu}{3(3\lambda+2\mu)}}\,a=\sqrt{\frac{3-\sigma}{3(1+\sigma)}}\,a$$

であり（$\sqrt{5}/3\leqq r^*/a\leqq 1$），そのときの変位は

$$u_r{}^*=-\frac{\rho ga^2}{15\sqrt{3}(\lambda+2\mu)}\left(\frac{5\lambda+6\mu}{3\lambda+2\mu}\right)^{3/2}=-\frac{(1-2\sigma)(1+\sigma)}{15\sqrt{3}(1-\sigma)}\left(\frac{3-\sigma}{1+\sigma}\right)^{3/2}\frac{\rho ga^2}{E} \tag{6.26}$$

である．

6.3.2 一様な重力下での変形

一様な重力（加速度 g）の下で，長さ L の弾性体円柱が鉛直に立てられている．棒の密度 ρ は一様として，自重による変形を求めてみよう．棒の下端を $z=0$ とし，鉛直上向きに z 軸，水平面内に xy 軸を選ぶ．対称性を考慮すると $p_{xy}=p_{yz}=p_{zx}=0$, $K_x=K_y=0$, $K_z=-g$ であるから，式 (6.2 b) より

$$\frac{\partial p_{xx}}{\partial x}=0,\qquad \frac{\partial p_{yy}}{\partial y}=0,\qquad \frac{\partial p_{zz}}{\partial z}=\rho g \tag{6.27}$$

を得る．これを上端で応力が 0 という条件下で解けば，

$$p_{xx}=0,\qquad p_{yy}=0,\qquad p_{zz}=\rho g(z-L) \tag{6.28}$$

となる．

ひずみの割合を求めるには，これらを演習問題 5.1 の結果（問題解答 (A.1)～(A.4)）に代入して，

$$e_{xx}\equiv\frac{\partial u}{\partial x}=\frac{p_{xx}-\sigma(p_{yy}+p_{zz})}{E}=-\frac{\sigma\rho g(z-L)}{E},\quad e_{yy}\equiv\frac{\partial v}{\partial y}=-\frac{\sigma\rho g(z-L)}{E},$$

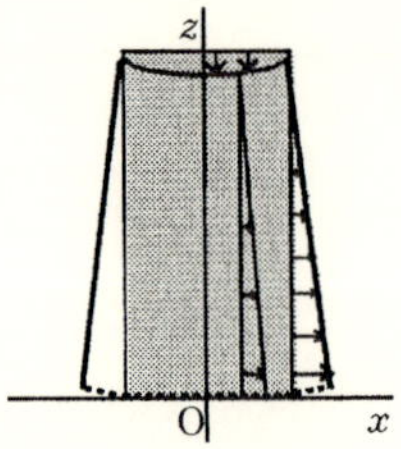

図 6.4　円柱棒の自重による変形

$$e_{zz}\equiv\frac{\partial w}{\partial z}=\frac{\rho g(z-L)}{E}$$

変位を求めるには，上式をさらに積分すればよい．

$$u=-\frac{\sigma\rho gx(z-L)}{E}+f_1(y,z),\quad v=-\frac{\sigma\rho gy(z-L)}{E}+f_2(x,z),$$

$$w=\frac{\rho g(z-L)^2}{2E}+f_3(x,y)$$

ここで f_1, f_2, f_3 は任意関数で，境界条件から決定される．まず，軸上 $(x=y=0)$ では対称性から $u=v=0$，したがって $f_1=f_2=0$ とすればよい．さて，$p_{xz}=2\mu e_{xz}=0$ から

$$\frac{\partial w}{\partial x}+\frac{\partial u}{\partial z}=0\ \rightarrow\ \frac{\partial f_3(x,y)}{\partial x}=\frac{\sigma\rho gx}{E}\ \rightarrow\ f_3(x,y)=\frac{\sigma\rho gx^2}{2E}+g(y)$$

これを $p_{yz}=2\mu e_{yz}=0$ に代入して，

$$\frac{\partial w}{\partial y}+\frac{\partial v}{\partial z}=0\ \rightarrow\ \frac{\mathrm{d}g(y)}{\mathrm{d}y}=\frac{\sigma\rho gy}{E}\ \rightarrow\ g(y)=\frac{\sigma\rho gy^2}{2E}+C\qquad (C\text{ は任意定数})$$

以上より，

$$u=-\frac{\sigma\rho gx(z-L)}{E},\qquad v=-\frac{\sigma\rho gy(z-L)}{E}\qquad (6.29\,\mathrm{a,b})$$

$$w=\frac{\rho g}{2E}[(z-L)^2+\sigma(x^2+y^2)-L^2]\qquad (6.29\,\mathrm{c})$$

を得る．ただし，任意定数 C は原点 $(x=y=z=0)$ で $w=0$ となるように決めた．底面では原点だけしか境界条件を満たしていないので，底面付近での近似の精度はよくない．

6.4　弾性波（その2）

弾性体を伝わる波については，すでに第3章で述べた．そこでは1次元的な

変位という最も簡単な場合について，初等的な解説を試みた．ここでは基礎方程式に基づいて，より一般的な立場から弾性波を考察する．ただし簡単のために外力 $\boldsymbol{K}$ はないと仮定する．

6.4.1 平 面 波

無限に広い弾性体の中で x 軸方向に伝わる平面波を考えてみよう．直角座標系 (x, y, z) を用い，変位ベクトルを $\boldsymbol{u}=(u, v, w)$ と表すと，yz 平面内では変位がどこでも一様であるから $\boldsymbol{u}=\boldsymbol{u}(x, t)$ であり，式 (6.3 a) は

$$\rho\frac{\partial^2 u}{\partial t^2}=(\lambda+2\mu)\frac{\partial^2 u}{\partial x^2}, \qquad \rho\frac{\partial^2 v}{\partial t^2}=\mu\frac{\partial^2 v}{\partial x^2}, \qquad \rho\frac{\partial^2 w}{\partial t^2}=\mu\frac{\partial^2 w}{\partial x^2} \tag{6.30}$$

となる．これらはいずれも 1 次元の波動方程式であり，u は伝播速度が

$$c_l=\sqrt{\frac{\lambda+2\mu}{\rho}} \tag{6.31}$$

の縦波（変位と伝播方向が平行な波）を，v や w は伝播速度が

$$c_l=\sqrt{\frac{\mu}{\rho}} \tag{6.32}$$

の横波（変位が伝播方向に垂直な波）を表す．

式 (6.18)，(6.21 a, b) を用いてラメの定数 λ, μ をヤング率 E，ずれ弾性率 G とポアッソン比 σ で表すと

$$c_l=\sqrt{\frac{(1-\sigma)E}{(1-2\sigma)(1+\sigma)\rho}}=\sqrt{\frac{\widetilde{E}}{\rho}}, \qquad c_t=\sqrt{\frac{G}{\rho}} \tag{6.33}$$

となる．ただし $\widetilde{E}$ は弾性体の棒の横方向の変位を抑えた場合の 1 次元的な実効的ヤング率で，演習問題 5.2 ですでに求めたものである．yz 方向に体積変化を伴わない波の場合には，$\sigma=0$ したがって $\widetilde{E}=E$ であるから，$c_l=\sqrt{E/\rho}$ となり，式 (3.5) と一致する．また，ずれ変形では体積変化を伴っていないので c_t は式 (3.40) と一致する．

6.4.2 3 次元の弾性波

ベクトル解析の一般論に従って，変位ベクトル $\boldsymbol{u}$ を次の 2 つの部分に分解して考えてみよう．

$$\boldsymbol{u}=\boldsymbol{u}_1+\boldsymbol{u}_2, \qquad \text{ただし} \quad \mathrm{div}\,\boldsymbol{u}_1=0, \quad \mathrm{rot}\,\boldsymbol{u}_2=\boldsymbol{0} \tag{6.34}$$

これらを式 (6.3 a) に代入すると（$\boldsymbol{K}=0$ とした）

$$\rho\frac{\partial^2}{\partial t^2}(\boldsymbol{u}_1+\boldsymbol{u}_2)=(\lambda+\mu)\nabla(\mathrm{div}\,\boldsymbol{u}_2)+\mu\Delta(\boldsymbol{u}_1+\boldsymbol{u}_2) \tag{6.35}$$

a. 体積ひずみの波

まず，式(6.35)の両辺にdivを作用させると

$$\rho\frac{\partial^2}{\partial t^2}(\mathrm{div}\,\boldsymbol{u}_2)=(\lambda+\mu)\Delta(\mathrm{div}\,\boldsymbol{u}_2)+\mu\Delta(\mathrm{div}\,\boldsymbol{u}_2)=(\lambda+2\mu)\Delta(\mathrm{div}\,\boldsymbol{u}_2) \quad (6.36)$$

を得る(ここで $\mathrm{div}\,\nabla=\Delta$ を用いた)．式(4.21)で見たように $\mathrm{div}\,\boldsymbol{u}_2=e_{kk}$ は体積膨張率を表すから，式(6.36)，すなわち

$$\rho\frac{\partial^2}{\partial t^2}e_{kk}=(\lambda+2\mu)\Delta e_{kk} \quad (6.37)$$

は，**体積ひずみの波**(dilatational wave)を表す波動方程式となっている．これは縦波で，波の伝わる速度は $c_l=\sqrt{(\lambda+2\mu)/\rho}$ である．

b. ねじれの波

次に，式(6.35)の両辺にrotを作用させると

$$\rho\frac{\partial^2}{\partial t^2}(\mathrm{rot}\,\boldsymbol{u}_1)=\mu\Delta(\mathrm{rot}\,\boldsymbol{u}_1) \quad (6.38)$$

を得る(ここで $\mathrm{rot}\,\nabla=\boldsymbol{0}$ を用いた)．回転の角度 $\boldsymbol{\Omega}=\frac{1}{2}\mathrm{rot}\,\boldsymbol{u}_1$ であるから，式(6.38)は

$$\rho\frac{\partial^2}{\partial t^2}\boldsymbol{\Omega}=\mu\Delta\boldsymbol{\Omega} \quad (6.39)$$

となる．これは**ねじれの波**(torsional wave)または**微小回転の波**(rotational wave)の伝播を表す波動方程式で，速度 $c_t=\sqrt{\mu/\rho}$ で伝わる横波を表す．とくに xy 面内でのねじれが z 軸方向に伝播する場合には，$\boldsymbol{\Omega}=(0,0,\Omega)$ とおいて

$$\rho\frac{\partial^2\Omega}{\partial t^2}=\mu\frac{\partial^2\Omega}{\partial z^2}$$

を得る．これは式(3.38)と一致する(ここで式(5.17)から $\mu=G$ の結果を用いた)．

6.4.3 自由境界における反射

弾性体領域の広がりが有限であったり，弾性率の異なる弾性体が隣りあったりしている場合には，その境界面で弾性波が反射や屈折を起こす．図6.5のような自由境界面 $z=0$ に向かって弾性波が入射したとしよう．入射面内に xz 面を選び，簡単のために $z>0$ の側は真空または空気とする．境界では応力が連続になっているから

$$p_{xz}=p_{yz}=p_{zz}=0 \quad (6.40)$$

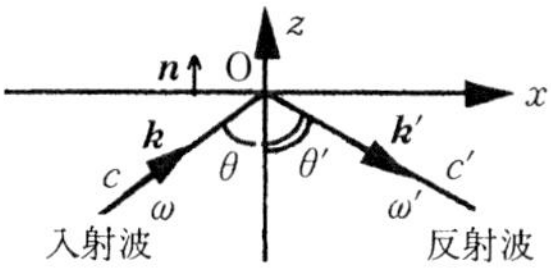

図 6.5 自由境界面での反射

である．これらを満たすためには，振動数と境界面に沿った方向(x 方向)の波数が保存されなければならない．すなわち入射波[反射波]の振動数を ω [ω']，波数を k [k']，境界面の法線(z 軸)との角度を θ [θ'] などと書くと(反射波に対しては[ ]内の文字が対応する)，これらは

$$\omega=\omega', \qquad k\sin\theta=k'\sin\theta' \qquad (6.41\,\mathrm{a,b})$$

を満たす．波の進行速度 c は一般に $c=\omega/k$ で与えられるから，(6.41 a, b) から

$$\frac{c}{\sin\theta}=\frac{c'}{\sin\theta'} \qquad (6.42)$$

を得る．これは光の反射や屈折における**スネル** (Snell) **の法則**と同じである．

一般に，縦波や横波のどちらかが入射したとしても，式(6.40)を満たさなければならないために反射波にはその両方が誘起される．縦波や横波の伝播速度は式(6.31)，(6.32)で与えられており，

$$\frac{c_l}{c_t}=\sqrt{\frac{\lambda+2\mu}{\mu}}=\sqrt{\frac{2(1-\sigma)}{1-2\sigma}}=\sqrt{1+\frac{1}{1-2\sigma}}>1 \qquad (6.43)$$

である．縦波と横波の伝播速度が異なることを考慮して次の2つの場合を考えよう．

a. 縦波が入射した場合 (図 6.6 (a) 参照)

縦波の入射に対する縦波の反射波に対しては，式(6.42)において，$c=c'=c_l$ であるから，反射角は $\theta'=\theta$ である．これに対して横波の反射角 θ'' は $c_l\sin\theta''=c_t\sin\theta$ から決まる．式(6.43)から明らかなように $\theta''<\theta$ である．

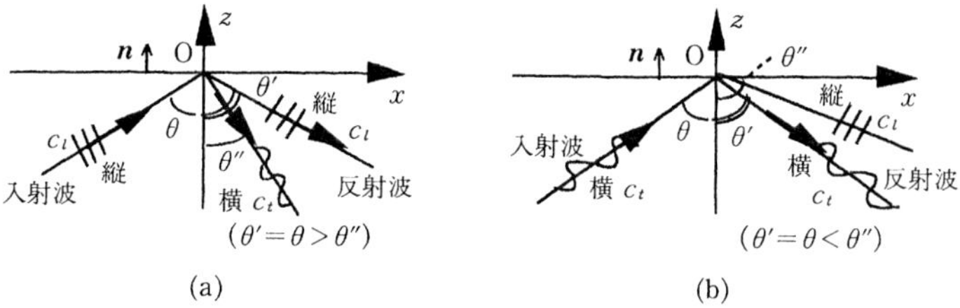

図 6.6 (a) 縦波の入射と (b) 横波の入射

b. 横波が入射した場合（図 6.6 (b) 参照）

横波の入射に対する横波の反射波に対しては，式 (6.42) において，$c=c'=c_t$ であるから，反射角は $\theta'=\theta$ である．これに対して縦波の反射角 θ'' は $c_t \sin\theta''=c_l \sin\theta$ から決まる．この場合には $\theta''>\theta$ である．とくに $\theta''=\pi/2$ のときには**全反射**が起こり，表面に沿って縦波が伝わる．このときの臨界入射角は $\theta_{\mathrm{cr}}=\arcsin(c_t/c_l)$ である．

弾性波の伝播や反射・屈折は地球内部の構造や人工物の内部不均一の観測，あるいは医学上の診断などさまざまな分野に利用されている．

演 習 問 題

6.1　半径 a の円柱のねじれについて論ぜよ．

6.2　長軸 a，短軸 b の楕円柱のねじれによる湾曲を求めよ．

6.3　定常な面積力による変形 $\boldsymbol{u}$ は $\Delta\Delta\boldsymbol{u}=\boldsymbol{0}$ を満たすことを示せ．

6.4　弾性体の平面をくさびによって垂直に押すときの応力分布を求めよ．ただし力は定常的で 1 点に集中しており，大きさは F とする（図 1.2 も参照）．

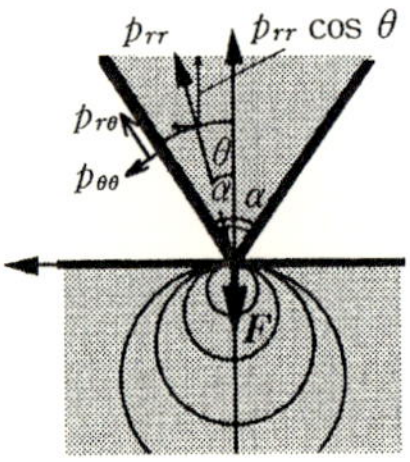

図 6.7　くさびによる応力分布

6.5　無限に広い弾性体中の 1 点 $\boldsymbol{x}=\boldsymbol{0}$ に，定常的で集中した外力 $\boldsymbol{F}_0\delta(\boldsymbol{x})$ が働いているときの変形を求めよ．ここで $\delta(x)$ は**ディラック** (Dirac) **のデルタ関数**である．この関数は ① $\boldsymbol{x}\neq\boldsymbol{0}$ で 0，$\boldsymbol{x}=\boldsymbol{0}$ で ∞，② $\int_{\text{全領域}}\delta(\boldsymbol{x})dV=1$，

$$③\int_V f(\boldsymbol{x})\delta(\boldsymbol{x}-\boldsymbol{a})dV=f(\boldsymbol{a})\quad（V\text{ は }\boldsymbol{x}=\boldsymbol{0}\text{ を含む領域}）$$

などの性質をもつ．

7

流体の粘性と変形

流体は特定の形をもたず，どんなに小さな外力によっても流動することができる．流体中にとった面の両側の部分は互いに力(応力)を及ぼしあうが，もし流体が全体として静止していると，この応力は面に垂直で互いに押し合う向き，すなわち圧力だけである．これに対して，流体が運動していると粘性によって接線応力も働く．接線応力と面に垂直な方向の速度勾配が比例するような流体をニュートン流体，その比例係数を粘性率と呼ぶ．弾性体の変形と応力の関係が，流体では変形速度と応力の関係に対応することに注意したい．

キーワード　圧力，粘性，ひずみ速度，ニュートン流体

7.1　静止流体と圧力

流体はどんなに小さな力によっても流動するので，弾性体のときに考えたような特定の形の“流体だけの領域”を取り出すことはできない．無重力状態での液滴は表面張力によって，また容器に入れられた流体は固体の壁や表面張力によって，その形が維持されている．このように流体を静止させるためには何らかの工夫が必要である．ただし，ここで“静止”というのは，流体を構成する個々の分子(または原子，以下同様なので分子で代表する)がまったく動かないことをいっているのではない．連続体が定義されるような非常に多くの分子の集団を考えたとき，その空間的および時間的な平均速度が0という意味である．これを静止流体という．流体は，ずれや引っ張りに対してただちに流動してしまうために，ずれ弾性率やヤング率をもつことはできない．

7.1.1　パスカルの原理

気体にせよ液体にせよ，放っておけば広がってしまうものを限られた空間に閉じ込めて“静止”させると，それらを構成する分子は互いに衝突し合って力を及ぼす．熱平衡状態では，面に衝突する分子の数や方向がどのような面を

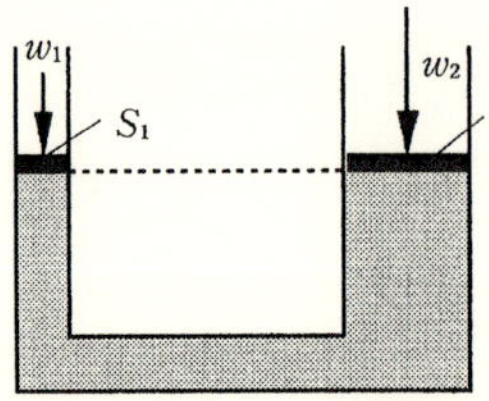

図 7.1　水圧機

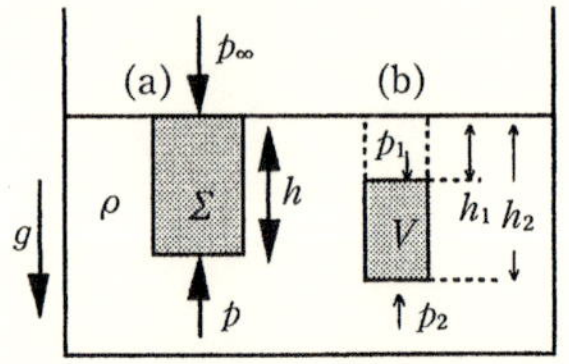

図 7.2　静水圧

とっても平均的に等しいので，正味の力として唯一可能な方向は圧力ということになる．逆にいえば，もし勝手に考えた面に分子が衝突したときに「面に与える垂直な方向の運動量」が裏表で等しくなければ正味の力が残って面の法線方向に運動が生じることになる．ここで，面に垂直な力が張力でなく圧力であることは，分子の衝突機構を考えれば明らかであろう．さらに，もし面に与えられる力のうち面に平行な成分が釣り合っていなければ，流体は面に沿って運動してしまい静止することはできない．また，静止流体の内部に直方体領域をとり，相対する面に働く力の釣り合いを考えれば，圧力の大きさが流体中のどこでも同じでなければならないことも容易に理解される．ここで述べた

「静止流体中では圧力だけが働き，その大きさはどの面でも等しい」 (7.1)

という性質は**パスカル (Pascal) の原理**として知られているものである．

これを利用したものに水圧機がある．図 7.1 のように連結した管の両端の断面積を S_1, S_2 とし，それぞれの断面に重量 w_1, w_2 が働いているとする．この装置では，両断面や流体中のどの面に働く圧力 p も等しくなっているので

$$p=\frac{w_1}{S_1}=\frac{w_2}{S_2},\quad したがって\quad w_2=\frac{S_2}{S_1}w_1 \qquad (7.2\,\mathrm{a,b})$$

が成り立つ．もし，断面積の比 S_2/S_1 が大きければ，式 (7.2 b) によってわれわれは非常に重い物体を支えることができる．これは水圧機の原理としても知られており，カーリフトや油圧機など流体を利用して大きな力を引き出す装置によく使われている．

7.1.2　一様重力下での深さによる圧力変化

これまでの議論では，重力の影響を考えていない．もし，これを考慮するとどうなるだろうか．図 7.2 (a) のように，水面から深さ h に水平な面 Σ (面積 S) をとり，この面に働く力の釣り合いを考えてみよう．面 Σ に働く圧力を p とすると，この面には下から pS の力が上向きに働く．一方，上からはその上

にある柱状領域の重量 $\rho(hS)g$ と大気圧 p_∞ による下向きの力 $p_\infty S$ が働く．ただし ρ は流体の密度である．したがって，力の釣り合いは

$$pS=p_\infty S+\rho(hS)g,\quad すなわち\quad p=p_\infty+\rho gh \tag{7.3}$$

となる．圧力は面の向きの選び方によらず等しいから，深さ h にあるどのような面に働く圧力も式(7.3)で与えられる．この圧力を**静水圧** (hydrostatic pressure) と呼ぶ．

7.2 粘　性　率

無限に広い 2 つの平行な平板の間に流体を満たす．いま，下側の板を固定し上側の板に沿って力を与えた結果，上面が一定の速度 U で動いたとしよう．この力の単位面積当たりの大きさを τ とする．これは 2.3 節で述べたのと同様に，接線応力である．通常の流体は板の表面でスリップすることがないので，上面に隣接する流体は速度 U で動き，下面に隣接する流体は静止している．板の間の流体領域では上下の流体分子が非弾性衝突によりつぎつぎと運動量のやりとりをするので，速度は図 7.3 のように壁からの距離に比例して一定の割合で変化していくと考えられる．この様子を数学的に表現するために，板に垂直に y 軸を，下の面内に xz 面をとり，上面の平行移動する方向に x 軸が一致するように選ぶと，速度 $\boldsymbol{v}=(u,v,w)$ は，$v=w=0$ であり，u は y だけに依存することになる (x,z 方向に無限に広がっていると仮定しているので，特定の点から測った距離である座標 x や z が数式に現れる理由がない)．板の間隔を h とすると，いまの例では速度は

$$u=\frac{Uy}{h} \tag{7.4}$$

と表され，速度の勾配 $\mathrm{d}u/\mathrm{d}y(=U/h)$ は一定である．この流れを**単純ずれ流れ**という．

実験によると水や空気のような身近な流体では，この速度勾配は応力 τ に比例する (これを**ニュートンの粘性法則**と呼ぶ)．したがって，比例係数を $1/\mu$ として

$$\frac{\mathrm{d}u}{\mathrm{d}y}=\frac{1}{\mu}\tau \tag{7.5}$$

と書ける．

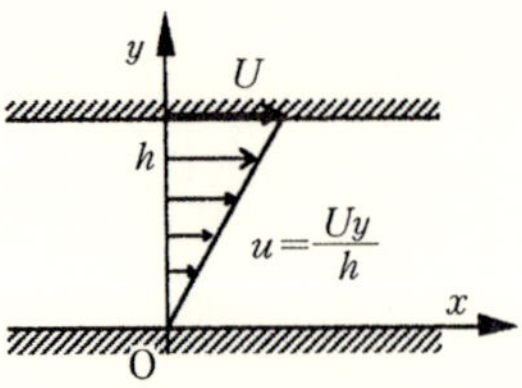

図 7.3　流体層のずれ(単純ずれ流れ)

表 7.1　いろいろな物質の粘性率と密度

物質名	粘性率 μ [g/cm·s]	密度 ρ [g/cm^3]	動粘性率 ν [cm^2/s]
水	1.002×10^{-2}	0.9982	1.0038×10^{-2}
メチルアルコール	0.594×10^{-2}	0.793	0.749×10^{-2}
エチルアルコール	1.197×10^{-2}	0.789	1.517×10^{-2}
グリセリン	14.95	1.264	11.83
水　銀	1.56×10^{-2}	13.59	0.115
空　気	1.81×10^{-4}	1.205×10^{-3}	0.150

数値は主として理科年表による．これらはいずれも温度や圧力などにより変化する．表の値は 20 ℃，1 気圧での測定値．μ の単位は SI 系で [Pa·s]=[N·s/m^2]，CGS 系では [g/cm·s]=[poise：ポアズ] である．1 [Pa·s]=10 [poise].

同じ大きさの応力 τ に対して，粘い流体では速度勾配は小さくなっているから μ は大きく，また，逆にさらさらとして動きやすい流体では速度勾配が大きいから μ は小さくなっている．したがって比例係数 μ は流体の粘さを表す物質定数とみなせる．これを**粘性率** (viscosity) と呼ぶ．密度 ρ とともに流体の性質を特徴づける重要な物理量である．表 7.1 にいくつかの流体の粘性率 μ と密度 ρ，およびのちに議論する動粘性率 $\nu(=\mu/\rho)$ を示す．

注：本書では，弾性体の変位 $\boldsymbol{u}$ と流体の速度 $\boldsymbol{v}$ のいずれに対してもその成分表示にあたっては簡単のために (u, v, w) を多用し，混乱のおそれのある場合だけ $\boldsymbol{u}=(u_x, u_y, u_z)$，$\boldsymbol{v}=(v_x, v_y, v_z)$ のように添字を付けて区別することにする．また，粘性率を表すのに第 5, 6 章に登場したラメの弾性定数と同じ文字 μ を使うが，両者は次元も物理的な意味も異なるので注意されたい．

流体のずれ流れを弾性体のずれ変形と比較してみよう．図 7.4 のように弾性体の直方体領域の下面を固定し，上面に応力 τ を加えたときに側面 AD や BC がわずかに傾く角度を θ，x 方向の変位を $\xi(y)$ とすると

表 7.2 流体と弾性体の比較

流 体	弾性体
速度 $u(=\dot{\xi})$	ずれひずみ ξ
粘性率 μ	ずれ弾性率 G
$\tau=\mu\dfrac{\mathrm{d}u}{\mathrm{d}y}=\mu\dfrac{\mathrm{d}\dot{\xi}}{\mathrm{d}y}$	$\tau=G\dfrac{\mathrm{d}\xi}{\mathrm{d}y}$

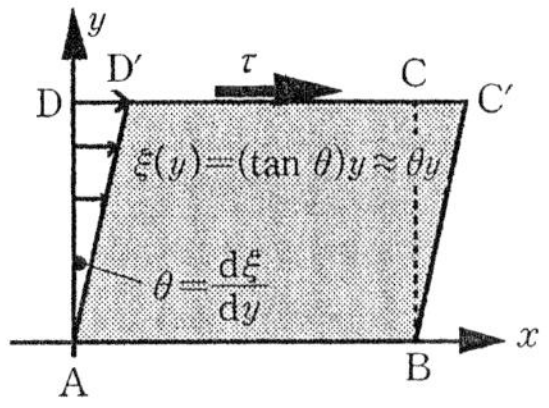

図 7.4 弾性体のずれ

$$\theta=\frac{\mathrm{d}\xi}{\mathrm{d}y}=\frac{1}{G}\tau_{弾} \quad あるいは \quad \tau_{弾}=G\theta=G\frac{\mathrm{d}\xi}{\mathrm{d}y} \tag{7.6}$$

と表される (2.3 節参照). これを流体の場合の関係式 (7.5) と比較すると

$$\tau_{流}=\mu\frac{\mathrm{d}u}{\mathrm{d}y}=\mu\frac{\mathrm{d}}{\mathrm{d}y}\left(\frac{\mathrm{d}\xi}{\mathrm{d}t}\right)=\mu\frac{\mathrm{d}}{\mathrm{d}t}\left(\frac{\mathrm{d}\xi}{\mathrm{d}y}\right)=\mu\frac{\mathrm{d}\theta}{\mathrm{d}t}=\mu\dot{\theta}$$

であるから, 表 7.2 の対応のあることがわかる. ひずみの時間変化 $\dot{\xi}$ は速度 u に等しいから, 弾性体の理論で述べたひずみと応力の関係式でひずみを時間について微分すれば, そのまま流体の理論にあてはめられることが予想されよう.

7.3 ミクロに見た圧力と粘性率

流体中に仮想的に 1 つの面を考え, これに働く力を考察しよう. いま, 微小面 $\mathrm{d}S$ に垂直に x 軸, 面を含む方向に y 軸をとる (図 7.5 参照). 流体の数密度を n, これを構成する分子の質量を m, 速度を $\boldsymbol{v}=(v_x, v_y, v_z)$, また分子の平均の速さを $u=\sqrt{\langle v_x{}^2\rangle}$ とする. まず, $\mathrm{d}t$ 時間に面 $\mathrm{d}S$ に左から衝突する分子の数は $nu\mathrm{d}t\mathrm{d}S/2$ である. ここで係数 1/2 は分子が左右両方向に等しい確率で運動していることによる. これらの分子が面 $\mathrm{d}S$ に衝突したときに x, y 方向に生じる運動量の変化 $\mathrm{d}p_x$, $\mathrm{d}p_y$ は, 1 つの分子についてそれぞれ

$$\mathrm{d}p_x=m(v_x{}'-v_x)=-2mu$$

$$\mathrm{d}p_y=m(v_y{}'-v_y)=m[v_y(0, y, z)-v_y(-l_0, y, z)]\approx ml_0\frac{\partial v_y}{\partial x}$$

である. ただし l_0 は分子の平均衝突距離 ($\approx$ 平均自由行路 l_m) である. 衝突した分子全体についてこれらの和をとると力積 $\mathrm{d}F_x\,\mathrm{d}t$, $\mathrm{d}F_y\,\mathrm{d}t$ が得られる. これより法線応力 p_{xx}, 接線応力 p_{yx} は

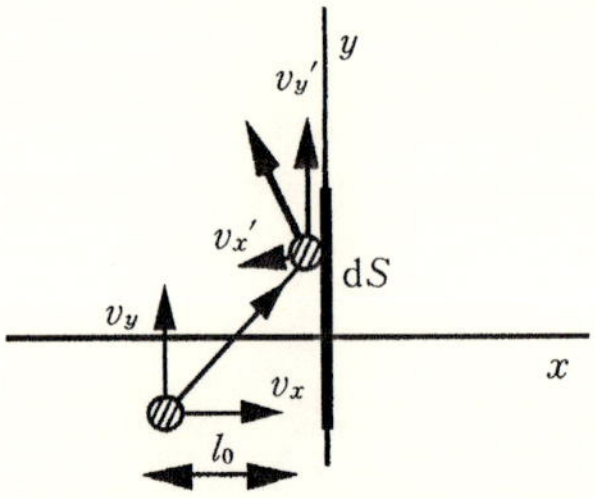

図 7.5　分子の壁面衝突

$$p_{xx}=\frac{\mathrm{d}F_x}{\mathrm{d}S}=\frac{1}{\mathrm{d}S}(-2mu)nu\mathrm{d}S\times\frac{1}{2}=-mnu^2=-\rho u^2 \tag{7.7}$$

$$p_{yx}=\frac{\mathrm{d}F_y}{\mathrm{d}S}=\frac{1}{\mathrm{d}S}ml_0\frac{\partial v_y}{\partial x}nu\mathrm{d}S\times\frac{1}{2}=\frac{1}{2}\rho l_0 u\frac{\partial v_y}{\partial x} \tag{7.8}$$

となる．ここで $\rho=mn$ とおいた．

法線応力 p_{xx} は面に垂直で面を押す向きであるから圧力 p を表す．3 次元運動に対しては，x, y, z 方向が同等であることを考慮して統計平均をとると，

$$\langle v_x{}^2\rangle=\langle v_y{}^2\rangle=\langle v_z{}^2\rangle=\frac{1}{3}\langle v^2\rangle$$

したがって，

$$p=mnu^2=mn\langle v_x{}^2\rangle=mn\frac{1}{3}\langle v^2\rangle$$

を得る．温度 T の平衡状態では熱力学のエネルギー等分配の法則が成り立つから，

$$\frac{1}{2}m\langle v^2\rangle=\frac{3}{2}k_\mathrm{B}T \tag{7.9}$$

ここで k_B はボルツマン定数である．これを上式に代入すると

$$p=nk_\mathrm{B}T \tag{7.10}$$

を得る．

式 (7.5) から，接線応力 p_{yx} と粘性率 μ とは

$$p_{yx}=\mu\frac{\partial v_y}{\partial x} \tag{7.5$'$}$$

の関係にある．これと式 (7.8) を比較すると

$$\mu=\frac{1}{2}\rho l_0 u \tag{7.11}$$

を得る．粘性率が平均衝突距離 l_0 と平均速度 u の積に比例することが特徴である．

上の結果は，流体が乱流状態にあるときの実効的な粘性率を求める際にも利用できる．ここでは流体の運動量輸送は分子運動のスケールではなく，速度場のゆらぎのスケールである．流体塊がランダムな並進運動と衝突を繰り返しながら混合していくときの平均衝突距離 L_0，速度場のゆらぎの平均を U とすると，実効粘性率 μ^* は

$$\mu^* \propto \rho L_0 U \tag{7.12}$$

と評価される．これは分子粘性率 μ に比べて桁違いに大きい (9.1 節を参照).

7.4　応力とひずみ速度

7.4.1　応力テンソルとひずみ速度テンソル

応力の表現は 4.2 節で説明したものとまったく同じである．すなわち，着目する微小面の法線方向の単位ベクトルを $\boldsymbol{n}$ とすると，この面に働く応力 $\boldsymbol{p}_n$ は，一般に

$$\boldsymbol{p}_n = l\boldsymbol{p}_x + m\boldsymbol{p}_y + n\boldsymbol{p}_z = (\boldsymbol{p}_x, \boldsymbol{p}_y, \boldsymbol{p}_z)\cdot\boldsymbol{n} = P\cdot\boldsymbol{n} \qquad (7.13)\,[=(4.8)]$$

と書ける．ここで

$$P = (\boldsymbol{p}_x, \boldsymbol{p}_y, \boldsymbol{p}_z) = \begin{bmatrix} p_{xx} & p_{xy} & p_{xz} \\ p_{yx} & p_{yy} & p_{yz} \\ p_{zx} & p_{zy} & p_{zz} \end{bmatrix} \qquad (7.14)\,[=(4.9)]$$

は**応力テンソル**である．成分を p_{ij} と書くとき，第 1 の添字 i は力の方向，第 2 の添字 j は面の法線方向を表すものとする (第 4 章を参照).

ひずみ速度テンソルについては，弾性体の場合の変位 $\boldsymbol{u}$ (4.2 節) を変位の時間変化，すなわち速度 $\boldsymbol{v}$ で置き換えるだけで，形式的にはまったく同じである．

注：4.2 節とのかかわりでいえば，変位 $\boldsymbol{u}=(u, v, w)$ に対して速度は $\boldsymbol{v}=\dot{\boldsymbol{u}}$ であるから，ひずみ速度テンソル等も弾性体での表現を時間で微分したもの ($\dot{D}, \dot{E}, \dot{\Omega}, \dot{e}_{ij}, \dot{\xi}, \cdots$) とすべきであるが，煩雑さを避けるために以下では時間微分のドットは省略する．

したがって，流体中の近接した 2 点 $\boldsymbol{r}$, $\boldsymbol{r}'=\boldsymbol{r}+\delta\boldsymbol{r}$ における速度をそれぞれ $\boldsymbol{v}$, $\boldsymbol{v}'$ と書くと，変位の相対速度 $\delta\boldsymbol{v}=(\delta u, \delta v, \delta w)$ と 2 点間の距離 $\delta\boldsymbol{r}=(\delta x, \delta y, \delta z)$ の関係は

$$\delta \boldsymbol{v} = D \cdot \delta \boldsymbol{r}, \quad \text{すなわち} \quad \begin{bmatrix} \delta u \\ \delta v \\ \delta w \end{bmatrix} = \begin{bmatrix} \dfrac{\partial u}{\partial x} & \dfrac{\partial u}{\partial y} & \dfrac{\partial u}{\partial z} \\ \dfrac{\partial v}{\partial x} & \dfrac{\partial v}{\partial y} & \dfrac{\partial v}{\partial z} \\ \dfrac{\partial w}{\partial x} & \dfrac{\partial w}{\partial y} & \dfrac{\partial w}{\partial z} \end{bmatrix} \begin{bmatrix} \delta x \\ \delta y \\ \delta z \end{bmatrix} \quad (7.15)\,[\Leftrightarrow (4.13)]$$

となる．まえと同様に D を対称テンソル E と反対称テンソル Ω に分離して

$$D = \frac{1}{2}(D + D^{\mathrm{T}}) + \frac{1}{2}(D - D^{\mathrm{T}}) = E + \Omega \quad (7.16)\,[\Leftrightarrow (4.14)]$$

と表す．ここで $E=(D+D^{\mathrm{T}})/2$, $\Omega=(D-D^{\mathrm{T}})/2$ である（D^{T} は D の転置行列）．E の成分は

$$E = \begin{bmatrix} e_{xx} & e_{xy} & e_{xz} \\ e_{yx} & e_{yy} & e_{yz} \\ e_{zx} & e_{zy} & e_{zz} \end{bmatrix} = \begin{bmatrix} \dfrac{\partial u}{\partial x} & \dfrac{1}{2}\left(\dfrac{\partial u}{\partial y} + \dfrac{\partial v}{\partial x}\right) & \dfrac{1}{2}\left(\dfrac{\partial u}{\partial z} + \dfrac{\partial w}{\partial x}\right) \\ \dfrac{1}{2}\left(\dfrac{\partial v}{\partial x} + \dfrac{\partial u}{\partial y}\right) & \dfrac{\partial v}{\partial y} & \dfrac{1}{2}\left(\dfrac{\partial v}{\partial z} + \dfrac{\partial w}{\partial y}\right) \\ \dfrac{1}{2}\left(\dfrac{\partial w}{\partial x} + \dfrac{\partial u}{\partial z}\right) & \dfrac{1}{2}\left(\dfrac{\partial w}{\partial y} + \dfrac{\partial v}{\partial z}\right) & \dfrac{\partial w}{\partial z} \end{bmatrix}$$

(7.17) [⇔ (4.15)]

である．ここで (x, y, z) を (x_1, x_2, x_3), (u, v, w) を (v_1, v_2, v_3) と書き直すと，E の成分 e_{ij} $(i, j=1, 2, 3$ あるいは $x, y, z)$ は一般に

$$e_{ij} = \frac{1}{2}\left(\frac{\partial v_i}{\partial x_j} + \frac{\partial v_j}{\partial x_i}\right) \quad (7.18)\,[\Leftrightarrow (4.16)]$$

のように表現できる．定義により，E は対称テンソル，すなわち $e_{ij}=e_{ji}$ の関係がある．次節で示すように E は流体中におけるひずみ速度を表すので，**ひずみ速度テンソル** (rate of strain tensor) と呼ばれている．これに対して反対称部分 Ω は

$$\Omega = \begin{bmatrix} 0 & \dfrac{1}{2}\left(\dfrac{\partial u}{\partial y} - \dfrac{\partial v}{\partial x}\right) & \dfrac{1}{2}\left(\dfrac{\partial u}{\partial z} - \dfrac{\partial w}{\partial x}\right) \\ \dfrac{1}{2}\left(\dfrac{\partial v}{\partial x} - \dfrac{\partial u}{\partial y}\right) & 0 & \dfrac{1}{2}\left(\dfrac{\partial v}{\partial z} - \dfrac{\partial w}{\partial y}\right) \\ \dfrac{1}{2}\left(\dfrac{\partial w}{\partial x} - \dfrac{\partial u}{\partial z}\right) & \dfrac{1}{2}\left(\dfrac{\partial w}{\partial y} - \dfrac{\partial v}{\partial z}\right) & 0 \end{bmatrix} = \begin{bmatrix} 0 & -\zeta & \eta \\ \zeta & 0 & -\xi \\ -\eta & \xi & 0 \end{bmatrix}$$

(7.19) [⇔ (4.18)]

である．Ω は 3 つの成分 ξ, η, ζ だけで表され，ベクトル解析で知られている**回転** (rotation) の演算により

$$(\xi, \eta, \zeta)=\frac{1}{2}\operatorname{rot}\boldsymbol{v} \qquad (7.20)\,[\Leftrightarrow(4.19)]$$

で表される．

7.4.2　$\boldsymbol{E}, \boldsymbol{\Omega}$ の物理的解釈

a.　e_{xx} の意味

まず e_{xx} だけが 0 でない場合に $\delta\boldsymbol{v}=E\cdot\delta\boldsymbol{r}$ を考察する．これを成分に分けて書くと

$$\delta u=e_{xx}\delta x, \qquad \delta v=\delta w=0 \qquad (7.21)\,[\Leftrightarrow(4.20)]$$

である．これは図 7.6 (a) に示したように x 方向の伸びを表し，$e_{xx}(=\partial u/\partial x)$ は単位時間当たりの伸びの割合を示す．e_{yy}, e_{zz} も同様に，それぞれ y, z 方向の伸びの割合 (単位時間当たり) を示す．一般に，はじめに長さ δx, δy, δz であった直方体領域がそれぞれの方向に単位時間当たり δu, δv, δw だけ伸びを生じたときの体積膨張率は

$$\frac{(\delta x+\delta u)(\delta y+\delta v)(\delta z+\delta w)-\delta x\delta y\delta z}{\delta x\delta y\delta z}\approx\frac{\partial u}{\partial x}+\frac{\partial v}{\partial y}+\frac{\partial w}{\partial z}$$
$$=\operatorname{div}\boldsymbol{v}=e_{xx}+e_{yy}+e_{zz} \qquad (7.22)\,[\Leftrightarrow(4.21)]$$

である．最右辺はテンソル E の対角成分の和 Trace (E) に等しい．また，div $\boldsymbol{v}$ はベクトル解析でよく知られた**発散** (divergence) である．

b.　$e_{xy}(=e_{yx})$ の意味

次に e_{xy} だけが 0 でないとして変位 $\delta\boldsymbol{v}=E\cdot\delta\boldsymbol{r}$ を成分で表示すると

$$\delta u=e_{xy}\delta y, \qquad \delta v=e_{xy}\delta x, \qquad \delta w=0 \qquad (7.23)\,[\Leftrightarrow(4.22)]$$

となる．これは xy 面内での単位時間当たりの**純粋なずれ** (pure strain) を表す．図 7.6 (b) を参照．e_{xy} は xy 面内で長方形の各辺がひしゃげる角速度である．同様にして，e_{yz}, e_{zx} はそれぞれ yz 面内，xz 面内の純粋なずれ流れを表

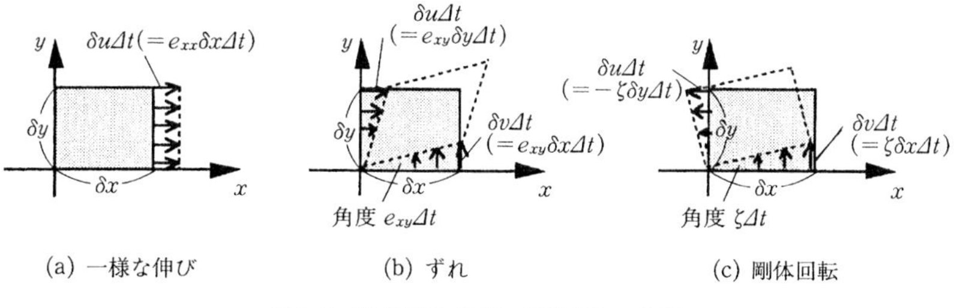

図 7.6　微小時間 Δt 後の流体領域の変形

す．

c. ζ の意味

最後に ζ だけが 0 でない場合について変位 $\delta \boldsymbol{v}=\Omega\cdot\delta \boldsymbol{r}$ を書いてみよう．

$$\delta u=-\zeta\delta y, \qquad \delta v=\zeta\delta x, \qquad \delta w=0 \qquad (7.24)\,[\Leftrightarrow(4.23)]$$

これは z 軸のまわりの剛体回転を表す（図 7.6 (c) 参照）．ζ は単位時間当たりの回転角である．同様にして ξ, η はそれぞれ x 軸，y 軸のまわりの剛体回転を表し，その回転角速度がそれぞれ ξ, η である．つまり $(\xi, \eta, \zeta)\equiv(1/2)\mathrm{rot}\,\boldsymbol{v}$ は剛体回転の角速度であり，この $\mathrm{rot}\,\boldsymbol{v}\equiv\boldsymbol{\omega}$ を**渦度**（vorticity）と呼ぶ．剛体回転においては任意に選んだ 2 点の相対位置は変化しない．

7.4.3 ニュートン流体

弾性体の場合と同様に，流体に応力が働くとひずみ速度が生じ，また逆にひずみ速度が生じるとそこに応力が発生する．すなわち，応力 P（成分は p_{ij}）は，ひずみ速度の関数と考えられる．前節で述べたずれひずみ速度テンソル D のうち，Ω の方は剛体回転を表すので，応力には寄与しない．したがって，このことを数式で表せば，$i, j=1, 2, 3$ に対して

$$p_{ij}=f_{ij}(e_{11}, e_{12}, \cdots, e_{33}) \quad [=f_{ij}(e_{kl})\text{ と略記}] \qquad (7.25)\,[\Leftrightarrow(5.1)]$$

となる．話を簡単にするために 2 つの仮定をおく．その第一は，ひずみ速度 e_{kl} が微小という仮定である．f_{ij} をひずみ速度のない状態（$e_{kl}=0$）のまわりでテイラー級数に展開すれば

$$p_{ij}=f_{ij}(0)+\sum_{k,l=1}^{3}\left(\frac{\partial f_{ij}}{\partial e_{kl}}\right)_{e_{kl}=0}e_{kl}+\cdots \qquad (7.26)\,[\Leftrightarrow(5.2)]$$

となる．ここで $f_{ij}(0)$ は流体運動がない状態の応力で，この場合には大きさが p の圧力が存在している．その向きは面に垂直で内向きであるから $-p\delta_{ij}$ と表される．これを考慮し，また e_{kl} の 2 次以上の微小量を無視すれば

$$p_{ij}=-p\delta_{ij}+\sum_{k,l=1}^{3}C_{ijkl}e_{kl}=-p\delta_{ij}+C_{ijkl}e_{kl} \qquad (7.27)\,[\Leftrightarrow(5.3)]$$

を得る．ここでも総和規約を用い，同じ添字が繰り返して使われているときは，その添字について可能なすべての値を与え，それらについて和をとるものとしている．

第二の仮定として，流体が**等方的**であることを要求する．これにより，弾性テンソルの場合と同様に，

$$C_{ijkl}=A\delta_{ij}\delta_{kl}+B\delta_{ik}\delta_{jl}+C\delta_{il}\delta_{jk} \qquad (7.28)\,[=(5.11)]$$

と書ける．ただし A, B, C は定数である．式(7.28)を式(7.27)に代入すると

$$\begin{aligned} p_{ij} &= -p\delta_{ij} + (A\delta_{ij}\delta_{kl} + B\delta_{ik}\delta_{jl} + C\delta_{il}\delta_{jk})e_{kl} \\ &= -p\delta_{ij} + Ae_{kk}\delta_{ij} + Be_{ij} + Ce_{ji} \\ &= -p\delta_{ij} + A(\mathrm{div}\ \boldsymbol{v})\delta_{ij} + (B+C)e_{ij} \end{aligned}$$

を得る．ただし $e_{kk} = \mathrm{div}\ \boldsymbol{v}$, $e_{ij} = e_{ji}$ を用いた．通常はここに現れた定数 A, B, C の代わりに $\lambda = A$, $\mu = (B+C)/2$ を用いて

$$p_{ij} = -p\delta_{ij} + \lambda(\mathrm{div}\ \boldsymbol{v})\delta_{ij} + 2\mu e_{ij} \qquad (7.29)\ [\Leftrightarrow (5.13)]$$

という表現が用いられる．式(7.29)のように，応力がひずみ速度の1次式まで含む形で近似できる流体を**ニュートン流体** (Newtonian fluid) と呼ぶ．以下では，とくに断わらない限り，ニュートン流体を扱う．

7.4.4 λ, μ の物理的な意味

図7.7のように2枚の平行な平板の間にニュートン流体を満たす．下面 ($x_2 = 0$) を固定し，上面 ($x_2 = h$) に応力 p_{12} を与えたときに，上面が速度 U で動いたとする．この場合には，7.2節で見たように，一様な速度勾配をもつ流れ（クエット流）が作られる．したがって，$v_1 = (U/h)x_2$ であるから

$$e_{12} = \frac{1}{2}\left(\frac{\partial v_1}{\partial x_2} + \frac{\partial v_2}{\partial x_1}\right) = \frac{U}{2h} \qquad \therefore \quad p_{12} = 2\mu e_{12} = \mu\frac{U}{h} \quad (7.30)\ [\Leftrightarrow (5.17)]$$

となる．これから，μ が粘性率を表すことがわかる．

次に，流体が一様な圧力 δp の下で，運動している場合を考えてみよう．この場合の応力テンソルは $p_{ij} = -(\delta p)\delta_{ij}$ であるから，式(7.29)は

$$p_{ij} = -(\delta p)\delta_{ij} + \lambda(\mathrm{div}\ \boldsymbol{v})\delta_{ij} + 2\mu e_{ij}$$

となる．上式で $j = i$ とし，i について1から3まで総和をとると

$$p_{11} + p_{22} + p_{33} = -3(\delta p) + 3\lambda(\mathrm{div}\ \boldsymbol{v}) + 2\mu e_{ii}$$

$$\therefore \quad \bar{p} \equiv -\frac{1}{3}(p_{11} + p_{22} + p_{33}) = \delta p - \left(\lambda + \frac{2}{3}\mu\right)\mathrm{div}\ \boldsymbol{v} \qquad (7.31)\ [\Leftrightarrow (5.16)]$$

を得る（ここで $\delta_{ii} = 3$, $e_{ii} = \mathrm{div}\ \boldsymbol{v}$ を考慮した）．$\bar{p}$ は平均の圧力である．この式は，体積膨張速度 div $\boldsymbol{v}$ により平均圧力が静止状態での圧力からずれることを表している．流体の体積が膨張し，流体分子間に相対速度が生じると，これらの間に摩擦力が働く（図7.8参照）．$\zeta = \lambda + (2/3)\mu$ は，その程度を表すもので，**体積粘性率** (bulk viscosity) と呼ばれている．$\zeta = 0$ なら平均圧力は静止状態での圧力と一致する．

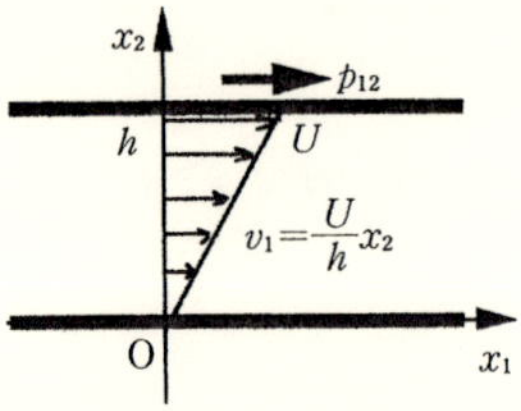

図 7.7　単純ずれ流れ

図 7.8　流体の膨張

演習問題

7.1　図 7.2 (b) のように高さ $h\,(=h_2-h_1)$，断面積 S，体積 $V\,(=Sh)$ の柱状物体が流体中に潜っているとする．この物体が流体から受ける力を求めよ．

7.2　次の流れについてひずみ速度テンソル E, Ω を計算せよ．

(1)　$\boldsymbol{v}=(U_0(h^2-y^2), 0, 0)$

(2)　$\boldsymbol{v}=(-\Omega_0 y, \Omega_0 x, 0)$

8

流体力学の基礎方程式

流体力学の対象は連続的に分布した媒質であるが，後者はミクロに見ればそれを構成する原子や分子の集まりであるから，運動に伴う質量，運動量，エネルギー(熱への変換も含めて)などの保存則は満たされなければならない．これらを与えるものが流体力学の基礎方程式系である．第6章の弾性体の場合と同様に，ここでも流体の流れ“場”を決める方程式を導く．その際とくにラグランジュ的な見方とオイラー的な見方の違いを再確認しよう．弾性体の場合と比べて，流体では変形が大きいために運動の非線形性が重要になる．

キーワード　連続の方程式，ラグランジュ微分，ナヴィエ-ストークス方程式，ポアズイユ流

8.1 連続の方程式

流体中に固定した閉曲面 S をとり，その内部(領域 V)にある流体の質量の変化を考えてみよう(図8.1参照)．S の内部にある微小な領域 $\mathrm{d}V$ 内の質量は $\rho\,\mathrm{d}V$ であるから領域 V 全体に含まれる質量は

$$\int_V \rho\,\mathrm{d}V$$

である．したがって S 内の流体の単位時間当たりの質量の増加量は

$$\frac{\mathrm{d}}{\mathrm{d}t}\left(\int_V \rho\,\mathrm{d}V\right)$$

となる．一方，閉曲面上の微小な面 $\mathrm{d}S$ を通って S の外に流れ出す流体の体積は $v_n\,\mathrm{d}S$，したがって質量は $\rho v_n\,\mathrm{d}S$ である．これを閉曲面 S 全体で積分したものが単位時間当たりの流体の流出量に等しいから，

$$\frac{\mathrm{d}}{\mathrm{d}t}\left(\int_V \rho\,\mathrm{d}V\right)=-\int_S \rho v_n\,\mathrm{d}S \qquad (8.1)$$

面積積分

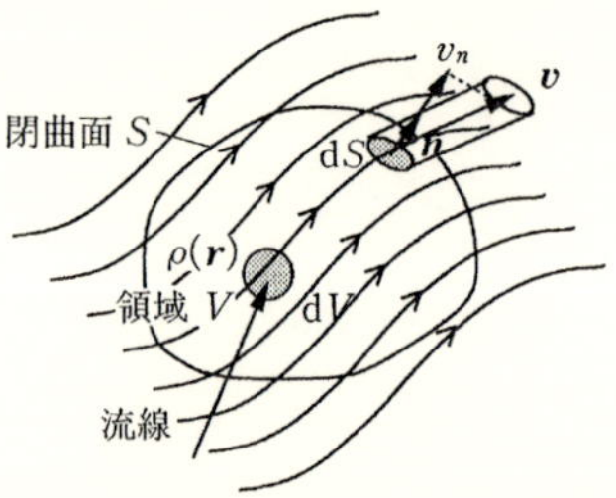

図 8.1 質量の変化

$$\int_S \rho v_n \, \mathrm{d}S$$

は S 内の流体の減少量を表しているので，右辺にマイナス記号がつけてある．次に，式 (8.1) の右辺をガウスの定理 (付録 A[3]) により体積積分に変えると

$$-\int_V \mathrm{div}(\rho \boldsymbol{v}) \mathrm{d}V$$

また左辺の時間微分と体積積分の順序を変更すると

$$\int_V \frac{\partial \rho}{\partial t} \mathrm{d}V$$

となる．(式 (8.1) の左辺が時間についての常微分になっていたのは，先に空間積分を実行した結果，時間 t だけの関数になっていたからである．時間に関する微分を空間積分より先に行うときは，被積分関数の t についての微分は偏微分でなければならない．) さて，上の関係がどのような積分領域でも成り立つためには，被積分関数の間に

$$\frac{\partial \rho}{\partial t} + \mathrm{div}(\rho \boldsymbol{v}) = 0 \tag{8.2}$$

の関係が満たされなければならない．これを**連続の方程式** (equation of continuity) と呼ぶ．

ところで，式 (1.8) とベクトル解析の公式 (付録 A [2]) を使って式 (8.2) を書き直すと

$$\frac{\partial \rho}{\partial t} + \boldsymbol{v} \cdot \mathrm{grad}\, \rho + \rho\, \mathrm{div}\, \boldsymbol{v} = \frac{D\rho}{Dt} + \rho\, \mathrm{div}\, \boldsymbol{v} = 0 \tag{8.3}$$

となる．圧縮性のない流体では $D\rho/Dt = 0$ であるから，連続の方程式は

$$\mathrm{div}\, \boldsymbol{v} = 0 \tag{8.4}$$

と表される．

注：流体中の着目した領域 V が流れによって運ばれていくときに，この中の流体

の単位時間当たりの体積膨張率 div $\boldsymbol{v}$ は $(DV/Dt)/V$ である．これを用いると式 (8.3) は $D\rho/Dt+\rho(DV/Dt)/V=0$ となる．両辺に V を掛けると

$$V\frac{D\rho}{Dt}+\rho\frac{DV}{Dt}=\frac{D}{Dt}(\rho V)=0 \tag{8.5}$$

を得るが，ρV はこの領域内の流体の質量であるから，式 (8.5) は**質量の保存則**を述べているにほかならない．これはラグランジュ的な見方である．

8.2 運動量保存則

8.2.1 ラグランジュ的な導出

弾性体の場合に第 6 章で考えたのと同様にして，流体の運動方程式を導こう．ある時刻に閉曲面 S で囲まれた流体領域 V をとる．位置 $\boldsymbol{r}$ の近傍の微小な領域を $\mathrm{d}V$ とし，そこでの密度を $\rho(\boldsymbol{r})$ とすれば，微小領域内の流体の質量は $\rho\,\mathrm{d}V$ である．単位質量当たりの外力 (体積力) を $\boldsymbol{K}(\boldsymbol{r})$ とすれば，領域 $\mathrm{d}V$ に働く外力は $(\rho\,\mathrm{d}V)\boldsymbol{K}$，領域 V 全体に働く体積力はこれを V 内で積分したものになる．同様にして，応力 $\boldsymbol{p}_n$ により面 S 上の微小な面 $\mathrm{d}S$ に働く力 (面積力) は $\boldsymbol{p}_n\mathrm{d}S$ であるから，領域 V に対してはこれを S 全体で積分すればよい．また，領域 V 内の運動量の時間変化は，

$$質量\times加速度=(\rho\,\mathrm{d}V)\frac{D\boldsymbol{v}}{Dt}$$

を領域 V で積分したものに等しい．したがって

$$\int_V(\rho\,\mathrm{d}V)\frac{D\boldsymbol{v}}{Dt}=\int_V(\rho\,\mathrm{d}V)\boldsymbol{K}+\int_S\boldsymbol{p}_n\,\mathrm{d}S \tag{8.6}$$

を得る．右辺第 2 項において応力の表現 (7.13) を用い，またガウスの定理 (付録 A [3] 参照) を適用して面積積分を体積積分に変えると

$$\int_S\boldsymbol{p}_n\,\mathrm{d}S=\int_S P\cdot\boldsymbol{n}\,\mathrm{d}S=\int_V \mathrm{div}\,P\,\mathrm{d}V$$

成分表示では

$$\int_S\boldsymbol{p}_n\,\mathrm{d}S=\int_S p_{ij}n_j\,\mathrm{d}S=\int_V\frac{\partial}{\partial x_j}p_{ij}\,\mathrm{d}V$$

となる．これを式 (8.6) に代入し，任意の領域で等式が成り立つための被積分関数の関係として

$$\rho\frac{D\boldsymbol{v}}{Dt}=\rho\boldsymbol{K}+\mathrm{div}\,P \quad または \quad \rho\frac{Dv_i}{Dt}=\rho K_i+\frac{\partial p_{ij}}{\partial x_j} \tag{8.7 a, b}$$

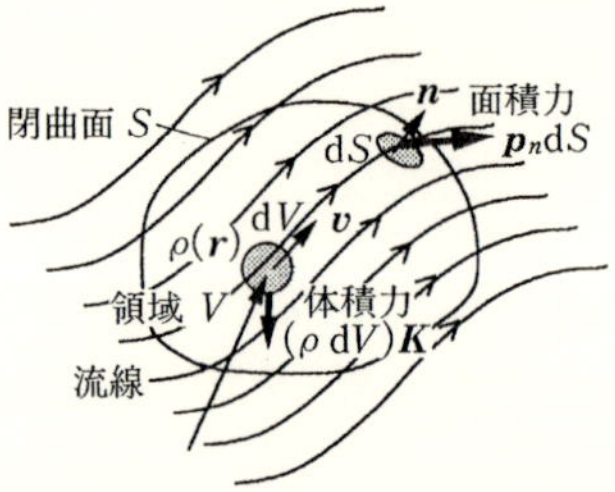

図 8.2　運動量の変化

を得る．さて，ニュートン流体では関係式 (7.29) が成立するから

$$(\mathrm{div}\ P)_i = \frac{\partial}{\partial x_j} p_{ij} = \frac{\partial}{\partial x_j}[-p\delta_{ij} + \lambda(\mathrm{div}\ \boldsymbol{v})\delta_{ij} + 2\mu e_{ij}]$$

である．ここで上式の右辺第 1, 2 項は

$$\frac{\partial}{\partial x_j}[-p\delta_{ij} + \lambda(\mathrm{div}\ \boldsymbol{v})\delta_{ij}] = \frac{\partial}{\partial x_i}[-p + \lambda(\mathrm{div}\ \boldsymbol{v})] = [-\nabla p + \lambda\nabla(\mathrm{div}\ \boldsymbol{v})]_i$$

また，右辺第 3 項は

$$\mu\frac{\partial}{\partial x_j}\left(\frac{\partial v_j}{\partial x_i} + \frac{\partial v_i}{\partial x_j}\right) = \mu\frac{\partial}{\partial x_i}\left(\frac{\partial v_j}{\partial x_j}\right) + \mu\frac{\partial^2 v_i}{\partial x_j{}^2} = [\mu\nabla(\mathrm{div}\ \boldsymbol{v}) + \mu\Delta\boldsymbol{v}]_i$$

と計算されるから，式 (8.7) は

$$\rho\frac{D\boldsymbol{v}}{Dt} = \rho\boldsymbol{K} - \nabla p + (\lambda + \mu)\nabla(\mathrm{div}\ \boldsymbol{v}) + \mu\Delta\boldsymbol{v} \tag{8.8}$$

となる．これが**ナヴィエ-ストークスの方程式** (Navier-Stokes equation) と呼ばれている運動方程式で，運動量保存則を表している．

8.2.2　オイラー的な導出

上で求めたやり方は，特定の流体領域に着目して力の釣り合いを表したものである．そこで見方を変えて，空間に固定した閉曲面 S の内部 (領域 V) に含まれる流体の運動量の保存則を求めてみよう．領域 V 内の運動量は

$$\int_V \rho\boldsymbol{v}\,\mathrm{d}V$$

であるから，単位時間当たりの増加量は

$$\frac{\mathrm{d}}{\mathrm{d}t}\left(\int_V \rho\boldsymbol{v}\,\mathrm{d}V\right)$$

となる．領域 $\mathrm{d}V$ に働く外力 (体積力) は $(\rho\,\mathrm{d}V)\boldsymbol{K}$，応力 $\boldsymbol{p}_n$ により面 S 上の微小な面 $\mathrm{d}S$ に働く力 (面積力) は $\boldsymbol{p}_n\mathrm{d}S$ であるから，領域 V 全体での運動量の増加率は

$$\int_V (\rho\,\mathrm{d}V)\boldsymbol{K} + \int_S \boldsymbol{p}_n\,\mathrm{d}S$$

となる．他方，閉曲面上の微小な面 $\mathrm{d}S$ を通って S の外に流れ出す流体の体積は $v_n\,\mathrm{d}S$，したがって，これによって運び出される運動量は $\rho\boldsymbol{v}v_n\,\mathrm{d}S$ である．これを閉曲面 S 全体で積分したものが単位時間当たりの運動量の流出量に等しいから，

$$\frac{\mathrm{d}}{\mathrm{d}t}\int_V (\rho\boldsymbol{v}\,\mathrm{d}V) = \int_V (\rho\,\mathrm{d}V)\boldsymbol{K} + \int_S \boldsymbol{p}_n\,\mathrm{d}S - \int_S (\rho\boldsymbol{v})v_n\,\mathrm{d}S \tag{8.9}$$

を得る．左辺の空間積分と時間微分の順を変え，また右辺第 3 項を

$$\int_S (\rho\boldsymbol{v})v_n\,\mathrm{d}S = \int_S (\rho\boldsymbol{v})\boldsymbol{v}\cdot\boldsymbol{n}\,\mathrm{d}S = \int_V \mathrm{div}(\rho\boldsymbol{v}\boldsymbol{v})\,\mathrm{d}V$$

と書き換えると，前節と同様に被積分関数の間の関係として

$$\frac{\partial}{\partial t}(\rho\boldsymbol{v}) = \rho\boldsymbol{K} - \mathrm{div}(\rho\boldsymbol{v}\boldsymbol{v} - P) \tag{8.10 a}$$

あるいは成分で表示して

$$\frac{\partial}{\partial t}(\rho v_i) = \rho K_i - \frac{\partial}{\partial x_j}(\rho v_i v_j - p_{ij}) \tag{8.10 b}$$

を得る．ところで

$$\frac{\partial}{\partial t}(\rho v_i) = \frac{\partial \rho}{\partial t}v_i + \rho\frac{\partial v_i}{\partial t}, \quad \frac{\partial}{\partial x_j}(\rho v_i v_j) = v_i\frac{\partial}{\partial x_j}(\rho v_j) + \rho v_j\frac{\partial v_i}{\partial x_j}$$

であるから，これらと連続の方程式 (8.2) を式 (8.10 b) に代入すると式 (8.7) を得る．以下同様に計算して方程式 (8.8) を得る．

式 (8.10 a, b) に現れた

$$G \equiv \rho\boldsymbol{v}\boldsymbol{v} - P \quad \text{あるいは} \quad G_{ij} \equiv \rho v_i v_j - p_{ij} \tag{8.11}$$

は**運動量流テンソル** (momentum flow tensor) を，また $G\cdot\boldsymbol{n} = \rho\boldsymbol{v}v_n - \boldsymbol{p}_n$ は法線方向が $\boldsymbol{n}$ の単位面積を裏側から表側に通過する**運動量の流れ** (momentum flow vector) を表している．

ニュートン流体では

$$G_{ij} = \rho v_i v_j + p\delta_{ij} - \lambda(\mathrm{div}\,\boldsymbol{v})\delta_{ij} - 2\mu e_{ij}$$

であり，運動量の流れは

$$G_n = G\cdot\boldsymbol{n} = G_{ij}n_j = \rho\boldsymbol{v}v_n + p\boldsymbol{n} - \lambda(\mathrm{div}\,\boldsymbol{v})\boldsymbol{n} - 2\mu e_{ij}n_j$$

と表される．とくに静止流体では $G_n = p\boldsymbol{n}$ となる．すなわち，圧力 p は面の裏側から表側への運動量の流れである．運動量に変化があったときに力として現れるのであるから，圧力という運動量の流れがあっても，それが一定の割合で

流れているだけならば力は働かない．深海にいるクラゲが何百気圧もの水圧の中で何ら変形を受けない理由もここにある．

8.3　エネルギー保存則

前節と同様に流体中に固定した閉曲面 S をとり，その内部（領域 V）に含まれる流体のエネルギーを考えてみよう．S の内部にある微小な領域 $\mathrm{d}V$ 内の質量は $\rho\,\mathrm{d}V$ であるからこの領域のもつ運動エネルギーは $(1/2)(\rho\,\mathrm{d}V)v^2$，また内部エネルギーは $(\rho\,\mathrm{d}V)U$ である．ただし，$v=|\boldsymbol{v}|$，U は単位質量当たりの内部エネルギーを表す．したがって，領域 V 全体に含まれるエネルギーの“増加量”は

$$\frac{\mathrm{d}}{\mathrm{d}t}\left[\int_V \rho\left(\frac{1}{2}v^2+U\right)\mathrm{d}V\right] \tag{8.12}$$

である．一方，(i) 閉曲面上の微小な面 $\mathrm{d}S$ を通って S の外に流れ出す流体の質量は $\rho v_n\,\mathrm{d}S$，これによって運び去られるエネルギーは

$$\rho v_n\left(\frac{1}{2}v^2+U\right)\mathrm{d}S$$

である．これを閉曲面 S 全体で積分したものが単位時間当たりのエネルギーの“流出量”に等しいから，

$$\int_S \rho v_n\left(\frac{1}{2}v^2+U\right)\mathrm{d}S=\int_V \mathrm{div}\left[\rho\boldsymbol{v}\left(\frac{1}{2}v^2+U\right)\right]\mathrm{d}V \tag{8.13}$$

また，(ii) 面 $\mathrm{d}S$ には応力 $\boldsymbol{p}_n$ が働き（したがって力は $\mathrm{d}\boldsymbol{F}=\boldsymbol{p}_n\,\mathrm{d}S$），単位時間に $\boldsymbol{v}$ だけ面を移動させようとするから，これによる仕事 $\boldsymbol{v}\cdot\mathrm{d}\boldsymbol{F}=\boldsymbol{v}\cdot\boldsymbol{p}_n\mathrm{d}S$ だけエネルギーは“増加”する．これを閉曲面 S 全体で積分し，

$$\int_S \boldsymbol{v}\cdot\boldsymbol{p}_n\mathrm{d}S=\int_V \mathrm{div}(\boldsymbol{v}\cdot P)\mathrm{d}V \tag{8.14}$$

を得る（ただし P は応力テンソルである）．これ以外に，(iii) もし体積力 $\boldsymbol{K}$（単位質量当たり）が働いていたとすると領域内の微小部分 $\mathrm{d}V$ には単位時間当たり $(\rho\,\mathrm{d}V)\boldsymbol{K}\cdot\boldsymbol{v}$ の仕事が与えられるから，領域 V 全体では

$$\int_V \rho\boldsymbol{K}\cdot\boldsymbol{v}\,\mathrm{d}V \tag{8.15}$$

だけエネルギーは“増加”する．さらに，(iv) 面 $\mathrm{d}S$ を通って熱流 $\boldsymbol{q}$ があればこれによって“流出”するエネルギーは $q_n\,\mathrm{d}S$，したがって面 S 全体では

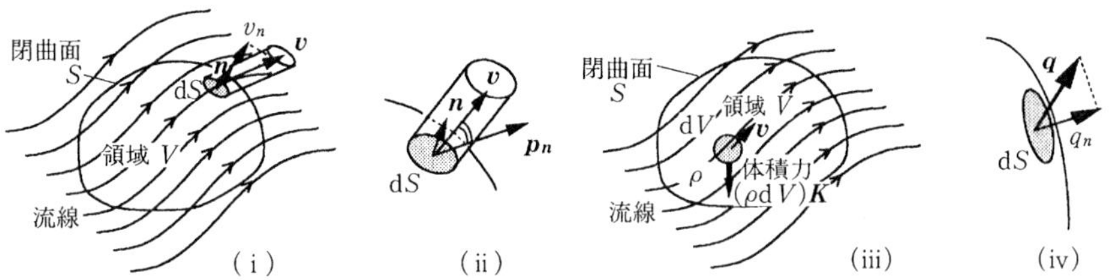

図 8.3　エネルギーの変化

$$\int_S q_n \mathrm{d}S = \int_V \mathrm{div}\,\boldsymbol{q}\,\mathrm{d}V \tag{8.16}$$

となる．式(8.12)~(8.16)から被積分関数の間の関係式として

$$\frac{\partial}{\partial t}\left[\rho\left(\frac{1}{2}v^2+U\right)\right]=\mathrm{div}\left[-\rho\boldsymbol{v}\left(\frac{1}{2}v^2+U\right)+\boldsymbol{v}\cdot P-\boldsymbol{q}\right]+\rho\boldsymbol{K}\cdot\boldsymbol{v} \tag{8.17}$$

を得る．これが**エネルギー保存則**を表す式である．

式(8.16)の熱流 $\boldsymbol{q}$ を表す法則としてよく用いられるものに，フーリエの法則がある．これは温度勾配に比例した熱流を表現したもので

$$\boldsymbol{q} = -k\,\mathrm{grad}\,T \tag{8.18}$$

と表される．ただし，T は温度，k は熱伝導率である．

8.4 状態方程式

熱平衡状態にある気体や液体では，式(8.17)の代わりにしばしば熱力学的な関係式が用いられる．これは圧力 p，体積 V（あるいはその逆数である密度 ρ），温度 T の間の関係式で

$$F(p, \rho, T)=0 \tag{8.19}$$

と表される．これを**状態方程式**と呼ぶ．例えば，

(1)　密度一定の流体では $\rho=$一定　(8.20 a)

(2)　気体の等温変化ではボイルの法則（$pV=$一定）が成り立つから

$$p=C\rho \qquad (C\text{ は定数}) \tag{8.20 b}$$

(3)　気体の断熱変化では

$$pV^{\gamma}=\text{一定},\quad \text{すなわち}\quad p=C\rho^{\gamma} \qquad (C\text{ は定数}) \tag{8.20 c}$$

などとなる．ここで $\gamma=C_p/C_v$（C_p は定圧比熱，C_v は定積比熱）である．一般に質点の運動の自由度を f とすると $\gamma=(f+2)/f$ であるから，2 原子分子（f

=5) では $\gamma=1.4$ となる．

注：式 (8.20 a)~(8.20 c) のように，$\rho=F(p)$ の形に書ける流体は**バロトロピー流体** (barotropic fluid) と呼ばれている．

流体運動を知るうえで必要な従属変数は密度 ρ，速度 $\boldsymbol{v}$，圧力 p の5つである．一方，これまでに求めた基礎方程式系は式 (8.2)，(8.8)，(8.17) の5つであり (式 (8.8) はベクトル式なので方程式は3つある)，未知数と方程式の数が一致するので原理的にはこれで問題が解ける．もちろん，式 (8.17) にはさらに，内部エネルギー U と温度 T の関係や，式 (8.18) のような関係式が必要である．また式 (8.17) の代わりに状態方程式 (8.19) を使うこともできる．

密度が一定の流体では式 (8.19) の特別な場合として式 (8.20 a) となり，式 (8.2) の代わりに式 (8.4) が，またこれによって式 (8.8) も簡単になって

$$\rho\frac{D\boldsymbol{v}}{Dt}=-\nabla p+\mu\Delta\boldsymbol{v}+\rho\boldsymbol{K} \tag{8.21}$$

となる．この場合には，式 (8.4) と (8.21) の4つの方程式系を解いて未知数 $\boldsymbol{v}$, p の4つが決定される．

8.5 境　界　条　件

以上述べてきた方程式系は流れを決めるための規則を与えている．個々の問題を解くには，それぞれの問題に即した条件を与えなければならない．

8.5.1 固体表面上の境界条件

流体を構成する分子の間には分子間力が働く．この力のために，物体表面に隣接した分子は物体とともに動く．例えば，静止した粘性流体中を固体が速度 $\boldsymbol{v}_0$ で動いていたとすると，流体の速度 $\boldsymbol{v}$ は

$$\text{境界面上で}\quad \boldsymbol{v}=\boldsymbol{v}_0 \tag{8.22}$$

となる．これが固体表面において粘性流体の満たすべき境界条件で，**すべりなしの条件** (no-slip condition) と呼ぶ．静止した固体境界付近の流れの様子を図 8.4 (a) に示す．

粘性流体では，壁に近づくにつれて流速が次第に減少し，表面上で速度は **0** になる．この結果，壁の近くに速度勾配の大きな領域が作られる．この速度勾配の大きさは粘性が小さいほど大きなものとなる．言い換えると，粘性が限り

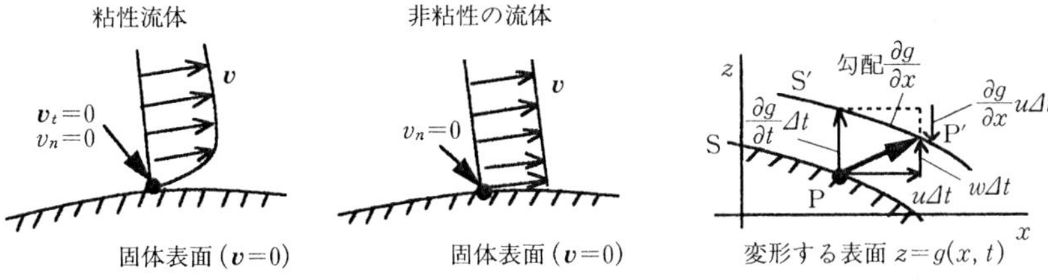

(a) (b) (c)

図 8.4 いろいろな境界条件

なく小さくなった極限では壁面に隣接した非常に狭い層の中でだけ速度の変化があり，事実上は面に平行な速度成分 $\boldsymbol{v}_t$ に大きな速度差を生じると考えられる．そこで非粘性流体 ($\mu=0$) では表面において $\boldsymbol{v}_t$ に“とび”を生じていると考える (図 8.4 (b))．これを，**すべりの条件** (slip condition) と呼ぶ．これに対して，面に垂直な成分 v_n は物体の速さと同じでなければならない．そうでないと流体と物体の間に真空の領域ができたり，流体が物体にめりこんだりしなければならなくなるからである．したがって非粘性の流体では

“境界面上で速度の法線成分が連続 $v_n=v_{0n}$，接線成分 $\boldsymbol{v}_t$ は任意”

(8.23 a, b)

となる．

8.5.2 変形する表面上の境界条件

この場合には流れ場によって境界面の形も変わるので，境界条件を当てはめようとする位置も決めていかなければならない．いま境界面の形が任意の時刻において

$$F(x, y, z, t)=0 \tag{8.24}$$

で与えられていたとする．境界面上の流体粒子 $P(x, y, z, t)$ が Δt 時間後には $P'(x+\Delta x, y+\Delta y, z+\Delta z, t+\Delta t)$ に移動したとすると，これも $F(x+\Delta x, y+\Delta y, z+\Delta z, t+\Delta t)=0$ を満たすはずである．ここで Δt, $\Delta x=u\Delta t$, $\Delta y=v\Delta t$, $\Delta z=w\Delta t$ が十分小さいとして F を (x, y, z, t) のまわりでテイラー展開し，式 (1.8) を用いると

$$\frac{\partial F}{\partial t}+u\frac{\partial F}{\partial x}+v\frac{\partial F}{\partial y}+w\frac{\partial F}{\partial z}=\frac{DF}{Dt}=0 \tag{8.25}$$

を得る．これが境界面の満たすべき方程式である．

直観的なイメージを得るために，図 8.4 (c) に 2 次元の場合の表面移動の様

子を示す．表面を $z=g(x,t)$ と表しておく．表面上の流体粒子 P は時間 Δt の後に x 方向に $u\Delta t$, z 方向に $w\Delta t$ だけ移動した点 P' にある．他方，時間 Δt の後にはじめの表面 S は全体が $\Delta z=g(x,t+\Delta t)-g(x,t)\approx(\partial g/\partial t)\Delta t$ だけ上昇した面 S' 上にある．流体粒子 P はその面上で x 方向に $u\Delta t$ だけ移動した位置にあるから，z 方向の移動量としてはさらに $(\partial g/\partial x)u\Delta t$ を加えたものとなる（面 S' の勾配が $\partial g/\partial x$ であることに注意）．両者は一致しなければならないので

$$w\Delta t=\frac{\partial g}{\partial t}\Delta t+\frac{\partial g}{\partial x}u\Delta t,\quad \text{すなわち}\quad w=\frac{\partial g}{\partial t}+\frac{\partial g}{\partial x}u \tag{8.26}$$

を得る．ここで $F(x,y,z,t)=z-g(x,t)$ と定義すれば，表面は式 (8.24) と同様に $F=0$ と表される．この F を用いれば式 (8.26) と (8.25) は一致する．

さて，変形する境界面上では，速度と応力の釣り合いが必要である．面の内側，外側のそれぞれに対する物理量を ＋，－ で区別すると，これらは

$$v_i^+=v_i^-,\qquad p_{ij}^+n_j=p_{ij}^-n_j \tag{8.27 a, b}$$

と書ける．ここで条件式 (8.27 a) は式 (8.22) と同じである．条件 (8.24), (8.27 a, b) は水面波や液滴の変形（第 13 章参照），生物の推進などを考えるときに重要となる．

8.6 ポアズイユ流

基礎方程式を用いて導かれる簡単な流れをいくつか見てみよう．

8.6.1 一方向の流れ

流線がすべてある 1 つの直線に平行であるとする．この場合には，その方向に座標軸の 1 つ（x 軸とする）を選ぶのが自然である．これにより，速度場は x 成分 u だけとなる．すなわち $\boldsymbol{v}=(u,0,0)$．まず，連続の式は $\partial u/\partial x=0$ となるが，この式は u が x に依存しない，すなわち u が y, z, t の関数であること（$u=u(y,z,t)$）を意味する．このときラグランジュ微分は

$$\frac{Du}{Dt}=\frac{\partial u}{\partial t}+u\frac{\partial u}{\partial x}+v\frac{\partial u}{\partial y}+w\frac{\partial u}{\partial z}=\frac{\partial u}{\partial t}$$

となる（非線形項が消えてしまったことに注意！）．したがって，ナヴィエ－ストークス方程式の x, y, z 成分は

$$\rho\frac{\partial u}{\partial t}=-\frac{\partial p}{\partial x}+\mu\left(\frac{\partial^2 u}{\partial y^2}+\frac{\partial^2 u}{\partial z^2}\right),\qquad 0=-\frac{\partial p}{\partial y},\qquad 0=-\frac{\partial p}{\partial z} \tag{8.28 a, b, c}$$

となる．式 (8.28 b, c) から p は x, t だけに依存する ($p=p(x,t)$) ことがわかるので，式 (8.28 a) を

$$\frac{\partial u}{\partial t}-\nu\left(\frac{\partial^2 u}{\partial y^2}+\frac{\partial^2 u}{\partial z^2}\right)=-\frac{1}{\rho}\frac{\partial p}{\partial x}$$

のように分離すると，左辺は y, z, t だけの関数，右辺は x, t だけの関数となる．これが矛盾なく成立するためには，両辺とも t だけの関数 (これを $\alpha(t)$ とおく) でなければならない．

$$\frac{\partial p}{\partial x}=-\rho\alpha(t), \qquad \frac{\partial u}{\partial t}-\nu\left(\frac{\partial^2 u}{\partial y^2}+\frac{\partial^2 u}{\partial z^2}\right)=\alpha(t) \tag{8.29 a, b}$$

以下では，もう少し話を限定して式 (8.29) を調べていく．

8.6.2 一方向の定常流

定常流では，時間変化がないので，α は定数，また式 (8.29 b) は

$$\frac{\partial^2 u}{\partial y^2}+\frac{\partial^2 u}{\partial z^2}=-\frac{\alpha}{\nu} \tag{8.30}$$

となる．式 (8.30) は**ポアッソン** (Poisson) **方程式**と呼ばれている型の偏微分方程式である．

a. 2 枚の平行平板間 ($-h\leqq y\leqq h$) の流れ

平板は x, z 方向には無限に広いので，どの x, z の位置もまったく他の位置と同じ条件である．言い換えれば，u は“座標”という特定の位置 (原点) からの距離を表す座標変数 x, z にはよらないことになる．したがって，式 (8.30) は

$$\frac{\mathrm{d}^2 u}{\mathrm{d}y^2}=-\frac{\alpha}{\nu} \tag{8.31}$$

となる．これは容易に積分ができ，境界条件の違いによって

2 次元ポアズイユ流： $u=\dfrac{\alpha}{2\nu}(h^2-y^2)$ (8.32 a)

クエット流： $u=\dfrac{U}{2h}y, \qquad \alpha=0$ (8.32 b)

などが導かれる．

b. 円管内の流れ

半径 a の無限に長い円管内を一定の圧力勾配 $\rho\alpha$ によって粘性流体が流れているという状況では，中心軸 (x 軸) からの距離 r は意味をもつが，断面内のどの方向にも特別なものはない．したがって，式 (8.30) の左辺に現れた yz 面内の微分演算

$$\Delta(y, z)u=\frac{\partial^2 u}{\partial y^2}+\frac{\partial^2 u}{\partial z^2}$$

を同じ平面内の 2 次元極座標系 (r, θ) に変換するときに，θ に関する微分の項は不要である．したがって，式 (8.30) は

$$\frac{1}{r}\frac{\mathrm{d}}{\mathrm{d}r}\left(r\frac{\mathrm{d}u}{\mathrm{d}r}\right)=-\frac{\alpha}{\nu} \tag{8.33}$$

となる (付録 B [1] を参照)．これより，

$$u=\frac{\alpha}{4\nu}(a^2-r^2), \qquad Q=\frac{\pi a^4 \alpha}{8\nu} \tag{8.34 a, b}$$

を得る (演習問題 8.1)．式 (8.34) を**ハーゲン-ポアズイユの法則** (Hagen-Poiseuille's law) とよぶ．縦断面内の速度分布は放物線である．流量は粘性率 $\mu(=\rho\nu)$ に反比例し，圧力勾配 $\mathrm{d}p/\mathrm{d}x(=-\rho\alpha)$ に比例するが，最も著しい特徴は，それが半径の 4 乗に比例することである．流量を増すために圧力差を高めたり，粘性率を下げたりする方法も用いられるが，それよりも管を太くする方がはるかに効果的であることがうなずけよう．いまの問題を利用した粘性率測定装置もある．

演習問題

8.1　方程式 (8.33) を解いて式 (8.34 a, b) を求めよ．

9

非圧縮粘性流体の力学

前節で導いた基礎方程式に基づいて粘性流体の運動を調べる．流体の圧縮性はないと仮定する．まず，スケーリング(無次元化)によって得られる相似法則について，その数学的・物理的な意味を学ぶ．これは，流体力学が微視的なものから宇宙規模の巨視的なものにまで適用できる根拠を与え，現実に起こる物理現象を模型実験によって予測することを可能にする．次に，粘性の高い遅い流れや，粘性の低い速い流れについて，近似的な扱いを学習する．

キーワード　レイノルズの相似則，ストークス近似，境界層，抵抗係数

9.1　レイノルズの相似則

密度が一定の粘性流体の流れを考えてみよう．基礎方程式は連続の方程式とナヴィエ-ストークス方程式である．すなわち，

$$\nabla \cdot \boldsymbol{v} = 0 \tag{9.1}$$

$$\rho \frac{D\boldsymbol{v}}{Dt} = -\nabla p + \mu \Delta \boldsymbol{v} + \rho \boldsymbol{K} \tag{9.2}$$

外力が保存力であると仮定すると $\boldsymbol{K} = -\mathrm{grad}\,\Omega$ と書けるので，この項を圧力場に繰り込むと

$$\rho \frac{D\boldsymbol{v}}{Dt} = -\nabla p^* + \mu \Delta \boldsymbol{v} \tag{9.3}$$

となる．ただし，$p^* = p + \rho\Omega$ とおいた．

物理学に現れる個々の方程式は，その左右両辺で次元も大きさも等しくなければならない．両辺の次元が異なっていれば比較そのものに意味がない．さて，われわれの扱う対象は，宇宙のような大きなスケールから粒子分散系のような小さなスケールまでさまざまである．これらを理解しようとするときに，大きな物体は縮小し，小さな物体は拡大して，イメージを浮かべやすい大きさに変換して考えた方が便利である．また，時間的に非常に速い現象であれば時

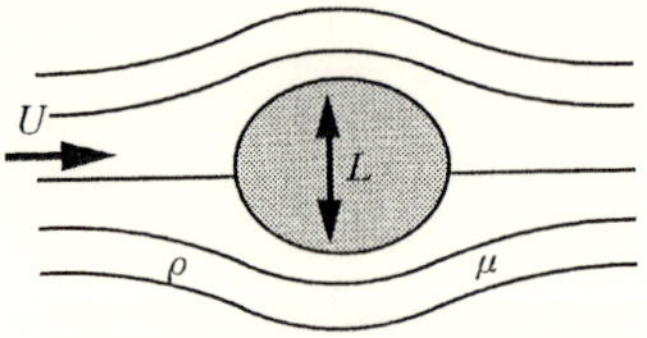

図 9.1　物体を過ぎる流れ

計の刻みを十分短くして観測し，あとでゆっくり再生すればよい．逆に非常に遅い現象であれば長時間にわたって観測し，のちに速回しをすればよい．

これと同じことを，数式の上でも試みたものが，次に述べる「方程式のスケーリングと無次元化」である．まず，粘性率 μ，密度 ρ の流体中で，代表的な長さ L の物体に速度 U の流れが当たるとして(図 9.1 を参照)，長さを L，速度を U，時間を $L/U, \cdots$ で割る．

$$\boldsymbol{v}'=\frac{\boldsymbol{v}}{U},\quad \boldsymbol{x}'=\frac{\boldsymbol{x}}{L},\quad t'=\frac{t}{(L/U)},\quad p'=\frac{p^*}{\rho U^2} \tag{9.4}$$

これによって流れ場の勝手な位置までの距離，速度，時間，…がすべて $L, U, L/U, \cdots$ を単位として測られることになる．すなわち，新たに定義されたプライムのついた変数はすべて大きさが 1 程度の無次元量となる．

次に，変数変換 (9.4) を用いて，式 (9.1)，(9.3) をプライムのついた変数で表すと

$$\nabla'\cdot\boldsymbol{v}'=0 \tag{9.5}$$

$$\frac{D\boldsymbol{v}'}{Dt'}=-\nabla'p'+\frac{1}{Re}\Delta'\boldsymbol{v}' \tag{9.6}$$

となる．ここで，$Re=\rho UL/\mu=UL/\nu$ は**レイノルズ** (Reynolds) **数**，$\nu=\mu/\rho$ は**動粘性率** (kinematic viscosity) と呼ばれる．空気では $\mu=1.8\times10^{-4}$ [g/s·cm]，$\nu=1.4\times10^{-1}$ [cm²/s]，水では $\mu=1.0\times10^{-2}$ [g/s·cm]，$\nu=1.0\times10^{-2}$ [cm²/s] である．

身近な流れについて，レイノルズ数がどの程度になるかを見積もってみよう．例えば，人の歩行で 10^5，100 m ダッシュ (短距離走) や 100 m 自由型 (競泳) では 10^6，野球の変化球やバレーボールの変化球では 3×10^5，ジャンボジェット機の飛行では 10^9，程度になっている (演習問題 9.1)．陸上競技の 100 m ダッシュと競泳の 100 m 自由型が流体力学的に同程度の Re になっていることは注目に値する．このような競技は人間の出しうるパワーの限界付近での勝負であり，抵抗に打ち勝つために流れに与えることのできるエネルギーの

大きさによって Re が決まっているからである(9.4節). また, 野球やバレーボールのようにボールの大きさの異なるスポーツにおいても, 変化球を生じる Re の値は 3×10^5 付近であり(図9.9参照), これを利用するためにボールの速さも決まってしまう.

図9.2に流れの Re 依存性の一例(概念図)を示す.

方程式(9.5), (9.6)は Re という無次元のパラメターだけを含んでおり, 長さ, 速度, 時間, 圧力, 密度, 粘性率などの個々の値には関係しない. 境界条件を与えるべき境界面は, もとの物体を L で割った大きさになっている. このことから,

「物体の幾何学的な形が相似で流れに対して置かれている向きが等しく, Re が等しい流れは流体力学的に相似である」

という結論が導かれる. これを**レイノルズの相似則** (Reynolds' similarity law) という. われわれが, 実験室での小さなモデルを用いて, 実際の車, 電車, 船, 飛行機, あるいは都市や地球の環境問題などを考えることが可能になるのはこの法則のおかげである. ただし, 大規模な流れを考えるときは, 分子粘性率 μ ではなく実効粘性率の式(7.12)を用いる. 図9.3にレイノルズの相似則の例を示す.

流体の運動は基礎方程式系を適当な境界条件の下で解けば求められることに

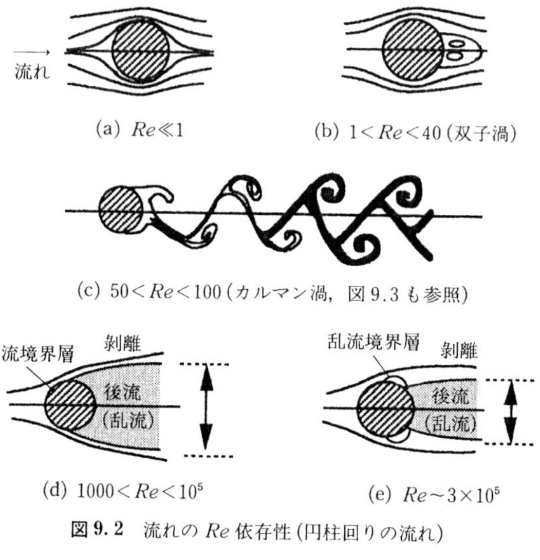

図9.2　流れの Re 依存性(円柱回りの流れ)

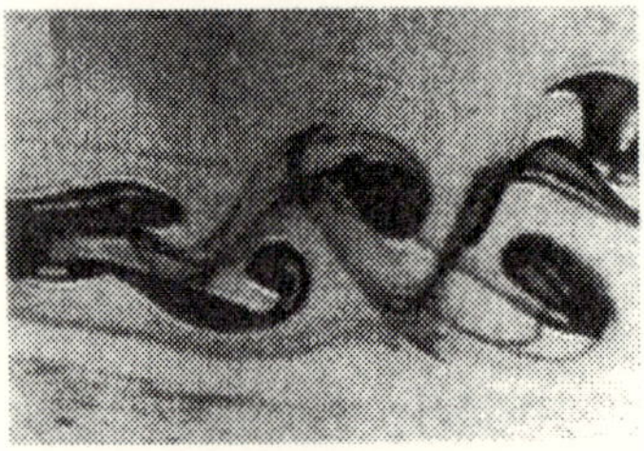
(a) 実験室での渦

(b) 大気の渦（気象庁提供）

図 9.3　レイノルズの相似則の例

なっているが，実は方程式の非線形性のために，解析的に扱える場合は限られている．そこで，次に $Re \ll 1$ および $Re \gg 1$ という特別な場合を考察しよう．

9.2　低レイノルズ数の流れ

9.2.1　ストークス近似

非圧縮粘性流体の運動を支配する方程式は，連続の式 (9.1) と非圧縮のナヴィエ-ストークス方程式 (9.2) または (9.3) であることはすでに述べた．後者を無次元化した式 (9.6) は，慣性項と粘性項の比がレイノルズ数 Re であることを示している．したがって，もし $Re \ll 1$ であれば慣性項は粘性項に対して無視することが許される．この条件のもとでは式 (9.3) は

$$-\nabla p + \mu \Delta \boldsymbol{v} = \boldsymbol{0} \tag{9.7}$$

と線形化される（p^* の＊印は省略）．これを**ストークス近似**という．

式 (9.7) の発散 (divergence, div) をとり，式 (9.1) を使うと，

$$\Delta p = 0 \tag{9.8}$$

これはラプラス方程式であり，その解は調和関数で表される．

9.2.2　定常ストークス方程式の解

偏微分方程式の解法に従って，定常ストークス方程式の解を非同次の特解 $(\boldsymbol{v}_1, p_1)$ と同次の一般解 $(\boldsymbol{v}_2, p_2)$ に分解して考えてみよう．すなわち，$\boldsymbol{v} = \boldsymbol{v}_1 + \boldsymbol{v}_2$，$p = p_1 + p_2$ で，これらはそれぞれ方程式系

$$\mu \Delta \boldsymbol{v}_1 = \nabla p_1, \qquad \mathrm{div}\ \boldsymbol{v}_1 = 0 \tag{9.9 a, b}$$

$$\mu \Delta \boldsymbol{v}_2 = \boldsymbol{0}, \qquad \mathrm{div}\ \boldsymbol{v}_2 = 0 \tag{9.10 a, b}$$

を満たす（$p_2 = 0$ としてよい）

方程式系(9.9 a, b)を解くに当たり，次のような調和関数の性質を利用する．

（i）$\Delta f=0$ の球対称な解は $f=c_1/r+c_0$ (c_0, c_1 は任意定数)であり(演習問題 9.2)，これを x, y, z で任意の回数微分したもの

$$f=c_0+\frac{c_1}{r}+a_i\frac{\partial}{\partial x_i}\left(\frac{1}{r}\right)+a_{ij}\frac{\partial^2}{\partial x_i\partial x_j}\left(\frac{1}{r}\right)+\cdots \tag{9.11}$$

も調和関数になっている．ただし $a_i, a_{ij}, \cdots$ は任意定数であり，$(x_1, x_2, x_3)=(x, y, z)$ と表した．

（ii）また，$\partial r/\partial x=x/r$，$\partial^2 r/\partial x^2=1/r-x^2/r^3$ などから，

$$\Delta r=\frac{2}{r} \tag{9.12}$$

が成り立つ．

これらの性質に着目して，方程式系(9.9)の解を求めよう．まず，圧力 p_1 は調和関数であるから，式(9.11)のような形に書けるはずであるが，そのうち第1項の定数は圧力勾配に寄与しないので無視してよいし，第2項の $1/r$ に比例した部分は球対称な圧力分布であるから，物体を過ぎる流れのように，流体の湧き出しがない流れの場にはふさわしくない．しかし，第3項は x_i 方向の圧力の異方性をもった場を表すので，この方向を x 軸として

$$p_1=\frac{\partial}{\partial x}\left(\frac{1}{r}\right)=-\frac{x}{r^3} \tag{9.13}$$

とおいてみる．次に，これを式(9.9 a)に代入すると

$$\underset{\sim\sim}{\mu}\Delta\underset{\sim\sim}{\boldsymbol{v}_1}=\nabla p_1=\nabla\left[\frac{\partial}{\partial x}\underline{\left(\frac{1}{r}\right)}\right]=\nabla\left[\frac{\partial}{\partial x}\underline{\left(\frac{\Delta r}{2}\right)}\right]=\Delta\underset{\sim\sim\sim\sim\sim\sim}{\left\{\nabla\left[\frac{\partial}{\partial x}\left(\frac{r}{2}\right)\right]\right\}}$$

となるから，両辺の $\sim\sim$ 部分を比較し

$$\therefore\quad \mu\boldsymbol{v}_1=\nabla\left[\frac{\partial}{\partial x}\left(\frac{r}{2}\right)\right]+\mu\boldsymbol{v}_0 \tag{9.14}$$

を得る．ここで $\boldsymbol{v}_0$ は $\Delta\boldsymbol{v}_0=\boldsymbol{0}$ の解であり，式(9.14)が式(9.9 b)を満たすように決める(演習問題 9.3)．これより

$$\mu\boldsymbol{v}_0=(-1/r, 0, 0) \tag{9.15}$$

以上で $\boldsymbol{v}_1$ が求められた．これらを成分に分けて表現すると

$$u_1=-\frac{1}{2\mu}\left(\frac{1}{r}+\frac{x^2}{r^3}\right),\quad v_1=-\frac{1}{2\mu}\frac{xy}{r^3},\quad w_1=-\frac{1}{2\mu}\frac{xz}{r^3} \tag{9.16}$$

となる．解(9.13)，(9.16)は**ストークスレット** (Stokeslet) と呼ばれる基本解である．圧力の異方性を x_i 方向に選んだときは，v_i 成分が式(9.16)の u_1 の

ような形になる．また，同次方程式 (9.10 a, b) の解は，容易に確かめられるように

$$\boldsymbol{v}_2 = \mathrm{grad}\,\Phi, \quad \text{ただし} \quad \Delta\Phi = 0 \tag{9.17}$$

によって与えられる．

9.2.3 ストークスの抵抗法則

無限遠で一様な流れ U が半径 a の微小球に当たるときに，球に働く抵抗をストークス近似で求めてみよう．球の半径程度のスケール内では重力などの外力は一定と考えてよい．境界条件は，

$$r \to \infty \text{ で} \quad \boldsymbol{v} \to U\boldsymbol{e}_x, \quad p \to p_\infty \tag{9.18 a}$$

$$r = a \text{ で} \quad \boldsymbol{v} = \boldsymbol{0} \tag{9.18 b}$$

さて，解を式 (9.13)，(9.16)，(9.17) の重ね合わせで表現すると

$$\boldsymbol{v} = U\boldsymbol{e}_x + A\boldsymbol{v}_1 + \mathrm{grad}\,\Phi, \qquad p = p_\infty + Ap_1 \tag{9.19}$$

となる．無限遠での境界条件を満たすためには，$r \to \infty$ で $\mathrm{grad}\,\Phi \to \boldsymbol{0}$ が必要であるから

$$\Phi = \frac{a_0}{r} + a_i \frac{\partial}{\partial x_i}\left(\frac{1}{r}\right) + a_{ij}\frac{\partial^2}{\partial x_i \partial x_j}\left(\frac{1}{r}\right) + \cdots \tag{9.20}$$

の形の解が妥当である．これと式 (9.16) を式 (9.19) に代入し，$r = a$ で $\boldsymbol{v} = \boldsymbol{0}$ という境界条件を課すと

$$A = \frac{3}{2}\mu a U, \qquad a_1 = \frac{1}{4}a^3 U, \qquad \text{その他の係数} = 0$$

となる．したがって，球のまわりの流れは

$$u = U\left[1 - \frac{a}{4r}\left(3 + \frac{a^2}{r^2}\right) - \frac{3ax^2}{4r^3}\left(1 - \frac{a^2}{r^2}\right)\right], \qquad v = U\left[-\frac{3axy}{4r^3}\left(1 - \frac{a^2}{r^2}\right)\right] \tag{9.21 a, b}$$

$$w = U\left[-\frac{3axz}{4r^3}\left(1 - \frac{a^2}{r^2}\right)\right], \qquad p = p_\infty - \frac{3\mu a U x}{2r^3} \tag{9.21 c, d}$$

と表される．球のまわりの流れの流線を図 9.4 に示す．もちろん流れは x 軸のまわりに軸対称的で，しかも前後にも対称である．

次に，球に働く抵抗を計算しよう．対称性から明らかに球に働く力 F は x 方向だけである．また，球面上のどの微小面 $\mathrm{d}S$ も r 方向を法線方向としているから (図 9.5 参照)，この微小面 $\mathrm{d}S$ に働く力の x 成分は $(p_{xr})_{r=a}\mathrm{d}S$ であり，これを球面上で積分すれば

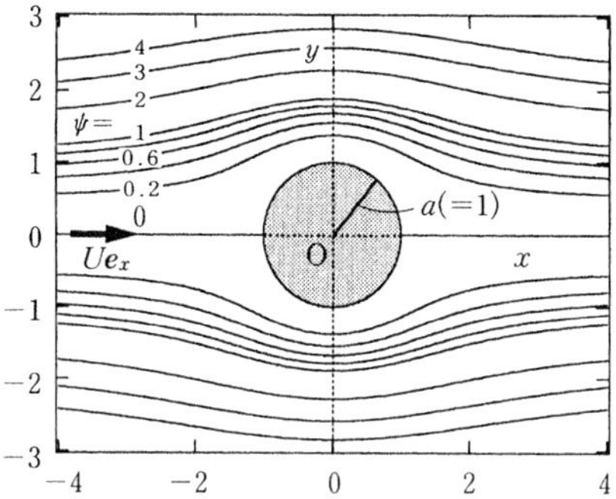

図 9.4 球を過ぎる一様流(ストークス流)

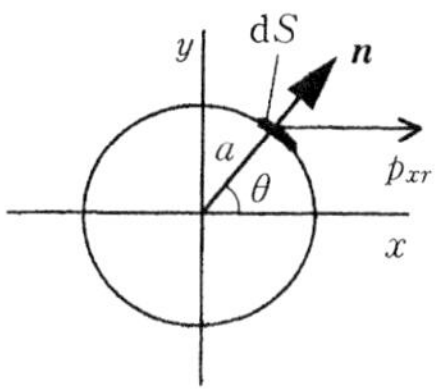

図 9.5 球に働く力

$$F=\iint(p_{xr})_{r=a}\mathrm{d}S=6\pi a\mu U \tag{9.22}$$

を得る(演習問題 9.4). 式(9.22)は**ストークスの抵抗法則**と呼ばれ(Stokes, 1851 年), 微小球の遅い運動に対する抵抗法則として基本的な重要性をもっている.

9.3 高レイノルズ数の流れ

9.3.1 境界層近似

速い流れが静止した物体を過ぎると, 境界に隣接して速度勾配の大きな領域が形成される. これを**境界層**という. これは, 物体から十分離れた領域ではもとの流れはほとんど変わらないが, 物体表面では粘性により速度が 0 になるためである. 境界層の厚さ δ は壁面での粘性による減速効果が拡散していく距離に対応し, $\delta\sim\sqrt{\nu t}\sim\sqrt{\nu L/U}$ 程度である. 簡単のために 2 次元流を考え, 物体の先端を原点, 境界壁に沿って x 軸, これに垂直に y 軸をとる(図 9.6 参照).

境界層の中では, 壁に沿う速度成分や壁に垂直な方向の速度勾配が圧倒的に大きい. このことを考慮して, 基礎方程式の近似を考えてみよう. まず, 2 次元の速度場 (u, v) について連続の方程式は

$$\frac{\partial u}{\partial x}+\frac{\partial v}{\partial y}=0 \tag{9.23}$$

である. ここで, $x=O(L)$, $y=O(\delta)$, $u=O(U)$ として, 式(9.23)の各項の

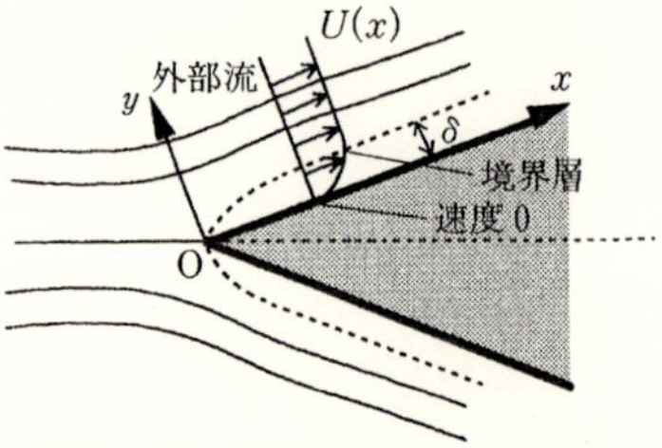

図 9.6　境界層

大きさを評価すると

$$\frac{U}{L}+\frac{v}{\delta}\sim 0 \quad\rightarrow\quad v\sim\frac{U\delta}{L}=UO(\varepsilon),\qquad \text{ただし}\quad \varepsilon=\frac{\delta}{L}\ll 1$$

となる．すなわち，y/x や v/u は ε 程度の大きさになっている．次にナヴィエ-ストークス方程式を見てみよう．それには，無次元化した方程式 (9.6) において，x, y 方向の異方性に着目するのが便利である．したがって

$$\frac{\partial u'}{\partial t'}+u'\frac{\partial u'}{\partial x'}+v'\frac{\partial u'}{\partial y'}=-\frac{\partial p'}{\partial x'}+\frac{1}{Re}\left(\frac{\partial^2 u'}{\partial x'^2}+\frac{\partial^2 u'}{\partial y'^2}\right) \tag{9.24 a}$$

$$\frac{\partial v'}{\partial t'}+u'\frac{\partial v'}{\partial x'}+v'\frac{\partial v'}{\partial y'}=-\frac{\partial p'}{\partial y'}+\frac{1}{Re}\left(\frac{\partial^2 v'}{\partial x'^2}+\frac{\partial^2 v'}{\partial y'^2}\right) \tag{9.24 b}$$

をもとに考えてみよう．ただし，この無次元化では x, y 方向の変化量が同等であると考えて，$(x', y')=(x, y)/L$, $(u', v')=(u, v)/U$, …などと定義していた．われわれの問題では，さらに y' や v' が ε 程度の大きさであり，

$$Re=\frac{UL}{\nu}=\frac{U}{\nu L}L^2\sim\left(\frac{L}{\delta}\right)^2=\frac{1}{\varepsilon^2}$$

であることに着目する．まず式 (9.24 a) の各項の大きさは

$$\begin{array}{ccccc}\dfrac{\partial u'}{\partial t'}+u'\dfrac{\partial u'}{\partial x'}+v'\dfrac{\partial u'}{\partial y'}=-\dfrac{\partial p'}{\partial x'}+\dfrac{1}{Re}\left(\dfrac{\partial^2 u'}{\partial x'^2}+\dfrac{\partial^2 u'}{\partial y'^2}\right)\\ 1 \qquad 1\times 1 \qquad \varepsilon\times(1/\varepsilon) \qquad ? \qquad \varepsilon^2\times(1, (1/\varepsilon^2))\end{array}$$

となっており，右辺第 2 項の $\partial^2 u'/\partial x'^2$ が無視できることがわかる．ただし，ここでは極端に急激な加速のある流れは除外し，時間微分は $O(1)$ 程度であると仮定した．また，各項の釣り合いから p' は高々 $O(1)$ と考えてよい．これらの考察から，式 (9.24 a) の近似式は次元のある方程式で表して

$$\frac{\partial u}{\partial t}+u\frac{\partial u}{\partial x}+v\frac{\partial u}{\partial y}=-\frac{1}{\rho}\frac{\partial p}{\partial x}+\nu\frac{\partial^2 u}{\partial y^2} \tag{9.25 a}$$

となる．同様に，式 (9.24 b) の各項の大きさは

$$\frac{\partial v'}{\partial t'}+u'\frac{\partial v'}{\partial x'}+v'\frac{\partial v'}{\partial y'}=-\frac{\partial p'}{\partial y'}+\frac{1}{Re}\left(\frac{\partial^2 v'}{\partial x'^2}+\frac{\partial^2 v'}{\partial y'^2}\right)$$

$$\varepsilon \qquad 1\times\varepsilon \qquad \varepsilon\times 1 \qquad ? \qquad \varepsilon^2\times(\varepsilon,(1/\varepsilon))$$

となる．ここで $p'=O(1)$ あるいは $O(\varepsilon)$ と仮定すれば，右辺の圧力項だけが生き残り，

$$\frac{\partial p}{\partial y}=0 \tag{9.26}$$

となる（ただし，もとの変数で表した）．式(9.26)は圧力が境界層の厚さにわたって一定であることを意味している．また，$p'=O(\varepsilon^2)$ と仮定すれば p' はそれ以外の項と同程度の大きさになるが，圧力変化そのものが微小量になっているので，やはり境界層の厚さにわたって一定とみなしてよい．逆に，外部流の圧力分布 $P(x, y, t)$ が与えられれば，それと境界層との接点での圧力 $P(x, \delta, t)$ は境界層の内部の圧力 $p(x, t)$ に等しい．

圧力を知るには境界層の外側の流れを解く必要がある．この領域では粘性の影響は小さく，また流れは境界壁にほぼ平行な一様流である．したがって

$$\frac{\partial U}{\partial t}+U\frac{\partial U}{\partial x}=-\frac{1}{\rho}\frac{\partial p}{\partial x} \tag{9.27}$$

が成り立つ．物体の形が与えられたときに，これを非粘性境界条件の下で解けばよい．とくに定常流の場合には U も p も x だけの関数となるので，式(9.27)から

$$U\frac{\mathrm{d}U}{\mathrm{d}x}=-\frac{1}{\rho}\frac{\mathrm{d}p}{\mathrm{d}x}, \quad \text{すなわち} \quad p+\frac{1}{2}\rho U^2=\text{一定} \tag{9.28 a, b}$$

を得る．式(9.28 b)は次章で述べるベルヌーイの式と同じである．

以上より，境界層の中では次の方程式（式(9.23)，(9.25 a)を参照）

$$\frac{\partial u}{\partial x}+\frac{\partial v}{\partial y}=0$$

$$\frac{\partial u}{\partial t}+u\frac{\partial u}{\partial x}+v\frac{\partial u}{\partial y}-\nu\frac{\partial^2 u}{\partial y^2}=-\frac{1}{\rho}\frac{\partial p}{\partial x}\left(=\frac{\partial U}{\partial t}+U\frac{\partial U}{\partial x}\right)$$

を境界条件：

$$y=0 \text{ で } u=v=0, \qquad y=\infty \text{ で } u=U(x, t) \tag{9.29}$$

の下で解けばよいことになる．この近似方程式系をプラントルの**境界層方程式**と呼ぶ(Prandtl, 1904年)．ここではナヴィエ-ストークス方程式の非線形項は残したが，境界壁に垂直な速度成分についての運動方程式を省くという近似がなされている．すなわち，境界層方程式を解くにあたって，物体表面上での境

界条件に加えて圧力場および外側境界条件が既知となっており，初めに3つあった従属変数(u, v, p)と方程式の数が1つ減って，(u, v)に対する2つの連立微分方程式系になったことが著しい単純化になっている．

9.3.2　半無限平板を過ぎる境界層流れ

半無限平板を過ぎる定常流を境界層方程式に基づいて求めてみよう．図9.7のように，平板の先端を原点とし，これに沿ってx軸，垂直にy軸を選ぶ．まず，外部流は板に平行な一様流$u=U_\infty$であるから，$\mathrm{d}p/\mathrm{d}x=0$である．したがって，境界層方程式は

$$\frac{\partial u}{\partial x}+\frac{\partial v}{\partial y}=0 \tag{9.30}$$

$$u\frac{\partial u}{\partial x}+v\frac{\partial u}{\partial y}=\nu\frac{\partial^2 u}{\partial y^2} \tag{9.31}$$

境界条件は

$$y=0 \text{ で } u=v=0, \qquad y=\infty \text{ で } u=U_\infty \tag{9.32}$$

となる．

この問題には長さのスケールがないので，相似解を求めてみよう．すなわち，無次元の速度u/U_∞やv/U_∞が無次元変数

$$\eta=\frac{y}{\delta}=y\sqrt{\frac{U_\infty}{\nu x}}, \qquad \text{ただし } \delta=\sqrt{\frac{\nu x}{U_\infty}} \tag{9.33}$$

の関数であるという要求を課すのである．また連続の方程式(9.30)を考慮して

$$\frac{u}{U_\infty}=f'(\eta), \qquad \frac{v}{U_\infty}=\frac{1}{2}\sqrt{\frac{\nu}{U_\infty x}}(\eta f'-f) \tag{9.34 a, b}$$

とおく．uを表すのに任意関数fではなくその微分f'を用いたのは，vの表現を簡単にするためである．これらを式(9.31)に代入して整理すると

$$2f'''+ff''=0 \tag{9.35}$$

を得る．また，境界条件は

$$\eta=0 \text{ で } f=f'=0, \qquad \eta=\infty \text{ で } f'=1 \tag{9.36 a, b}$$

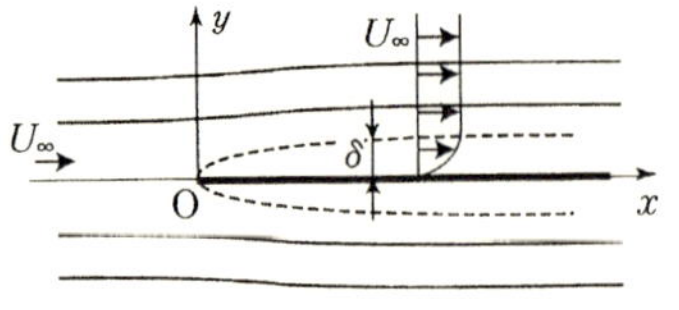

図 9.7　半無限平板を過ぎる境界層流れ

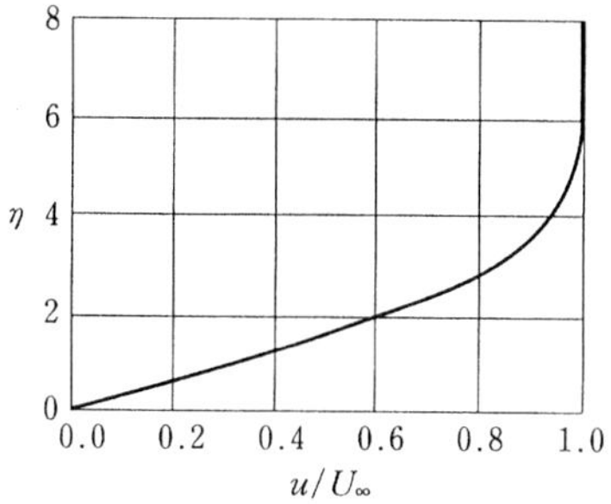

図 9.8 半無限平板を過ぎる境界層流れの数値解

である．方程式(9.35)はブラジウス(Blasius)により導かれた(1908年)．これは3階の常微分方程式であるが，非線形なので解析解は求められない．数値解を図9.8に示す．$\eta \sim 5$ 程度で流れは外部一様流の99% 以上に達している．

物体に働く力には境界層の存在が大きく影響する．これが境界付近の流れを正確に調べる理由であった．さて，上の計算から，壁面上での接線応力 τ_0 は

$$\tau_0(x) = \mu\left(\frac{\partial u}{\partial y}\right)_{y=0} = \mu\left(\frac{du}{d\eta}\frac{\partial \eta}{\partial y}\right)_{\eta=0} = \sqrt{\frac{\mu\rho U_\infty{}^3}{x}}f''(0) \tag{9.37}$$

と表される．ここで，数値計算により $f''(0)=0.332$ である．一様流の中に長さ L，幅 W の平板が平行に置かれている場合に板に働く抵抗 D は，この接線応力を積分すればよい．板には裏表の2つの面があることを考慮すると

$$D = W\int_0^L \tau_0(x)\mathrm{d}x \times 2 = 2f''(0)\,W\sqrt{\mu\rho U_\infty{}^3}\int_0^L \frac{\mathrm{d}x}{\sqrt{x}} = 1.328\,W\sqrt{\mu\rho L U_\infty{}^3} \tag{9.38}$$

を得る．抵抗が速度の3/2乗に比例することは注目に値する(ストークスの抵抗法則では速度の1乗に比例していた)．また，板の長さのルートに比例していることも特徴の1つである．したがって，例えば板の長さが4倍になったときに抵抗は2倍になる．これは板の先端付近で速度勾配の強い部分からの寄与が大きいからである．

ここで見てきた境界層の理論は，レイノルズ数が $10^5 \sim 10^6$ 程度の層流領域で実験とよく一致している．しかし，それ以上の高いレイノルズ数流れになると，流れが乱流状態になるので，また新たな取り扱いをしなければならなくなる．

9.4　物体に働く抵抗

低レイノルズ数領域($Re \ll 1$)で球に働く抵抗は**ストークスの抵抗法則** $F=6\pi\mu aU$ で与えられる(式(9.22))．定性的な結果に限るならば，これは次元解析によってもわかる．すなわち，粘性率 μ の流体中を代表的な大きさ a の物体が速さ U で動いたとすると，力の次元 MLT^{-2} を作るためには μUL の組み合わせしか許されない(大きさ a は長さ L の次元，速さ U は LT^{-1} の次元，粘性率 μ は $ML^{-1}T^{-1}$ の次元であることから)．すなわち，$F \propto \mu UL$．これを $F=k\mu U$ (k は定数)と表すと，半径 a の球に対しては $k=6\pi a$，その他の物体に対してはそれぞれ固有の値をとる．

逆に，高レイノルズ数の流れになると，粘性よりも慣性の影響が大きくなってくる．ふたたび次元解析で考え，流体の密度を ρ として力の次元をもつ組み合わせを作ると $F \propto \rho U^2L^2$，すなわち，抵抗は速度の2乗に比例する．この結果は**ニュートンの抵抗法則**と呼ばれる．

静止流体中において物体を速度 U で動かすときには，単位時間当たり $W=FU$ の仕事をしなければならない．逆に，無限遠での流速 U の流れが物体を過ぎると，W だけのエネルギーが物体に与えられ，流れ場は W だけエネルギーを失う．そこで，物体が存在するときとしないときのエネルギーの流れの比

$$\frac{FU}{(1/2)\rho U^2 US}=\frac{F}{(1/2)\rho U^2 S}=C_D$$

を定義し，**抵抗係数**(drag coefficient)とよぶ．ここで S は流れの方向に見たときの物体の断面積である．図9.9に円柱に対する C_D の Re 依存性の例を示

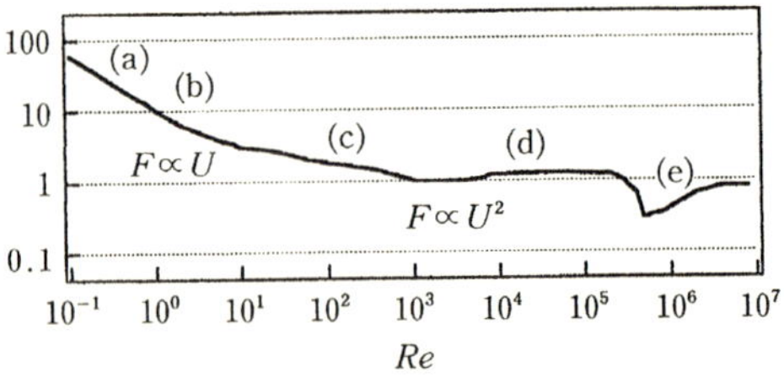

図9.9　円柱に対する C_D の Re 依存性
図の(a)〜(e)は図9.2の流れに対応する．

す．

球に対する C_D の Re 依存性もこれに類似したものであり，$Re \ll 1$ の領域ではストークスの抵抗法則が成り立つ．したがって

$$C_D = \frac{6\pi\mu a U}{(1/2)\rho U^2 \pi a^2} = \frac{12\mu}{\rho U a} = \frac{24}{Re}, \qquad Re = \frac{\rho U(2a)}{\mu}$$

で表される関係（図 9.9 (a) に対応）がみられる．また，$Re = 10^2 \sim 10^5$ においては図 9.9 (d) の円柱の場合と同様に C_D はほぼ一定であり，ニュートンの抵抗法則が成り立つ．

球の場合にはレイノルズ数が $Re^* = 3 \times 10^5$ 付近に C_D が急激に落ち込む領域がある．この現象は球の後方にできる乱流領域の大きさの変化による．(i) Re^* より小さいときには，球の前面に沿って発達した層流の境界層が，球の前端から測って約 80° のところで球面から剝離し，後方に大きな乱流領域を形成するが，(ii) Re^* を超えたあたりで，前方側の境界層の中が乱流になり，剝離点が後方に（前端から 120° 付近へ）移動する．その結果，後方の乱流領域はかえって狭くなり，抵抗は減少する（図 9.2 (e) も参照）．$Re \sim 3 \times 10^5$ は，野球の投球やバレーボールのサーブなどで変化球を生む領域である．

一般に，抵抗の大きさは物体後方にできる乱流領域の大きさにほぼ比例する．流れに沿った細長い物体では，後方にできる乱流領域が非常に狭く抑えられている（これを**流線形物体**，streamlined body という）ので，球のような**にぶい物体** (bluff body) に比べて抵抗の大きさははるかに小さくなっている．ところで，Re が Re^* の値に達していない場合でも，物体表面上に凹凸をつけることによって流れをわずかに乱し，Re^* を超えた場合の流れと類似のものにすればやはり抵抗係数を減少させることができる．ゴルフボールのディンプルはこれを積極的に利用して飛距離の増加を図り，また最近話題になってきた鮫肌水着やスキーのジャンプウェアも流れをコントロールして抵抗減少を狙ったものである．

演 習 問 題

9.1 次の運動に伴うレイノルズ数を計算せよ．

(1) 人の歩行，(2) 100 m ダッシュ（短距離走），(3) 100 m 自由型（競泳），(4) 野球の変化球，(5) バレーボールの変化球，(6) イルカの泳ぎ，(7) ジャンボジェット機の

飛行.

9.2　球対称な調和関数を求めよ.

9.3　式(9.14)が連続の式を満たすように $\Delta \boldsymbol{v}_0=\mathbf{0}$ の解 $\boldsymbol{v}_0$ を決めよ.

9.4　ストークスの抵抗法則の式(9.22)を導け.

9.5　式(9.34 b)を導け.

10

ベルヌーイの定理とその応用

われわれが通常目にする多くの流れはレイノルズ数の高い流れである．これは粘性の影響が非常に小さい場合とも考えられるので，その極限として粘性率を0にしたものは1つの理想化された典型として意味をもつ．そこでこの章では，第8章の基礎方程式で粘性率を0とおいたもの（これをオイラー方程式と呼ぶ）を扱う．これをさらに積分したものはエネルギー保存則を表しており，ベルヌーイの定理として知られている．また，角運動量保存則に対応するラグランジュの渦定理についても触れる．これらを用いると，実用上重要ないくつもの流体運動が理解できる．

キーワード　非粘性流体，オイラー方程式，ベルヌーイの定理，ラグランジュの渦定理

10.1　オイラー方程式

前章までの結果を利用すると，非圧縮・非粘性流体の運動を支配する基礎方程式系は，連続の方程式

$$\mathrm{div}\ \boldsymbol{v}=0 \tag{10.1}$$

および，

$$\rho\frac{D\boldsymbol{v}}{Dt}=\rho\boldsymbol{K}-\nabla p, \quad \text{すなわち} \quad \frac{\partial\boldsymbol{v}}{\partial t}+(\boldsymbol{v}\cdot\nabla)\boldsymbol{v}=\boldsymbol{K}-\frac{1}{\rho}\nabla p \tag{10.2}$$

となる．式(10.1)，(10.2)はそれぞれ質量保存則，運動量保存則を表すもので，とくに後者は**オイラー方程式**(Euler's equation of motion)と呼ばれている．

10.2　ベルヌーイの定理

次に，オイラー方程式(10.2)の左辺の非線形項を次のように書き換える（付録A [2] を参照）．

$$(\boldsymbol{v}\cdot\nabla)\boldsymbol{v}=\nabla\left(\frac{1}{2}v^2\right)-\boldsymbol{v}\times(\nabla\times\boldsymbol{v})$$

これによって，式(10.2)は

$$\frac{\partial\boldsymbol{v}}{\partial t}=\boldsymbol{K}-\nabla\left(\frac{1}{\rho}p+\frac{1}{2}v^2\right)+\boldsymbol{v}\times(\nabla\times\boldsymbol{v}) \tag{10.3}$$

となる．ここで，簡単のために $\rho=$一定と仮定した．

10.2.1　静止流体

式(10.3)において，最も簡単な場合である静止流体 $\boldsymbol{v}=\boldsymbol{0}$ を考えてみよう．このとき式(10.3)は

$$\boldsymbol{K}=\nabla\left(\frac{1}{\rho}p\right)$$

となる．これは，外力が保存力でなければならないことを示している．そこで外力のポテンシャルを Ω，すなわち $\boldsymbol{K}=-\nabla\Omega$ とすると

$$\nabla\left(\frac{p}{\rho}+\Omega\right)=\boldsymbol{0}$$

この式は，空間のあらゆる方向に対して勾配がないことを意味する（仮定により時間的な変化もない）ので

$$\frac{p}{\rho}+\Omega=\text{一定} \tag{10.4}$$

でなければならない．鉛直方向（z 方向）に一様な重力場であれば，$\Omega=gz$（ただし，g は重力加速度）であるから，式(10.4)は

$$p+\rho gz=p_\infty=\text{一定}$$

と表せる．容器に入れた水の表面には大気圧 p_∞ が働き，水面は等圧面 $p=p_\infty$ になっている．したがって水面は重力の等ポテンシャル面（水平面）でもある．地球では重力の等しい高さをつないでできる面をジオイドと呼ぶ．地球構成物質の不均一分布により多少の凹凸はあるものの，ジオイドはほぼ球形と考えてよい．なお，$z=-h$ とおいたものが式(7.3)である．

10.2.2　渦なし流れ

渦度のない流れは**渦なし流れ**（irrotational flow）と呼ばれる．この場合には渦度 $\boldsymbol{\omega}\equiv\nabla\times\boldsymbol{v}$ が $\boldsymbol{0}$ であるから，速度はポテンシャル Φ を用いて $\boldsymbol{v}=\nabla\Phi$ と書ける．これらを考慮すると，式(10.3)は

$$\boldsymbol{K}=\nabla\left(\frac{\partial\Phi}{\partial t}+\frac{1}{\rho}p+\frac{1}{2}v^2\right)$$

となる．これが成り立つためには外力は保存力でなければならない．そこで外

力のポテンシャルを Ω とすると，$\boldsymbol{K}=-\nabla\Omega$ であり，

$$\nabla\left(\frac{\partial\Phi}{\partial t}+\frac{1}{\rho}p+\frac{1}{2}v^2+\Omega\right)=\mathbf{0}$$

となる．この式が空間のあらゆる方向に対して勾配がないことを示しているのは前項の場合と同じであるが，今度の場合には時間的な変化はあってもよいので

$$\frac{\partial\Phi}{\partial t}+\frac{1}{\rho}p+\frac{1}{2}v^2+\Omega=F(t),\qquad ただし\ F(t)\ は任意関数 \tag{10.5}$$

と書ける．式(10.5)は**圧力方程式** (pressure equation) または**一般化されたベルヌーイの定理** (generalized Bernoulli's theorem) と呼ばれている．この関係は，渦なし流れの領域全体で成り立つことに注意しよう．

10.2.3 保存力場内の定常流

外力のポテンシャルを $\Omega(\boldsymbol{K}=-\nabla\Omega)$ とする．また，定常流なので $\partial\boldsymbol{v}/\partial t=\mathbf{0}$．したがって式(10.3)から

$$\nabla\left(\frac{1}{\rho}p+\frac{1}{2}v^2+\Omega\right)=\boldsymbol{v}\times\boldsymbol{\omega}$$

となる．さて，$\boldsymbol{v}\times\boldsymbol{\omega}$ は $\boldsymbol{v}$ にも $\boldsymbol{\omega}$ にも垂直である．言い換えれば，$\boldsymbol{v}$ の方向や $\boldsymbol{\omega}$ の方向には成分をもたない(図10.1(a)参照)．したがって，勾配 ∇ を計算する方向として $\boldsymbol{v}$ に沿った方向，すなわち流線の方向 s を選べば

$$\frac{\partial}{\partial s}\left(\frac{1}{\rho}p+\frac{1}{2}v^2+\Omega\right)=0 \quad\rightarrow\quad \frac{1}{\rho}p+\frac{1}{2}v^2+\Omega\equiv H=一定 \qquad (流線に沿って) \tag{10.6}$$

同様に，渦度 $\boldsymbol{\omega}$ に沿った方向(これを**渦線**と呼ぶ) s' を選べば

$$\frac{\partial}{\partial s'}\left(\frac{1}{\rho}p+\frac{1}{2}v^2+\Omega\right)=0 \quad\rightarrow\quad \frac{1}{\rho}p+\frac{1}{2}v^2+\Omega\equiv H=一定 \qquad (渦線に沿って) \tag{10.7}$$

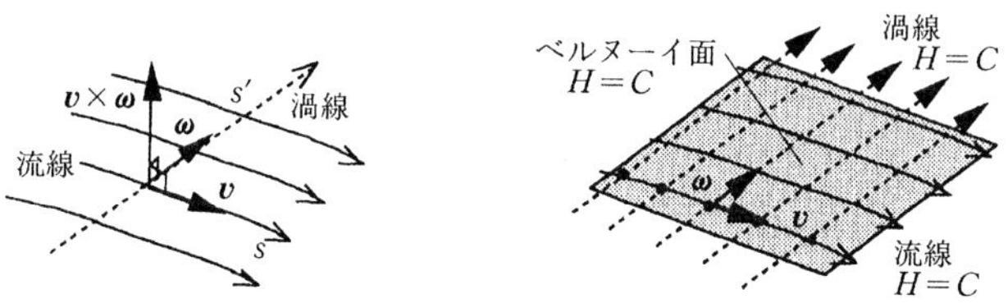

(a) ベルヌーイの定理　　(b) ベルヌーイ面

図 10.1 流線，渦線

表 10.1　ベルヌーイの定理の適用条件（いずれの場合も保存力を仮定）

	渦なし	渦あり
定　常		
非定常		

ベルヌーイの定理 (10.6)~(10.8)

一般化されたベルヌーイの定理 (10.5)

を得る．これを**ベルヌーイの定理** (Bernoulli's theorem) と呼ぶ (D. Bernoulli, 1738 年)．とくに，地表付近では重力は一様なので $\Omega = gz$ である．したがって

$$p+\frac{1}{2}\rho v^2+\rho gz = \text{一定} \qquad \text{（流線または渦線に沿って）} \tag{10.8}$$

となる．ベルヌーイの定理は，流線（や渦線）ごとに圧力や速度がどのように変化するかを述べた法則であり，異なる流線（や渦線）上の 2 点間で圧力や速度の関係を与えるものではないことに注意しよう．

注：ただし，1 つの流線に沿って

$$H \equiv \frac{1}{\rho}p+\frac{1}{2}v^2+\Omega = C \qquad \text{（一定）}$$

であれば，この流線と交わるすべての渦線に沿っても $H=C$ となるので，すべて同じ C の値をもつ 1 つの面ができる（図 10.1 (b) 参照）．この面を**ベルヌーイ面**と呼ぶ．この場合にはこの面上にある"異なる流線（や渦線）"上の 2 点間で圧力や速度を関係づけている．

なお，容易にわかるように，式 (10.8) の第 2, 3 項は質量 ρ の質点のもつ運動エネルギー，位置エネルギーと同じ形をしている．非粘性流体の運動ではさらに圧力による仕事が加わって，式 (10.8) 全体が**エネルギー保存則**を表している．式 (10.4)~(10.8) はいずれもオイラー方程式 (10.2) を一度積分したものになっており，これらを**オイラー方程式の第一積分**という．

以上述べてきた定理の適用条件を表 10.1 にまとめておく．

10.3　ベルヌーイの定理の応用

次にベルヌーイの定理の応用例をいくつか示す．

10.3.1　一般化されたベルヌーイの定理の応用

a. 渦による表面の凹み

静止状態で $z<0$ の領域を満たしていた無限に広い非圧縮非粘性流体に，鉛

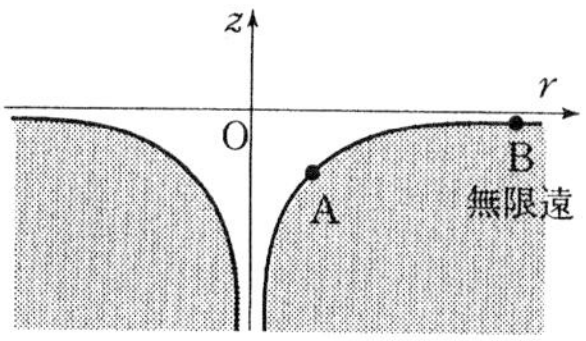

図 10.2　渦と自由表面

直軸（z 軸）を中心とした同心円状の流れ

$$v_\phi = \frac{\Gamma}{2\pi r}, \qquad v_r = v_z = 0 \tag{10.9}$$

が作られ定常状態に達したとしよう．図 10.2 はその鉛直断面で，(r, ϕ, z) は円柱座標系である．また，Γ は 11.3 節で説明する定数で，**循環** (circulation) と呼ばれるものである．このときの水面の形を求めよう．

流れは $r \neq 0$ の全領域で渦なしである（$\because\ \omega_z = (1/r)\{\partial(rv_\phi)/\partial r\} = 0,\ \omega_r = \omega_\phi = 0$）．したがって，$r > 0$ で一般化されたベルヌーイの定理が使える．また定常流であるから $\partial\Phi/\partial t = 0$, $F(t) = C$（定数）．これより，$(1/\rho)p + (1/2)v^2 + gz = C$ が領域内のすべての点に対して成立する．いま，無限遠での自由表面の高さを基準の位置 $z = 0$ に選ぶと，そこでは $v = 0$, $p = p_\infty$（大気圧）であるから，$C = p_\infty/\rho$. 中心から距離 r の位置での自由表面の高さを z とすると，ここでも圧力は大気圧に等しいから

$$\frac{1}{\rho}p_\infty + \frac{1}{2}\left(\frac{\Gamma}{2\pi r}\right)^2 + gz = \frac{1}{\rho}p_\infty$$

これより $z = -\Gamma^2/8\pi^2 g r^2$ を得る．

注：通常のベルヌーイの定理を自由表面に沿って無限遠点 B から A まで適用しても，同じ結果が得られるように思うかもしれないが，それは正しくない．この流れは z 軸を中心とした同心円状であり，B から A への経路は流線にも渦線にも一致しないからである．

b.　U 字管内の液体の振動

図 10.3 のように太さが一様な U 字管の中に液体があり，平衡位置の近くで振動しているとする．この流れは非定常であり，一般化されたベルヌーイの定理を適用しなければならない．

いま，管の左端の点を基準として管に沿って測った座標を s とし，左右の液面の位置をそれぞれ s_1, s_2 とする．液体は圧縮性がなく，管の断面は一定としているので，液柱の長さ $l = s_2 - s_1$ は一定である．また，液柱の移動する速

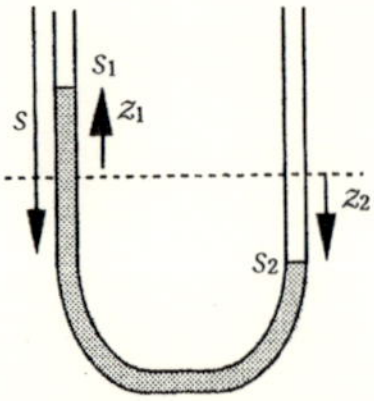

図 10.3　U 字管内の液体の振動

さ v は管のどの位置でも等しい．ただし v は断面内で一様と仮定した．さて，速度ポテンシャルを Φ とすると $v=\mathrm{d}\Phi/\mathrm{d}s$ であるから $\Phi=vs$ と表される．さらに，平衡位置を基準として鉛直上向きに z 軸をとり，これらを式(10.5)に代入すると

$$\frac{\mathrm{d}v}{\mathrm{d}t}s+\frac{1}{\rho}p+\frac{1}{2}v^2+gz=F(t)$$

となる．左側の液面での値を添字 1 によって区別すると，任意の位置での圧力は

$$p-p_1=-\rho g(z-z_1)-\rho\frac{\mathrm{d}v}{\mathrm{d}t}(s-s_1)$$

のように表される．この式を用いて右側の液面での値を評価すると

$$l\frac{\mathrm{d}v}{\mathrm{d}t}=-g(z_2-z_1)$$

ここで，$p_1=p_2=$大気圧，$l=s_2-s_1$ を考慮した．さらに $z_2=-z_1$，および $v=-\mathrm{d}z_1/\mathrm{d}t$ を用いると

$$l\frac{\mathrm{d}^2}{\mathrm{d}t^2}z_1=-2gz_1$$

を得る．これは単振動の方程式で，解は

$$z_1=A\cos(\omega t+\delta),\qquad \omega=\sqrt{\frac{2g}{l}}=\sqrt{\frac{g}{(l/2)}}$$

となる．液柱の振動周期は，糸の長さが $l/2$ の単振り子の振動の周期と等しい．

10.3.2　ベルヌーイの定理の応用

a. トリチェリの定理

図 10.4 のように，大きな容器の中に流体が満たされ，底に小さな孔があけられている．小孔から水面までの高さは h で，水面には大気圧 p_∞ が働いている．小孔から流れ出る流体の速さ v を求めよう．

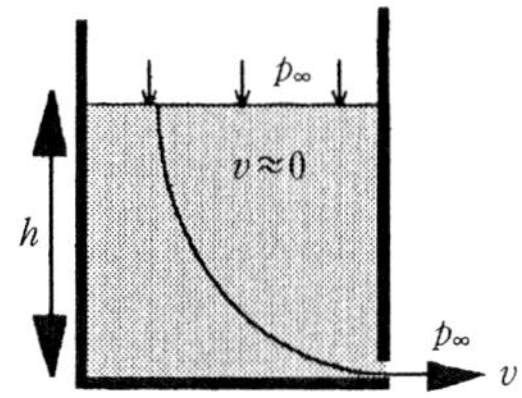

図 10.4　容器からの流出

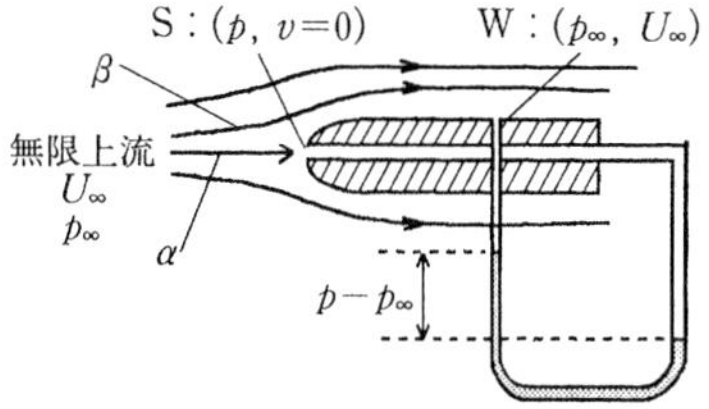

図 10.5　ピトー管

小孔は非常に小さく，また容器は十分大きいので，流体の流出はほぼ定常的に起こっていると考えられる．したがって，保存力場での定常運動という条件が成り立ち，水面から小孔にいたる流線についてベルヌーイの定理(10.8)が適用できる．水面では流速がほぼ 0，大気圧は水面でも小孔付近でも同じと考えて

$$p_\infty+\frac{1}{2}\rho 0^2+\rho gh=p_\infty+\frac{1}{2}\rho v^2+\rho g0$$

これより $v=\sqrt{2gh}$ を得る．これは**トリチェリ** (Torricelli) **の定理**と呼ばれる．

b. ピトー管

図 10.5 のように，細長い棒の先端と側壁に小さな孔があけられた装置がある．これらは細い U 字管で連結され，中に水銀を満たして両者の圧力差が読み取れるようになっている．この装置を速さ U_∞ の定常流の中に流れと平行に置くとどうなるだろうか．

この棒は細長いので，流れに沿って置いた場合にはほとんど流れを乱さない．したがって，流れは非粘性の定常流とみなすことができ，ベルヌーイの定理が使える．そこで，まず棒の先端にいたる流線 α に着目する．棒の先端 S は流速が 0，すなわちよどみ点 (stagnation point) になっている．この点での圧力を p とおくと式(10.8)より

$$p_\infty+\frac{1}{2}\rho U_\infty{}^2+\rho gh=p+\frac{1}{2}\rho 0^2+\rho gh$$

を得る．ただし，無限上流での流速を U_∞，圧力を p_∞ とした．われわれは定常な一様流を考えているので，流線 α に隣接する流線 β を考えると，ここでも流速は U_∞，圧力は p_∞ となっている．流線 β に沿っては流速も圧力も変化しないので，側壁上の点 W における値とも等しい．これらより U 字管の両端の圧力差は

$$p-p_\infty=\frac{1}{2}\rho U_\infty^2,\quad \text{したがって}\quad U_\infty=\sqrt{\frac{2(p-p_\infty)}{\rho}}$$

を得る．よどみ点Sでの圧力をよどみ圧 (stagnation pressure)，あるいは総圧 (total pressure) と呼ぶ．これに対して，p_∞ を静圧 (static pressure)，$(1/2)\rho U_\infty^2$ を動圧 (dynamic pressure) と呼ぶ．この装置は，流れの中にかざすだけで流速が簡便に得られるもので，**ピトー** (Pitot) **管**と呼ばれている．現在ではかつてほど使われてはいないが，航空機などには今でも必ず搭載されている．コンピュータや通信機器の発達した現代においても，万が一の事故に備えてのフェイルセーフということであろうか．

c．マグナス (Magnus) **効果**

ボールを投げるときに回転を与えたとしよう．簡単のために，ボールを球ではなく円柱で近似する（図10.6(a)参照)．ボールの速度を U，回転角速度を ω とする．また，ボールの運動以外には風などの流れはないとする．いま，円柱とともに動く座標系で考えたとすると，円柱には速度 U の一様流が逆向きに当たっていることになる．円柱が回転することによって，物体近傍の点Aの側では U より速く，また点Bの側では U より遅くなるので，図10.6(b)のような流れ場が作られる．(このイメージは流体の粘性を考慮して得られるものである．まったく粘性がない流れでは円柱の回転によって流れを作ることはできないから矛盾しているように思うかもしれないが，物体のごく近傍で粘性が効いた結果であり，現実の流れもこのようになっている．他方，これから少し離れた領域では，流体の粘性が効かない非粘性の取り扱いが成り立つ.)

そこで，ベルヌーイの定理を用いると，

$$p+\frac{1}{2}\rho v^2=C\qquad(\text{一定})$$

の関係が，点Aを通る流線についても，点Bを通る流線についても成り立つ．無限上流では，両者は同じ一定値 C をもつからである．さて，点Aの近

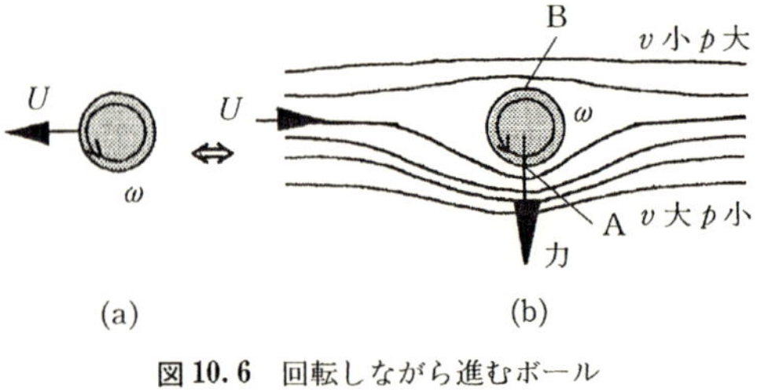

図10.6　回転しながら進むボール

傍で v が大きく，点Bの近傍で v が小さいということは，点Aの近傍で p が小さく，点Bの近傍で p が大きいことになる．このために，円柱にはBからAに向かう力が働き，カーブのような変化球が生じるのである．

10.4　流線曲率の定理

非粘性流体の定常流を考える．簡単のために外力はないとすると，基礎となるオイラー方程式(10.2)は，この場合に，

$$\boldsymbol{v}\cdot\nabla\boldsymbol{v}=-\frac{1}{\rho}\nabla p \tag{10.10}$$

となる．いま，図10.7(a)に示したような“曲がった”流れがあったとする．1つの流線に沿って測った長さを s，流線の接線方向の単位ベクトルを $\boldsymbol{t}$ とおく．流速の大きさを $|\boldsymbol{v}|=v$ と表すと

$$\boldsymbol{v}=v\boldsymbol{t},\qquad \boldsymbol{v}\cdot\nabla=v\frac{\partial}{\partial s}$$

であるから，

$$\boldsymbol{v}\cdot\nabla\boldsymbol{v}=v\frac{\partial}{\partial s}(v\boldsymbol{t})=v\frac{\partial v}{\partial s}\boldsymbol{t}+v^2\frac{\partial\boldsymbol{t}}{\partial s}=\frac{\partial}{\partial s}\left(\frac{v^2}{2}\right)\boldsymbol{t}+\frac{v^2}{R}\boldsymbol{n} \tag{10.11}$$

を得る．最右辺の変形においては微分幾何学でよく知られた結果

$$\frac{\partial\boldsymbol{t}}{\partial s}=\frac{1}{R}\boldsymbol{n}=\kappa\boldsymbol{n} \tag{10.12}$$

を使った(演習問題10.2)．ここで，R は曲率半径，κ は曲率である．

さて，式(10.11)を式(10.10)に代入すると

$$\nabla p=-\rho\left[\frac{\partial}{\partial s}\left(\frac{v^2}{2}\right)\boldsymbol{t}+\frac{v^2}{R}\boldsymbol{n}\right]$$

あるいは，これをそれぞれの方向について書いて

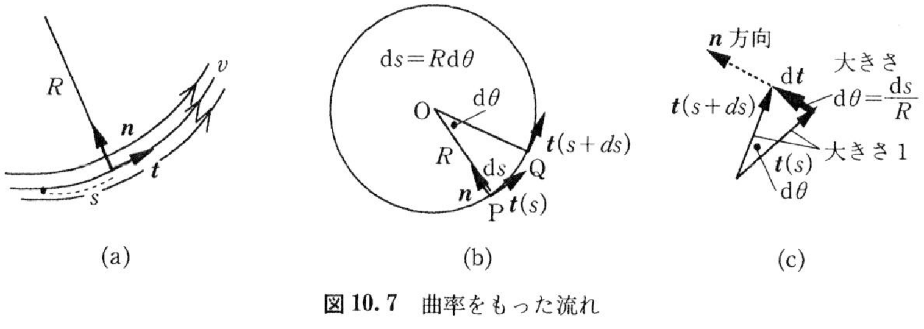

図10.7　曲率をもった流れ

$$t\ \text{方向：}\quad \frac{\partial p}{\partial s}=-\rho\frac{\partial}{\partial s}\left(\frac{v^2}{2}\right) \tag{10.13}$$

$$n\ \text{方向：}\quad \frac{\partial p}{\partial n}=-\rho\frac{v^2}{R}\quad \text{あるいは}\quad \frac{\partial p}{\partial r}=\rho\frac{v^2}{R} \tag{10.14 a, b}$$

を得る．式(10.13)を積分するとベルヌーイの定理(10.6)の“外力部分”を省略したものが得られる．これに対して，式(10.14 a, b)は流線とは垂直な方向，すなわち，“曲がった”流れの中心から外に向かう方向にプラスの圧力勾配があることを示している(円の半径方向と $\boldsymbol{n}$ が逆向きであることに注意)．その大きさは密度，曲率，および速度の2乗に比例する．これは**流線曲率の定理** (curvature theorem) と呼ばれている．

a. スプーンを回る流れ

図10.8(a)のように水道の蛇口から静かに流れ出る水にスプーンの背を触れると，スプーンにはどのような力が働くであろうか？

水道の水はスプーンに沿って曲げられ，式(10.14 b)に従って圧力勾配が生じる．すなわちPよりもQの方が圧力は高くなり，流れはPの側に曲がっている．このような圧力分布を作り出しているのはスプーンの存在であり，スプーンは反作用によって水流の方に吸い寄せられる．

注：10.3.2項b, cでは一様流中に置かれた物体を考えていたので，隣り合う平行な流線に対して $p+(1/2)\rho v^2$ が等しかった．ここでは流線が“曲がっている”ので，そのときの議論が使えないことに注意．

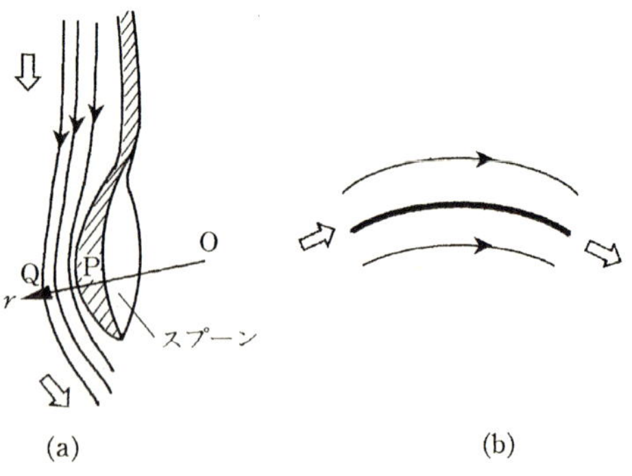

図10.8　(a) スプーンを回る流れ，(b) 円弧状の板を過ぎる流れ

b. 円弧状の板を過ぎる流れ

図 10.8 (b) のような円弧状の板に左から一様な流れが当たったとする．前の場合と同様に，“曲がった”定常流れを作り出しているのは円弧状の板であるから，板には反作用として上向きの力が働いていなければならない．一般に流れの方向に対して垂直に働く力を**揚力** (lift) と呼ぶ．飛行機が“浮く”ために必要な力もこの揚力であるが，これについてのさらに詳しい理論は第 12 章で述べる．

10.5 ラグランジュの渦定理

非粘性流体の場合のエネルギー保存則を述べたものがベルヌーイの定理であった．角運動量についてはどうだろうか．まず，式 (10.3) で保存力 ($\boldsymbol{K}=-\nabla\Omega$ とおく) を仮定すると

$$\frac{\partial \boldsymbol{v}}{\partial t}=-\nabla\left(\frac{1}{\rho}p+\Omega+\frac{1}{2}v^2\right)+\boldsymbol{v}\times\boldsymbol{\omega} \tag{10.15}$$

となる．次に両辺の rot をとり，rot grad$\cdots\equiv\boldsymbol{0}$ を考慮すると

$$\frac{\partial \boldsymbol{\omega}}{\partial t}=\nabla\times(\boldsymbol{v}\times\boldsymbol{\omega}) \tag{10.16}$$

を得る．これはまた

$$\frac{D\boldsymbol{\omega}}{Dt}=(\boldsymbol{\omega}\cdot\nabla)\boldsymbol{v}-\boldsymbol{\omega}(\nabla\cdot\boldsymbol{v}) \tag{10.17}$$

とまとめられる (演習問題 10.3)．式 (10.17) の右辺第 1 項は，渦度方向に速度が増加する (すなわち渦が引き伸ばされる) と渦度が強くなることを，また第 2 項は渦度を含む領域が膨張すると渦度が弱くなることを表している．

式 (10.17) をさらに変形すると

$$\frac{D}{Dt}\left(\frac{\boldsymbol{\omega}}{\rho}\right)=\left(\frac{\boldsymbol{\omega}}{\rho}\cdot\nabla\right)\boldsymbol{v} \tag{10.18}$$

を得るが，この式は，はじめに渦度 $\boldsymbol{\omega}$ が $\boldsymbol{0}$ であればその後も $\boldsymbol{0}$ であることを，逆に $\boldsymbol{\omega}$ が $\boldsymbol{0}$ でなければその後も $\boldsymbol{0}$ でないことを示している．このように，

「非粘性流体の保存力場における運動では，渦は発生することも消滅することもない」

これを**ラグランジュの渦定理** (Lagrange's theorem on vortex) と呼ぶ．流体運動に伴う角運動量の保存則については，その後，**循環** (circulation) を用

いて定量化されることになるが（11.3節），ここで述べたような定性的な表現であっても，その利用価値は決して少ないわけではない．

演習問題

10.1 次のおのおのの場合についてどのような力が働くか議論せよ．

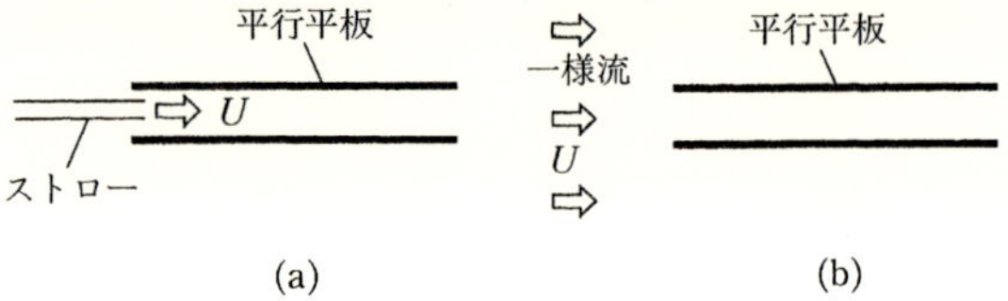

図 10.9 (a) ストローで平板間に流れを吹き込む場合，(b) 一様流中に平板を置いた場合

10.2 式 (10.12) を導け．

10.3 式 (10.17)，(10.18) を導け．

11

非圧縮非粘性流体の流れ

非粘性流体の渦なし流はポテンシャルから導かれる．また渦による流れは循環により特徴づけられる．非粘性の流れと電磁気学との間にはアナロジーが成り立ち，例えば，流体の湧き出し流れは点電荷による電場，渦糸による流れは電流による磁場と同等である．これを考慮すると，流体という“目に見える流れ”によって，“目に見えない電磁場”のイメージを得ることができる．非粘性流は，通常の流体の運動でレイノルズ数が非常に大きい場合の近似という側面をもっているが，量子流体（液体ヘリウム）の超流動や超伝導体中の量子渦糸（磁場）などでは，“非粘性”の性質が近似なしに現れる．この章は第10章と同様に，第8章で粘性を0とした場合の一般論であり，これを2次元流に制限した場合については第12章で述べる．

キーワード　渦なし流，速度ポテンシャル，湧き出し，渦度，循環

11.1　渦なし運動とポテンシャル問題

渦なしの流れでは $\boldsymbol{\omega}\equiv\mathrm{rot}\ \boldsymbol{v}=\mathbf{0}$ であるから，速度 $\boldsymbol{v}$ はあるポテンシャル関数 Φ から導かれる．これを**速度ポテンシャル** (velocity potential) と呼び，

$$\boldsymbol{v}=\mathrm{grad}\ \Phi \tag{11.1}$$

と書ける．非圧縮の流体ではさらに $\mathrm{div}\ \boldsymbol{v}=0$ であるから，式(11.1)を代入して

$$\Delta\Phi=0 \tag{11.2}$$

を得る．式(11.2)の演算には時間 t が含まれていない．したがって，流れが定常か非定常かにかかわらず，各瞬間ごとに与えられた境界条件の下で Φ を決めれば，式(11.1)から $\boldsymbol{v}$ が決まる．つまり非圧縮非粘性流体の渦なし流れは“与えられた境界条件を満たす調和関数を求めるポテンシャル問題”と同等ということになる．

物体のまわりの流れが決まると，圧力場 p は式(10.5)から

$$p=\rho\left(F(t)-\frac{\partial\Phi}{\partial t}-\frac{1}{2}v^2-\Omega\right) \tag{11.3}$$

によって定められる．ただし，Ω は外力のポテンシャルである．物体に働く力を計算するときには，この圧力を物体表面で積分すればよい．式(10.5)を圧力方程式と呼ぶのはこのためである．

なお，式(11.1)，(11.2)は線形であるから重ね合わせが可能であり，基本的な流れを用いてより複雑な流れが表現できるが，圧力場は速度に関して非線形であり，重ね合わせができないことに注意しよう．

11.2 渦なし流れの例

ラプラス方程式(11.2)を満たす簡単な調和関数とその流れを調べてみよう．

11.2.1 一　様　流

$$\Phi=Ux \qquad (U\text{ は定数}) \tag{11.4}$$

式(11.4)が式(11.2)を満たすことは容易に確かめられるであろう．速度場は

$$\boldsymbol{v}=(u,\,v,\,w)=(U,\,0,\,0) \tag{11.5}$$

である．これは x 軸に平行な**一様流**(uniform flow)である(図11.1(a)参照)．さらに一般に a, b, c を定数として $\Phi=ax+by+cz$ としたものは一様流 $\boldsymbol{v}=(a, b, c)$ である．

11.2.2 湧き出し・吸い込み

$$\Phi=-\frac{m}{r} \qquad (m\text{ は定数}) \tag{11.6}$$

ラプラス方程式の球対称な解がこの形である．実際

$$\Delta\Phi=\frac{1}{r^2}\frac{\mathrm{d}}{\mathrm{d}r}\left(r^2\frac{\mathrm{d}\Phi}{\mathrm{d}r}\right)=0$$

を解けば，式(11.6)が得られる(付録B[2]を参照)．さて，速度場は

$$v_r=\frac{\partial\Phi}{\partial r}=\frac{\partial}{\partial r}\left(-\frac{m}{r}\right)=\frac{m}{r^2}, \qquad v_\theta=v_\phi=0 \tag{11.7}$$

であるから，流れは原点から放射状に湧き出し($m>0$)，あるいは吸い込まれる($m<0$)．前者を**湧き出し流**(source flow)，後者を**吸い込み流**(sink flow)と呼ぶ．図11.1(b)を参照．湧き出しの総量 Q は原点を中心とした半径 R の球面上で流速を積分して

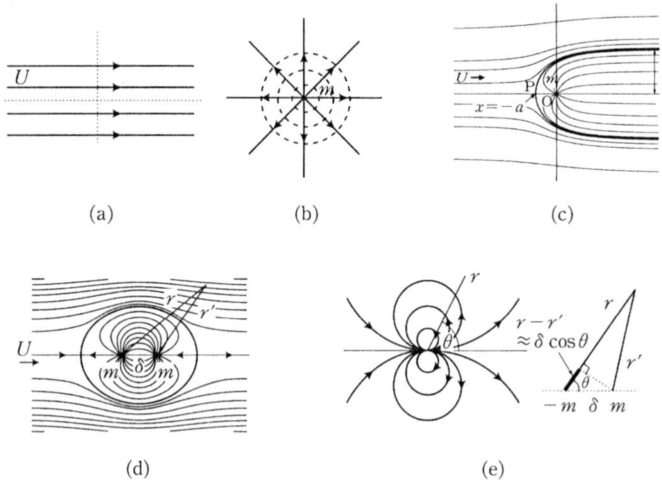

図 11.1　簡単な調和関数とその流れ

$$Q=\int_{r=R} v_r \mathrm{d}S=\int_{r=R} \frac{m}{r^2}\,\mathrm{d}S=\frac{m}{R^2}\,4\pi R^2=4\pi m \qquad (11.8)$$

と計算される．式(11.6)，(11.7)の m を Q で表すと $\Phi=-Q/4\pi r$，$v_r=Q/4\pi r^2$ となる．このポテンシャル Φ や速度場 $\boldsymbol{v}$ は電磁気学において“点電荷”の作る電位や電場(クーロンの法則)と形式的には同じであることがわかる．もちろん，比例係数は扱う対象や単位系の選び方により異なる．

11.2.3　半無限物体を過ぎる流れ

$$\Phi=Ux-\frac{m}{r}, \qquad \text{ただし } U,\ m \text{ は定数で } m>0 \qquad (11.9)$$

前述の一様流(11.2.1項)と湧き出し流(11.2.2項)を加えたものが式(11.9)である．このときの流れは図11.1(c)に示したようなものとなる．x 軸上の点Pでは湧き出しによる左向きの流れと右向きの一様流が釣り合ってよどみ点となっている．無限下流では，流れはいたるところ一様流と平行で，原点から湧き出した流体はすべて半無限の回転対称な筒の中を流れる．このように，式(11.9)の表す流れの領域は図の太い実線の内外で分けられ，流体が相互に出入りすることはない．非粘性の流体では，流体が物体表面に沿って滑ることが許されるので(8.5.1項)，湧き出しを含む側の領域をそれと同じ形の物体で置き換えても外側の流れには影響しない．したがって，この例は半無限の柱状回転体を過ぎる流れと考えてもよい．

11.2.4 ランキンの卵形

$$\Phi = Ux - \frac{m}{r} + \frac{m}{r'} \tag{11.10}$$

これは，11.2.3 項の一様流と湧き出しの系にさらに同じ強さの吸い込みを置いたもので，湧き出した流体が吸い込まれ有限な領域で閉じた流線ができる (図 11.1 (d) 参照)．この領域は卵のような形をしており，**ランキンの卵形** (Rankin's ovoid) と呼ばれている．その外部の流れは，卵形の物体を過ぎる流れと同じである．とくに，湧き出しと吸い込みの距離 δ を接近させ，同時に $m\delta$ を一定に保ちながら m を増加させていくと，ランキンの卵は球に近づく．

11.2.5 2 重湧き出し

$$\Phi = -\frac{D\cos\theta}{r^2} \tag{11.11}$$

これは，同じ強さ m の湧き出しと吸い込みを距離 δ 隔てて置き，$m\delta = D =$ 一定として $\delta \to 0$, $m \to \infty$ とするときに得られるものである．実際，図 11.1 (e) のように変数を選ぶと速度ポテンシャルは

$$-\frac{m}{r'} + \frac{m}{r} = -\frac{m(r-r')}{rr'} \quad \to \quad -\frac{m\delta\cos\theta}{r^2} = -\frac{D\cos\theta}{r^2} = \Phi$$

となる．これはまた

$$\Phi = -\frac{D\cos\theta}{r^2} = -\frac{Dx}{r^3} = D\frac{\partial}{\partial x}\left(\frac{1}{r}\right) \tag{11.12}$$

と表すこともできる．これを **2 重湧き出し** (doublet) と呼ぶ．流れの概略を図 11.1 (e) に示す．流体は x 軸の正の方向に流れ出し，負の方向から戻ってくる．もし，向きが逆ならば $-D/r$ を x で偏微分，また y 軸の正の方向の 2 重湧き出しならば D/r を y で偏微分，… という具合に計算すればよい．ふたたび，電磁気学とのアナロジーでいえば，これは電気二重極 (electric dipole) や磁気二重極 (magnetic dipole) に対応する．

11.3 渦 度 と 循 環

11.3.1 渦度のある流れ

今度は速度場が

$$\boldsymbol{v}=\left(-\frac{\Omega y}{r^2}, \frac{\Omega x}{r^2}, 0\right) \tag{11.13 a}$$

あるいは円柱座標系 (r, ϕ, z) で表して

$$(v_r, v_\phi, v_z)=\left(0, \frac{\Omega}{r}, 0\right) \tag{11.13 b}$$

で与えられる流れを考えてみよう．

この流れの流線は原点を中心とした同心円群で，Ω が正ならば反時計回りである．遠方にいくほど速度の大きさは 0 に近づく．渦度 $\boldsymbol{\omega}$ は $r=0$ では無限大であるが，$r\neq 0$ では $\mathbf{0}$，すなわち“渦なし”である．したがって，これは z 軸に沿って置かれた集中した渦度（渦線）による特異的な流れを表している．

閉曲線に沿ってその曲線に平行な速度成分を積分したもの

$$\Gamma(C)=\int_C \boldsymbol{v}\cdot \mathrm{d}\boldsymbol{s}=\int_C \mathrm{grad}\, \boldsymbol{\Phi}\cdot \mathrm{d}\boldsymbol{s}=\int_C \mathrm{d}\boldsymbol{\Phi}=[\boldsymbol{\Phi}]_C=\boldsymbol{\Phi}_+-\boldsymbol{\Phi}_- \tag{11.14}$$

を**循環**と呼ぶ．ここで $[\boldsymbol{\Phi}]_C$ は閉曲線 C 上を一周したときの終点と始点での $\boldsymbol{\Phi}$ の差を表す．式 (11.13) で与えられる流れについて循環を計算すると

$$\Gamma(C)=\int_C v_\phi \mathrm{d}s=\int_0^{2\pi} v_\phi r\, \mathrm{d}\phi=\int_0^{2\pi}\frac{\Omega}{r} r\, \mathrm{d}\phi=2\pi\Omega=\text{一定}$$

となり（$\mathrm{d}s$ は閉曲線 C に沿った線要素），渦状の流れの強さを表すのに都合がよい．そこで，今後は循環 Γ を用いることにすると，式 (11.13 b) の v_ϕ 成分は

$$v_\phi=\frac{\Gamma}{2\pi r} \tag{11.13 c}$$

となる．これが式 (10.9) で述べた流れである．

ストークスの定理（付録 A [3]）により，式 (11.14) は

$$\Gamma(C)=\int_C \boldsymbol{v}\cdot \mathrm{d}\boldsymbol{s}=\int_S \mathrm{rot}\, \boldsymbol{v}\cdot \mathrm{d}\boldsymbol{S}=\int_S \boldsymbol{\omega}\cdot \mathrm{d}\boldsymbol{S} \tag{11.15}$$

と書き換えることができる．ただし，S は閉曲線 C で囲まれた面，$\mathrm{d}\boldsymbol{S}$ はその上の面要素ベクトルである．これは循環が渦度の大きさとそれに垂直な面積の積に等しいことを意味している．他方，式 (11.13 c) は流れが Γ によって決まることを示しているので，有限な大きさの渦度が有限な面積にわたって分布していても，循環 Γ さえ等しければその外側の流れに与える影響は同じということになる．そこで，「流体中の細長い領域に沿って渦度が連なっていて固有な循環をもつ場合には，それと同じ循環をもち線状に集中した渦度分布」というものが物理的な実体を理想化した概念として意味をもつ．これを**渦糸**

(vortex filament) と呼ぶ．これは力学で質点を定義したときに，物体という大きさのある実体を，質量という固有な物理量をもつが大きさは 0 という理想化を行ったのと同様である．

11.3.2　ケルヴィンの循環定理

前項で導入した循環について保存則が成り立つ．

ある時刻において閉曲線 C に沿う循環 $\Gamma(C)$ は式 (11.14) で定義される．いま，非圧縮・非粘性の流れがあり，この閉曲線も流れに乗って移動していくとする．このときに生じる循環の変化 $D\Gamma/Dt$ を計算してみよう．

$$\frac{D\Gamma}{Dt}=\frac{D}{Dt}\int_C \boldsymbol{v}\cdot\mathrm{d}\boldsymbol{s}=\int_C\frac{D}{Dt}(\boldsymbol{v}\cdot\mathrm{d}\boldsymbol{s})=\int_C\frac{D\boldsymbol{v}}{Dt}\cdot\mathrm{d}\boldsymbol{s}+\int_C\boldsymbol{v}\cdot\frac{D}{Dt}(\mathrm{d}\boldsymbol{s})$$

ここで，第 3 辺に移るときに微分 D/Dt と積分 (これは特定の閉曲線において，その無限小部分からの寄与を加算する操作) が可換であることを，また第 4 辺への変形は，積の微分の関係 (1.10) を用いた．次に，最右辺の前半部分にはオイラー方程式 (10.2)

$$\frac{D\boldsymbol{v}}{Dt}=-\nabla\left(\frac{p}{\rho}+\Omega\right),\qquad \text{ただし } \Omega \text{ は外力のポテンシャル}$$

を代入し，また，後半部分は

$$\boldsymbol{v}\cdot\frac{D}{Dt}(\mathrm{d}\boldsymbol{s})=\boldsymbol{v}\cdot\mathrm{d}\left(\frac{D\boldsymbol{s}}{Dt}\right)=\boldsymbol{v}\cdot\mathrm{d}\boldsymbol{v}=\mathrm{d}\left(\frac{v^2}{2}\right)$$

と書き換えると (∵ $\mathrm{d}s$ の d は微小線分，D/Dt は微分で，これらは可換)

$$\frac{D\Gamma}{Dt}=-\int_C\nabla\left(\frac{p}{\rho}+\Omega\right)\cdot\mathrm{d}\boldsymbol{s}+\int_C\mathrm{d}\left(\frac{v^2}{2}\right)=\left[\frac{v^2}{2}-\left(\frac{p}{\rho}+\Omega\right)\right]_C$$

を得る．ここで，v, p/ρ, Ω はいずれも空間的に 1 価関数であるから，最右辺の値は 0 となる．したがって，

「流体とともに動く閉曲線について計算した循環は保存される」　(11.16)

という結果を得る．これを**ケルヴィンの循環定理**という．

11.3.3　ヘルムホルツの渦定理

閉曲線を通る渦線群が作る管状の領域を**渦管** (vortex tube) という．1 つの渦管の表面上に勝手な閉曲線 C を考えると，この中では面ベクトルと渦度ベクトルはつねに直交しているから，$\boldsymbol{\omega}\cdot\mathrm{d}\boldsymbol{S}=0$ であり，式 (11.15) から $\Gamma(C)=0$ となる．さて，閉曲線として図 11.2 (a) のように渦管の側面を取り囲むものを考える．もちろん $\Gamma(C)=0$ は満たされている．他方，循環は式 (11.14) のように，閉曲面の縁を回る線積分で計算してもよい．さらに，線積分はいくつ

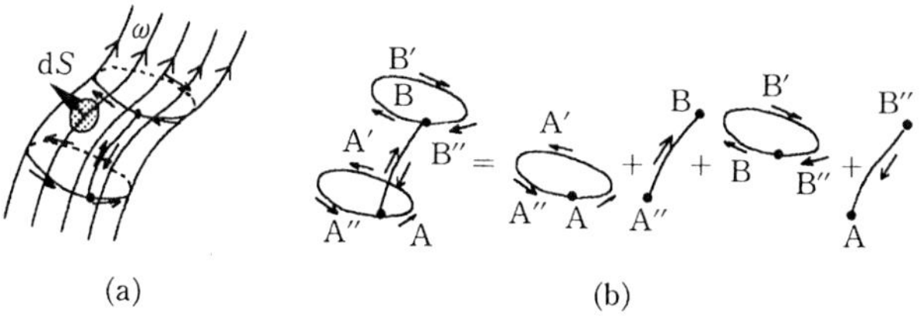

図 11.2 (a) 渦管上の閉曲線に沿う循環，(b) 閉曲線の分解

かの部分に分割して計算することができる（図 11.2 (b) 参照）．したがって，

$$\Gamma(C)=\int_C v_s\,\mathrm{d}s=\int_{\mathrm{AA'A''}} v_s\,\mathrm{d}s+\int_{\mathrm{A''B}} v_s\,\mathrm{d}s+\int_{\mathrm{BB'B''}} v_s\,\mathrm{d}s+\int_{\mathrm{B''A}} v_s\,\mathrm{d}s=0$$

となる．

ここで，第 3 辺の第 2，第 4 項は同じ積分経路上を互いに逆向きに積分するので，結果は相殺する．また，積分の向きを逆にすると積分値の符号が逆になるので

$$\int_{\mathrm{AA'A''}} v_s\,\mathrm{d}s=-\int_{\mathrm{BB'B''}} v_s\,\mathrm{d}s=\int_{\mathrm{B''B'B}} v_s\,\mathrm{d}s$$

となる．経路 AA′A″ と B″B′B は，いずれも渦管を一定の方向に取り巻くように回る閉曲線である．これに沿う循環が等しいということから，

「1 つの渦管について，これを同方向に取り巻くどのような閉曲線をとっても，それに沿う循環は保存される」　(11.17)

ことになる．これを**ヘルムホルツの渦定理**という．

この保存則により，渦管は流体中で途切れることはなく，境界まで伸びているか，あるいは自分自身で閉じて輪を形成していなくてはならないことになる．後者のような渦を**渦輪** (vortex ring) と呼ぶ．もし，渦管の直断面内の渦度の大きさ ω が一様であるとすると，直断面積を S として，「$\omega S=$一定」の関係が 1 つの渦管に沿って成り立つ．例えば，じょうご形の竜巻の上層部では渦度が小さくても，地上付近では断面積が小さくなるために渦度は非常に強くなり，強風や低圧による多大な被害をもたらすということが起こる．

ヘルムホルツの渦定理により，渦は保存される（不滅である）ことになるが，このことはまた，新たに渦を作ることもできない（不生である）ということを意味している．これは 10.5 節で述べた**ラグランジュの渦定理**である．新たに渦を作ることができないというのは，われわれの経験と必ずしも合わないように思うかもしれないが，それはあくまで“保存力場での非粘性流体の流れ”という条件の下での話であることに注意しよう．現実の流体には粘性があり，例えば物体の近くでは速度勾配(したがって渦度)の大きな領域が作られる．これはやがて物体から剥離し，渦度の集中した領域を自己形成して遠方まで運ばれていく．また，回転によるコリオリの力，熱対流における浮力，電磁流体での電磁力，などの非保存力が働く場合にも，渦が生成される可能性がある．上述のいくつかの渦定理は，渦の生成過程には言及せず，ひとたび流体中に放出された渦はその循環を保存しながら移動していくということを表現を変えて述べたもので，粘性がない流体での角運動量保存則に対応することは10.5節でも述べた通りである．

11.4 湧き出し分布・渦度分布による流れ

11.4.1 湧き出しや渦度の分布と速度場

一般にベクトル場 $\boldsymbol{v}$ はスカラーポテンシャル Φ とベクトルポテンシャル $\boldsymbol{A}$ を用いて

$$\boldsymbol{v}=\nabla\Phi+\nabla\times\boldsymbol{A} \tag{11.18}$$

と表される．これをヘルムホルツ (Helmholtz) の定理という．

もし，湧き出し分布 $s(\boldsymbol{r})$ や渦度分布 $\boldsymbol{\omega}(\boldsymbol{r})$ が

$$\nabla\cdot\boldsymbol{v}=s(\boldsymbol{r}), \qquad \nabla\times\boldsymbol{v}=\boldsymbol{\omega}(\boldsymbol{r}) \tag{11.19 a, b}$$

のように与えられ，考えている領域の境界で $\boldsymbol{v}$ の法線成分 v_n が指定されれば，その場は

$$\begin{aligned}\Phi(\boldsymbol{r})&=-\frac{1}{4\pi}\int_V\frac{s(\boldsymbol{r}')}{|\boldsymbol{r}-\boldsymbol{r}'|}\,\mathrm{d}V'\\ \boldsymbol{A}(\boldsymbol{r})&=\frac{1}{4\pi}\int_V\frac{\boldsymbol{\omega}(\boldsymbol{r}')}{|\boldsymbol{r}-\boldsymbol{r}'|}\,\mathrm{d}V'\end{aligned} \tag{11.20 a, b}$$

および式(11.18)によって表される．これを具体的に書けば

$$\boldsymbol{v}=\frac{1}{4\pi}\int_V\frac{s(\boldsymbol{r}')(\boldsymbol{r}-\boldsymbol{r}')}{|\boldsymbol{r}-\boldsymbol{r}'|^3}\,\mathrm{d}V'+\frac{1}{4\pi}\int_V\frac{\boldsymbol{\omega}(\boldsymbol{r}')\times(\boldsymbol{r}-\boldsymbol{r}')}{|\boldsymbol{r}-\boldsymbol{r}'|^3}\,\mathrm{d}V' \tag{11.21}$$

となる．

上の結果は，次の2段階の計算によって示される．すなわち，まず，(i)そのような場があれば1通りに決まることを確認し，その上で，(ii)具体的に解を1つ作る．こうすれば，(ii)で与えた解が，すべての条件を満たすた

だ１つの解になるからである．この方針に沿って見ていこう．

まず，(ｉ)のステップ：もし $\boldsymbol{v}_1$ と $\boldsymbol{v}_2$ がどちらも同じ方程式と境界条件を満たしたとすると，$\boldsymbol{v}=\boldsymbol{v}_1-\boldsymbol{v}_2$ は

$$\nabla\cdot\boldsymbol{v}=0, \qquad \nabla\times\boldsymbol{v}=\boldsymbol{0} \tag{11.22 a, b}$$

$$\text{境界上で}\quad v_n=0 \tag{11.22 c}$$

を満たす．式(11.22 b)は $\boldsymbol{v}$ が渦なしであることを示しているので $\boldsymbol{v}=\nabla\Phi$ と書ける．これを式(11.22 a)に代入すると $\nabla\cdot\boldsymbol{v}=\nabla\cdot\nabla\Phi=\Delta\Phi=0$ となる．そこで，グリーンの定理(演習問題 11.2 参照)

$$\int_S u\nabla v\cdot\mathrm{d}\boldsymbol{S}=\int_V u\Delta v\,\mathrm{d}V+\int_V\nabla u\cdot\nabla v\,\mathrm{d}V \tag{11.23}$$

において，$u=v=\Phi$ とおくと

$$\int_S\Phi\nabla\Phi\cdot\mathrm{d}\boldsymbol{S}=\int_V\Phi\Delta\Phi\,\mathrm{d}V+\int_V\nabla\Phi\cdot\nabla\Phi\,\mathrm{d}V$$

となるが，

$$\text{左辺}=\int_S\Phi\nabla\Phi\cdot\mathrm{d}\boldsymbol{S}=\int_S\Phi\frac{\partial\Phi}{\partial n}\,\mathrm{d}S=\int_S\Phi v_n\,\mathrm{d}S=0$$

$$\text{右辺}=\int_V\Phi\Delta\Phi\,\mathrm{d}V+\int_V\nabla\Phi\cdot\nabla\Phi\,\mathrm{d}V=\int_V|\nabla\Phi|^2\mathrm{d}V=\int_V|\boldsymbol{v}|^2\mathrm{d}V$$

であるから，等式が成り立つためには $\boldsymbol{v}=\boldsymbol{0}$，すなわち $\boldsymbol{v}_1=\boldsymbol{v}_2$ でなければならない．

次に，(ii)のステップ：(11.20 a, b)の表式が与えられた条件(11.19 a)を満たしていることを確認しよう．式(11.18)，(11.20 a, b)から $\boldsymbol{v}$ を求め，$\nabla\cdot\boldsymbol{v}$ を計算する．

$$\nabla\cdot\boldsymbol{v}=\nabla\cdot(\nabla\Phi+\nabla\times\boldsymbol{A})=\nabla\cdot\nabla\Phi=\Delta\Phi$$

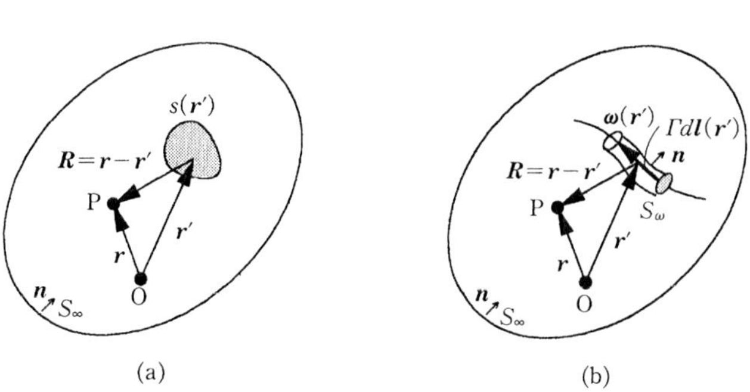

図 11.3 (a) 湧き出し分布と (b) 渦度分布

$$=-\frac{1}{4\pi}\Delta\int_V \frac{s(\boldsymbol{r}')}{|\boldsymbol{r}-\boldsymbol{r}'|}\,\mathrm{d}V'=-\frac{1}{4\pi}\int_V s(\boldsymbol{r}')\Delta\left(\frac{1}{|\boldsymbol{r}-\boldsymbol{r}'|}\right)\mathrm{d}V'$$

(積分変数は $\boldsymbol{r}'$, Δ の演算は $\boldsymbol{r}$ について行うことに注意)

$$=-\frac{1}{4\pi}\int_V s(\boldsymbol{r}')\Delta[-4\pi\delta(\boldsymbol{r}-\boldsymbol{r}')]\,\mathrm{d}V'=s(\boldsymbol{r})$$

これは確かに条件を満たす．$\Delta(1/|\boldsymbol{r}-\boldsymbol{r}'|)$ の計算については演習問題 11.3 を参照．また，$\delta(\boldsymbol{r})$ はディラックのデルタ関数である．式 (11.20 b) の $\boldsymbol{A}$ についても同様である (演習問題 11.4 参照)．

11.4.2 局在した湧き出しや渦度の作る速度場

特別な場合として，大きさ $s\mathrm{d}V=s_0$ の湧き出しが点 $\boldsymbol{r}'$ の近くの非常に小さな領域に局在していたとすると，式 (11.21) の右辺第 1 項から

$$\boldsymbol{v}=\frac{s_0(\boldsymbol{r}-\boldsymbol{r}')}{4\pi|\boldsymbol{r}-\boldsymbol{r}'|^3} \qquad (11.24\,\mathrm{a})$$

を得る．これは点電荷 e による電場 (あるいは**クーロンの法則**) と同じ形である．後者とは $s_0 \Leftrightarrow e/\varepsilon_0$ の対応がある (ただし ε_0 は真空の誘電率)．

次に，$\boldsymbol{\omega}\,\mathrm{d}V$ として曲線上の微小部分 $\mathrm{d}\boldsymbol{l}(\boldsymbol{r}')$ に分布した渦度 $\boldsymbol{\omega}\,\mathrm{d}V=\Gamma\,\mathrm{d}\boldsymbol{l}(\boldsymbol{r}')$ を考えてみよう．このような曲線上に局在した渦度分布が渦糸であった．この部分が点 $\boldsymbol{r}$ に作る速度場 $\delta\boldsymbol{v}$ は，式 (11.21) の右辺第 2 項から

$$\delta\boldsymbol{v}=\frac{\Gamma\mathrm{d}\boldsymbol{l}\times(\boldsymbol{r}-\boldsymbol{r}')}{4\pi|\boldsymbol{r}-\boldsymbol{r}'|^3} \qquad (11.24\,\mathrm{b})$$

となる．これは電流による磁場を表す**ビオ-サヴァールの法則**と同じ形である．後者とは $\boldsymbol{v} \Leftrightarrow \boldsymbol{H}$ または $(\boldsymbol{B}/\mu_0)$, $\Gamma \Leftrightarrow I$ の対応がある (ただし $\boldsymbol{H}$ は磁場，$\boldsymbol{B}$ は磁束密度，μ_0 は真空の透磁率，I は電流)．なお，式 (11.13 c) (11.14) はアンペールの法則に対応する．

電磁気学ではクーロンの法則は電荷分布による電場，ビオ-サヴァールの法則は定常電流による磁場，というように，とかく異なった場を扱っているような印象があるが，流体力学では流体が湧き出しているか回転 (自転) 運動をしているかの違いにほかならない．

演 習 問 題

11.1 半無限物体を過ぎる流れのポテンシャル (11.9) から，よどみ点 P の座標を求めよ．また，湧き出しを含む領域と外部領域を区別する軸対称領域は無限遠で円

筒面になる．この半径を求めよ．

11.2 グリーンの定理(11.23)を導け．

11.3 $\Delta(1/r)=-4\pi\delta(\boldsymbol{r})$ を示せ．

11.4 式(11.20 b)から導かれる $\boldsymbol{v}$ が $\nabla\times\boldsymbol{v}=\boldsymbol{\omega}(\boldsymbol{r})$ を満たすことを確かめよ．

11.5 循環が Γ の無限に長い直線状渦糸がある．このまわりの速度場を式(11.24 b)を用いて計算せよ．

12

2次元の非粘性流と複素関数論

非粘性流体の2次元渦なし流は複素関数論と同等である．あるいは，前者を記述する数学が複素関数論であるといっても過言ではない．いくつかの代表的な流れとその複素速度ポテンシャルを考察し，また，等角写像によってさまざまな形の領域内の流れを求めてみよう．さらに，力やモーメントを計算し，航空機の飛べる条件などについても考える．2次元の流れは前章の特例であるが，問題の単純化と解析手法の豊富さにより，その利用価値は大きい．

キーワード　流れの関数，コーシー-リーマンの関係式，複素速度ポテンシャル，クッタ-ジューコフスキーの定理，揚力

12.1　2次元の渦なし流

12.1.1　複素関数論の応用

2次元の流れについて，図12.1(a)に示したような経路 C に沿った積分

$$\Gamma(\mathrm{A}\to\mathrm{P})=\int_{\mathrm{A}(C)}^{\mathrm{P}} v_s\,\mathrm{d}s,\qquad \Psi(\mathrm{A}\to\mathrm{P})=\int_{\mathrm{A}(C)}^{\mathrm{P}} v_n\,\mathrm{d}s \qquad (12.1\,\mathrm{a,b})$$

を考える．ただし，v_s は経路に平行な速度の成分，v_n は経路に垂直な速度の成分とする．$\Gamma(\mathrm{A}\to\mathrm{P})$ は11.3節ですでに定義した循環(の一部分)である．他方，$\Psi(\mathrm{A}\to\mathrm{P})$ は線分APを左側から右側へ通り抜ける流量を表している．

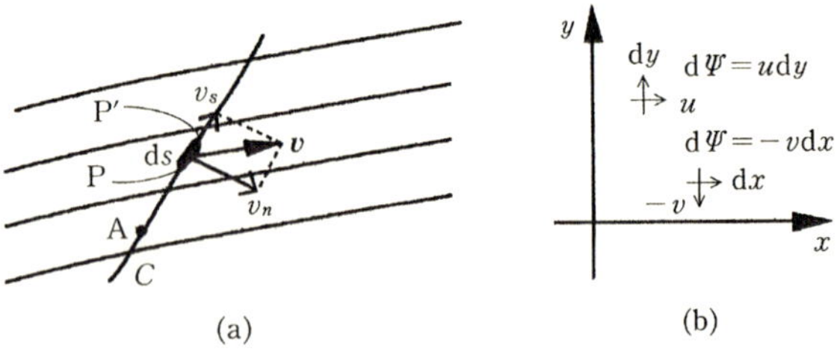

図12.1　線積分と循環・流量

そこで，この経路上の微小線分 PP′(距離 ds) について同様に流量 dΨ を計算すると

$$\mathrm{d}\Psi = v_n\,\mathrm{d}s \quad \text{あるいは} \quad v_n = \frac{\partial \Psi}{\partial s} \tag{12.2 a}$$

となる．v_n が ds を左側から右側へ横切った流量であることを考慮すると，2 次元の直角座標 (x, y)，速度場 (u, v) に対しては

$$u = \frac{\partial \Psi}{\partial y}, \qquad v = -\frac{\partial \Psi}{\partial x} \tag{12.2 b}$$

と表される (図 12.1 (b) 参照)．また，このとき，渦度の z 成分 ω は

$$\omega = \frac{\partial v}{\partial x} - \frac{\partial u}{\partial y} = -\frac{\partial^2 \Psi}{\partial x^2} - \frac{\partial^2 \Psi}{\partial y^2} = -\Delta \Psi \tag{12.3}$$

である．

一般に，流線に沿った経路 C 上では $v_n=0$ であるから d$\Psi=0$，したがって，Ψ は流れに沿って一定である．逆に，ここで定義した関数 Ψ が一定という関係を満たす曲線は流線を表す．この関数 Ψ を**流れの関数** (stream function) と呼ぶ．なお，流れの関数の定義は，流体に粘性があるか否か，あるいは渦なし流かどうかとは無関係であり，2 次元流に対してはつねに (12.2 a, b) が成り立つ．

さて，11.1 節で述べたように，渦なしの流れは速度ポテンシャル Φ を用いて $\boldsymbol{v}=\mathrm{grad}\,\Phi$ と表すことができる．このことは 2 次元流でも同様である．そこで，直角座標 (x, y) を用いると，速度場 (u, v) はそれぞれ次の 2 通りに表現できる．

$$u = \frac{\partial \Phi}{\partial x} = \frac{\partial \Psi}{\partial y}, \qquad v = \frac{\partial \Phi}{\partial y} = -\frac{\partial \Psi}{\partial x} \tag{12.4 a, b}$$

式 (12.4 a, b) は，複素関数論でよく知られた**コーシー-リーマンの関係式** (Cauchy-Riemann's relation) であり，Φ と Ψ がこの関係を満たす場合には，$f=\Phi+i\Psi$ は $z=x+iy$ の解析関数になっている．すなわち Φ と Ψ は独立ではなく，$\Phi+i\Psi$ という組み合わせが変数 $z=x+iy$ について微分可能な関数として表され，Φ や Ψ のいずれか一方が与えられれば他方も決まってしまうことになる．

これからいくつかの性質が導かれる．

(1)　f を z で微分すると，速度 u, v が対になって得られる．

$$\frac{\mathrm{d}f}{\mathrm{d}z}=\frac{\partial f}{\partial x}=\frac{\partial}{\partial x}(\Phi+i\Psi)=\frac{\partial \Phi}{\partial x}+i\frac{\partial \Psi}{\partial x}=u-iv\equiv w \tag{12.5}$$

w を**複素速度** (complex velocity), f を**複素速度ポテンシャル** (complex velocity potential) と呼ぶ．極座標表示では w は

$$w=|w|\mathrm{e}^{-i\theta},\quad |w|=\left|\frac{\mathrm{d}f}{\mathrm{d}z}\right|=\sqrt{u^2+v^2},\quad \tan\theta=\frac{v}{u} \tag{12.6}$$

となる．

(2)　流体中に勝手な閉曲線 C をとり w を積分すると

$$\int_C w\,\mathrm{d}z=\int_C\frac{\mathrm{d}f}{\mathrm{d}z}\mathrm{d}z=\int_C\mathrm{d}f=\int_C\mathrm{d}\Phi+i\int_C\mathrm{d}\Psi=[\Phi]_C+i[\Psi]_C=\Gamma+iQ \tag{12.7}$$

となる．Γ は循環，Q は流量である (演習問題 12.2)．とくに，閉曲線 C の内部に次項で述べる渦糸や湧き出しなどの特異点がなければ $\Gamma=0$, $Q=0$ であるから式 (12.7) の右辺は 0 となる．これは，“正則 (＝微分可能な) 関数を C に沿って 1 周積分したときの積分値は 0 である” というコーシーの定理に対応する．

(3)　等ポテンシャル線と流線は互いに直交する．これは一般に，Φ＝一定，Ψ＝一定の曲線がそれぞれ grad Φ, grad Ψ と直交し，

$$\mathrm{grad}\,\Phi\cdot\mathrm{grad}\,\Psi=\left(\frac{\partial\Phi}{\partial x},\frac{\partial\Phi}{\partial y}\right)\left(\frac{\partial\Psi}{\partial x},\frac{\partial\Psi}{\partial y}\right)^{\mathrm{T}}=(u,v)(-v,u)^{\mathrm{T}}=0$$

すなわち，grad $\Phi\perp$ grad Ψ であることによる．

これら以外にも，多くの点で非粘性流体の 2 次元渦なし流と複素関数論とは共通性をもつ．というよりも前者を記述するためにまとめられた美しい数学体系が複素関数論であるといってもよい．このことをさらに具体的に見ていこう．

12.1.2　簡単な複素速度ポテンシャルとその流れ

a.　一様流

$$f=Uz,\qquad \text{ただし } U \text{ は実定数} \tag{12.8}$$

複素速度は $w=\mathrm{d}f/\mathrm{d}z=U$ である．したがって，これは x 軸に平行な**一様流**を表す．また，$f=U(x+iy)=\Phi+i\Psi$ であるから，$\Phi=Ux$, $\Psi=Uy$ となり，これからも流線が y＝一定の直線群であることがわかる (図 12.2 (a) を参照)．他方，y 軸に平行な直線群 (x＝一定) は等ポテンシャル線を与える．これは流線と直交する．もし U が複素数 $|U|\exp(-i\alpha)$ であれば，一様流の大きさは $|U|$, 向きは x 軸から正の向きに測って角度 α の方向となる．

b. 角を回る流れ

$$f=Az^n,\qquad ただし\ A, n\ は実定数 \tag{12.9}$$

複素速度は $w=nAz^{n-1}$ である．したがって，2次元極座標系 (r, θ) で表すと，速度の大きさは $|w|=nAr^{n-1}$ となる．また，$f=Ar^n\exp(in\theta)=\Phi+i\Psi$ であるから，$\Phi=Ar^n\cos(n\theta)$，$\Psi=Ar^n\sin(n\theta)$ となり，これから直線 $\theta=(k\pi)/n$ が流線であることはただちにわかる（ただし $k=0, 1, \cdots$）．これ以外の流線は「$r^n\sin(n\theta)=$一定」を満たす曲線群，また，等ポテンシャル線は「$r^n\cos(n\theta)=$一定」を満たす曲線群であり，両者は直交する（図12.2(b)を参照）．直線 $\theta=(k\pi)/n$ を固体壁で置き換えても，これらの壁の間にある流体の流れは変わらないので，式(12.9)の表す流れは，角度 π/n で交わる2つの壁の間の**角を回る流れ**を表す．とくに $n=1$ の場合には，流れは(a)と一致する．また $n=2$ の場合に式(12.9)を直角座標系で計算すると $f=Az^2=A(x+iy)^2=A(x^2-y^2+2ixy)=\Phi+i\Psi$．これから，$\Phi=A(x^2-y^2)$，$\Psi=2Axy$ を得る．流線も等ポテンシャル線も双曲線群で，これらが互いに直交することは明らかであろう．ところで，$n<1$ のときには $|w|$ が原点で無限大になり，また式(11.3)から圧力が負の無限大になってしまう．これは，2つの壁の交角が180°以上になり，尖った角の頂点で流れの不連続（剥離）が起こることに対応している．

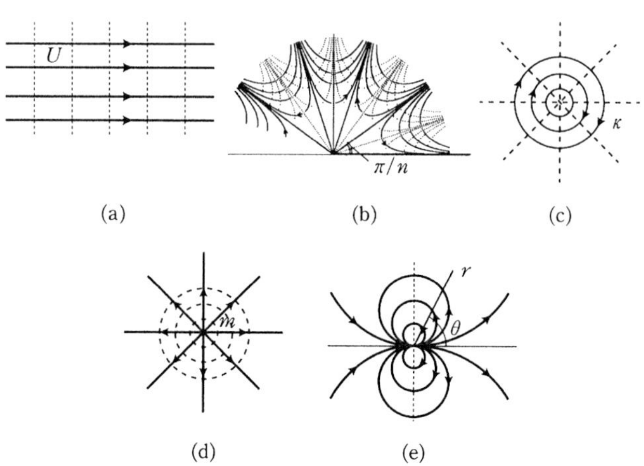

図12.2　2次元の渦なし流れの例

c. 渦糸による流れ

$$f=i\kappa\log z,\qquad \text{ただし } \kappa \text{ は実定数} \tag{12.10}$$

複素速度は $w=i\kappa/z$ である．極座標で表示すれば $w=i\kappa\exp(-i\theta)/r=\kappa\exp[-i(\theta-\pi/2)]/r$，これから $v_r=0$, $v_\theta=-\kappa/r$ を得る．また，$f=i\kappa(\log r+i\theta)=\Phi+i\Psi$ であるから，$\Phi=-\kappa\theta$, $\Psi=\kappa\log r$ を得る．流線は同心円群であり，$\kappa>0$ のときには，時計回りの流れを表す(図12.2(c)を参照)．等ポテンシャル線は「θ＝一定」，すなわち，原点を通る放射線群で，流線とは直交する．また，式(12.7)より

$$\Gamma+iQ=\int_C\frac{\mathrm{d}f}{\mathrm{d}z}\,\mathrm{d}z=\int_C\frac{i\kappa}{z}\,\mathrm{d}z=2\pi i(i\kappa)=-2\pi\kappa$$

したがって，$\Gamma=-2\pi\kappa$, $Q=0$ である．この流れは2次元の**渦糸による流れ**である(10.3.1項a，11.3節参照)．

d. 湧き出し流

$$f=m\log z,\qquad \text{ただし } m \text{ は実定数} \tag{12.11}$$

複素速度は $w=m/z$ である．極座標で表示すれば $w=m\exp(-i\theta)/r$，これから $v_r=m/r$, $v_\theta=0$ を得る．また，$f=m(\log r+i\theta)=\Phi+i\Psi$ であるから，$\Phi=m\log r$, $\Psi=m\theta$ を得る．流線は放射状の直線群であり，$m>0$ のときには，中心から外向きの流れを表す(図12.2(d)を参照)．等ポテンシャル線は r＝一定，すなわち，同心円群で，流線とは直交する．また，式(12.7)より

$$\Gamma+iQ=\int_C\frac{\mathrm{d}f}{\mathrm{d}z}\,\mathrm{d}z=\int_C\frac{m}{z}\,\mathrm{d}z=2\pi im$$

したがって，$\Gamma=0$, $Q=2\pi m$ である．この流れを2次元の**湧き出し流**という．

e. 2重湧き出し流

$$f=-\frac{D}{z},\qquad \text{ただし } D \text{ は実定数} \tag{12.12}$$

複素速度は $w=D/z^2$ である．また，$f=-D\exp(-i\theta)/r=\Phi+i\Psi$ から，$\Phi=-D\cos\theta/r$, $\Psi=D\sin\theta/r$．したがって流線は

$$\Psi=\frac{D\sin\theta}{r}=\frac{Dy}{r^2}=\text{一定}\quad\rightarrow\quad x^2+\left(y-\frac{D}{2\Psi}\right)^2=\left(\frac{D}{2\Psi}\right)^2$$

で与えられる．これは原点で接し中心が y 軸上にある偏心円群である(図12.2(e)参照)．他方，等ポテンシャル線は，原点で接し中心が x 軸上にある偏心円群で，これも流線と直交する．この流れを2次元の**2重湧き出し流**とい

う．

12.2 円柱を過ぎる流れ

12.2.1 静止流体中を動く円柱

無限遠で静止している流れ場を表す複素速度ポテンシャル f は一般に z の負のベキの展開で与えられる．これを2次元の極座標系 (r, θ) で表し

$$f=\sum_{n=0}^{\infty} c_n z^{-n}=\sum_{n=0}^{\infty}\frac{1}{r^n}(a_n+ib_n)(\cos n\theta-i\sin n\theta) \tag{12.13}$$

と表現する．ここに現れた定数 $c_n=a_n+ib_n$ は境界条件を満たすように決める $(a_n, b_n$ は実数)．半径 a の円柱が x 軸方向に一様な速度 U で並進している場合には，境界条件は

$$r=a \quad で \quad v_r=U\cos\theta \tag{12.14}$$

である．f を実数部 Φ と虚数部 Ψ に分け，円柱表面での v_r を求めると

$$\Phi=\sum_{n=0}^{\infty}\frac{1}{r^n}(a_n\cos n\theta+b_n\sin n\theta)$$

$$\Psi=\sum_{n=0}^{\infty}\frac{1}{r^n}(-a_n\sin n\theta+b_n\cos n\theta)$$

$$(v_r)_{r=a}=\left(\frac{\partial\Phi}{\partial r}\right)_{r=a}=\sum_{n=0}^{\infty}\frac{-n}{a^{n+1}}(a_n\cos n\theta+b_n\sin n\theta)$$

となる．これが条件(12.14)を満たすためには，$a_1=-Ua^2$, a_0 と b_0 は任意，その他の定数はすべて0，でなければならない．したがって

$$f=c_0-\frac{Ua^2}{z} \tag{12.15}$$

となる．右辺第1項の定数は微分すれば消えてしまうので速度場には影響しない．第2項は前節で見た2重湧き出しである．

12.2.2 一様流中に静止する円柱

今度は一様流中に静止する円柱を考えよう．境界条件は

無限遠で一様流：　$v_x=U,\quad v_y=0$　(12.16 a)

円柱表面　$r=a$ で　$v_r=0$　(12.16 b)

である．無限遠での条件から複素速度ポテンシャル f は Uz を含むはずである．また，前項の流れを円柱とともに速度 U で x の正の方向に動く観測者から見ると，静止した円柱に x の負の方向の一様流が当たっていることになる

から，複素速度ポテンシャルは2重湧き出しの項(ただし符号は逆になる)も含むはずである．そこで

$$f=Uz+\frac{Ua^2}{z} \tag{12.17}$$

とおいて，残りの境界条件を確認する．f を実数部 Φ と虚数部 Ψ に分けると

$$\Phi=U\left(r+\frac{a^2}{r}\right)\cos\theta, \qquad \Psi=U\left(r-\frac{a^2}{r}\right)\sin\theta$$

これから

$$v_r=\frac{\partial\Phi}{\partial r}=U\left(1-\frac{a^2}{r^2}\right)\cos\theta, \qquad v_\theta=\frac{1}{r}\frac{\partial\Phi}{\partial\theta}=-U\left(1+\frac{a^2}{r^2}\right)\sin\theta \tag{12.18}$$

を得る．$r=a$ で $v_r=0$ (あるいは $\Psi=0$) であることから，円柱表面が流線に一致していることがわかり，式(12.17)が求める解であることが確認された．また，円柱表面では $v_\theta=-2U\sin\theta$ であるから，$\theta=\pm\pi/2$ で x 軸方向に最大の速度 $2U$ を生じている．

12.2.3　循環を伴う一般の場合

円柱外部の流体領域は2重連結領域であるから1つの循環定数をもつ流れが可能である(11.3節参照)．これは円柱を取り巻き無限遠で0になる同心円的な流れ $f=i\kappa\log z$ を付け加えても，円柱表面で $v_r=0$ および無限遠で $|\boldsymbol{v}|\to 0$ の境界条件を破ることがないからである．κ を $\Gamma/2\pi$ とおけば，一様流中に置かれた円柱のまわりの流れの最も一般的な表現として

$$f=U\left(z+\frac{a^2}{z}\right)+\frac{i\Gamma}{2\pi}\log z \tag{12.19}$$

を得る．流れの様子は Γ の大きさによって分類できる．これを見るためによどみ点に着目しよう．

よどみ点では $\mathrm{d}f/\mathrm{d}z=0$ である．式(12.19)からこれを求めると

$$U\left(1-\frac{a^2}{z^2}\right)+\frac{i\Gamma}{2\pi z}=0$$

すなわち

$$\frac{z}{a}=-\frac{i\Gamma}{4\pi Ua}\pm\sqrt{1-\left(\frac{\Gamma}{4\pi Ua}\right)^2} \tag{12.20}$$

となる．したがって，よどみ点は

(a)　$\Gamma<4\pi Ua$ では円柱表面上の2点，

(b)　$\Gamma=4\pi Ua$ では円柱上の1点 $z=-ia$,

(c)　$\Gamma>4\pi Ua$ では虚数軸上の円柱内部と外部に1つずつ，

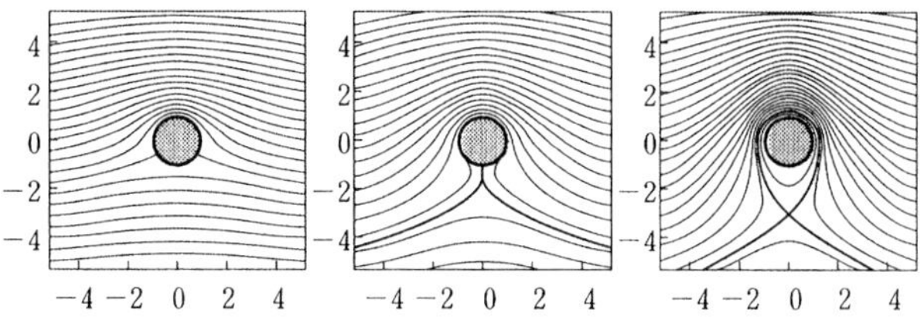

(a) $\Gamma<4\pi Ua$ (b) $\Gamma=4\pi Ua$ (c) $\Gamma>4\pi Ua$

図 12.3 円柱のまわりの流れ（図では $a=1$）

に存在する．それぞれに対応した流れの様子を図 12.3 (a), (b), (c) に示す．

12.2.4 円柱に働く力

円柱に働く力は圧力を積分して求められる．すなわち，円柱の単位長さ当たりに働く力 $\boldsymbol{F}=(F_x, F_y)$ は

$$F_x=\int_C(-p)\mathrm{d}s\cos\theta=\int_{-\pi}^{\pi}(-p)a\cos\theta\,\mathrm{d}\theta \tag{12.21 a}$$

$$F_y=\int_C(-p)\mathrm{d}s\sin\theta=\int_{-\pi}^{\pi}(-p)a\sin\theta\,\mathrm{d}\theta \tag{12.21 b}$$

を計算すればよい．いま考えている流れは定常流で，外力も無視してよいから $p=p_0-\rho v^2/2$ と表される．そこで式 (12.19) から Φ を求め，速度を計算する．円柱表面で $v_r=0$ を考慮すると

$$(v^2)_{r=a}=(v_\theta{}^2)_{r=a}=\left(-2U\sin\theta-\frac{\Gamma}{2\pi a}\right)^2$$

これを式 (12.21 a, b) に代入し，積分を実行して

$$F_x=0, \qquad F_y=\rho U\Gamma \tag{12.22 a, b}$$

を得る．円柱に抵抗が働かないというのは直観（あるいは観測結果）と矛盾するので，これを**ダランベールのパラドックス** (d'Alembert's paradox) という．一方，F_y は流れに対して垂直に働く力（これを**揚力** (lift) という）で，これが $\rho U\Gamma$ で与えられるという結果は**クッタ-ジューコフスキーの定理** (Kutta-Joukowski's theorem) と呼ばれる．

12.3 等 角 写 像

複素数 $z=x+iy$ と複素数 $w=\Phi+i\Psi$ の対応関係は複素関数 $w=f(z)$ で与えられる．これを複素数 z から複素数 w への“**変換** (transform)”ということ

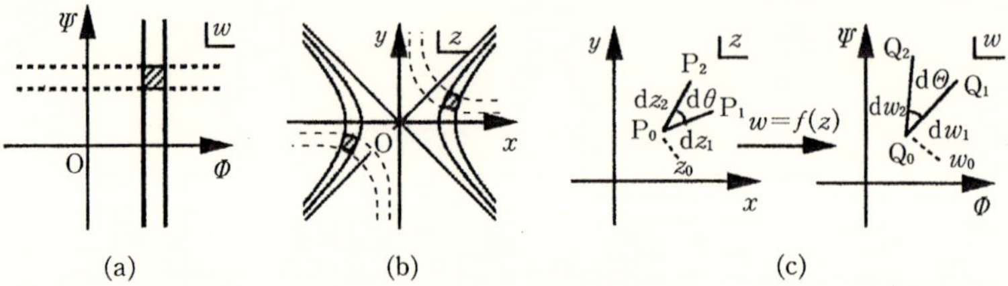

図 12.4　等角写像の例

もあるし，複素平面 z から w 平面への“**写像** (mapping)”ということもある．例えば，変換 (写像)

$$w \equiv f(z) = z^2 \tag{12.23}$$

を調べてみよう．複素平面を $z=x+iy$ と $w=\Phi+i\Psi$ で表したとすると，12.1.2 項 b で見たように，$w=\Phi+i\Psi=z^2=(x+iy)^2=x^2-y^2+2ixy$ から

$$\Phi=x^2-y^2, \qquad \Psi=2xy \tag{12.24}$$

したがって，x-y 平面で双曲線で挟まれた斜線部の領域（図12.4 (b)の斜線部）は，Φ-Ψ 平面では x＝一定，y＝一定という長方形領域 (図 12.4 (a) の斜線部）に写像される．

この場合に特徴的なことは，z 平面で「実数部＝一定の直線と虚数部＝一定の直線が直交していた」という関係が w 平面においても成り立つということである．実は，写像に際して“角度”が等しく保たれるという性質は，ある条件の下では一般に成り立つ．なぜなら，z 平面での点 $P_0(z=z_0)$ およびその近傍が w 平面で点 $Q_0(w=w_0)$ およびその近傍に写像されるとき (図 12.4 (c) 参照)，対応した点の近くの微小線分 dz_1, dz_2，および dw_1, dw_2 の間には $dw_1=f'(z_0)dz_1$, $dw_2=f'(z_0)dz_2$ の関係があり，$f'(z_0)$ が有限な確定値をとる (すなわち，微分可能である＝解析的である) ならば $dw_2/dw_1=dz_2/dz_1$，したがって絶対値と偏角を調べることにより $\triangle P_1P_0P_2 \backsim \triangle Q_1Q_0Q_2$ を得るからである．写像に際して，角度が等しく保たれるものを**等角写像**または**共形写像** (conformal mapping) と呼ぶ．上の例では，$z=0$ を除いて等角写像が成り立っていた．

$z\equiv x+iy$ 平面の領域 D_z 内で渦なし流れが複素速度ポテンシャル $w\equiv f(z)=\Phi+i\Psi$ により与えられたとする．いま，変換 $z=g(\zeta)$, $\zeta=\xi+i\eta$ によって D_z が ζ 平面の領域 D_ζ に写像されたとすると，$\Phi+i\Psi=f(z)=f(g(\zeta))=F(\zeta)$ であるが，$F(\zeta)$ は ζ の解析関数であり，ζ 平面の領域 D_ζ においてもある 1 つの渦なし流れを表す．このとき，z 平面での流線 ($\Psi(x,y)$＝一定) は ζ 平面

においても流線($\Psi(\xi,\eta)=$一定)に，また，z 平面での等ポテンシャル線($\Phi(x,y)=$一定)は ζ 平面においても等ポテンシャル線($\Phi(\xi,\eta)=$一定)に対応する．とくに，固体境界は流線に一致するから，z 平面の固体境界に沿う流れは ζ 平面の固体境界に沿う流れに対応する．

12.4 平板を過ぎる一様流 —— 飛行の理論

x 軸上に置かれた平板(幅 $4a$)に一様流が角度 α で当たっているとすると，複素速度ポテンシャル f は $|z|\gg a$ で漸近的に $f(z)\sim U\mathrm{e}^{-i\alpha}z+\cdots$ $(z=x+iy)$ と表される(12.1.2 項 a 参照)．平板は変換

$$z=\zeta+\frac{a^2}{\zeta} \tag{12.25}$$

により $\zeta=\xi+i\eta$ 平面上の円(半径 a)に等角写像され，z 平面上の一様流のポテンシャルは ζ 平面上でも漸近的に $f(\zeta)\sim U\mathrm{e}^{-i\alpha}\zeta+\cdots(|\zeta|\gg a)$ となる．さらに，ζ 平面を角度 α だけ回転した座標である $\zeta'=\mathrm{e}^{-i\alpha}\zeta$ 平面に写像すると一様流のポテンシャルは ζ' 平面上で漸近的に $f(\zeta)\sim U\zeta'+\cdots$ となり，ζ' 面では円柱に左から一様な流れが当たったものに相当する．そこで，12.2.3 項で求めた解をそのまま適用し，

$$f(\zeta')=U\left(\zeta'+\frac{a^2}{\zeta'}\right)+\frac{i\Gamma}{2\pi}\log\zeta'$$

したがって

$$f(\zeta)=U\left(\mathrm{e}^{-i\alpha}\zeta+\frac{a^2\mathrm{e}^{i\alpha}}{\zeta}\right)+\frac{i\Gamma}{2\pi}\log\zeta+\text{定数}$$

を得る．これを $z=\zeta+a^2/\zeta$ で z 平面に写像すれば z 平面上での流れが求められる．複素速度 w は

$$w=\frac{\mathrm{d}f}{\mathrm{d}z}=\frac{(\mathrm{d}f/\mathrm{d}\zeta)}{(\mathrm{d}z/\mathrm{d}\zeta)}=\left[U\left(\mathrm{e}^{-i\alpha}-\frac{a^2\mathrm{e}^{i\alpha}}{\zeta^2}\right)+\frac{i\Gamma}{2\pi\zeta}\right]\Big/\left(1-\frac{a^2}{\zeta^2}\right)$$

である．平板の両端 $z=\pm 2a$ $(\zeta=\pm a)$ では上式の分母が 0 になるので速度は発散する．しかし，現実には平板の後端 $z=2a$ $(\zeta=a)$ で流れは滑らかに剝がれている．そこで $\zeta=a$ では分子も 0 になって w の発散が抑えられていると考え

$$U(\mathrm{e}^{-i\alpha}-\mathrm{e}^{i\alpha})+\frac{i\Gamma}{2\pi a}=0$$

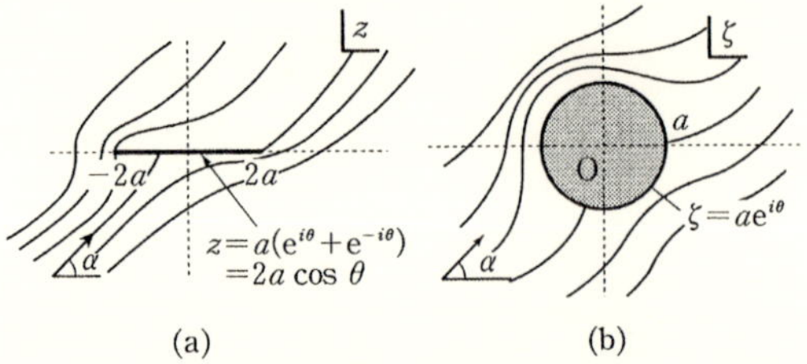

図 12.5　(a) 平板に斜めにあたる流れ，(b) 球を過ぎる流れ

とする．このことは非圧縮非粘性渦なし流の理論の枠内では説明できないが，上の計算結果を現実の流れに一致させるために必要な条件である．これを**クッタの仮定**，あるいは**ジューコフスキーの仮定**と呼ぶ．これによって循環の値が決まり

$$\Gamma=4\pi aU\sin\alpha \tag{12.26}$$

を得る．クッタ-ジューコフスキーの定理を用いると，平板に働く揚力 $L(=F_y)$ は単位長さ当たり

$$L=\rho U\Gamma=4\pi a\rho U^2\sin\alpha \tag{12.27}$$

となる．

12.5　ブラジウスの公式

12.5.1　物体に働く力

力を求めるために行った計算の手順は次のようなものになっていた．

$$f\to\frac{\mathrm{d}f}{\mathrm{d}z}\to\boldsymbol{v}\to p\to\int_C(-p\boldsymbol{n})\,\mathrm{d}s\to\boldsymbol{F} \tag{12.28}$$

すなわち，物体のまわりの流れを表す複素速度ポテンシャルが与えられると，それから速度場 $\boldsymbol{v}$ がわかるので，ベルヌーイの定理（または圧力方程式）により圧力を求め，これをその物体表面上で積分すれば力が決まるのである．この最後のステップを具体的に書き表してみよう．まず，力 $\boldsymbol{F}$ の x, y 成分をそれぞれ F_x, F_y とすると

$$F_x=\int_C(-p\,\mathrm{d}s)\cos\theta=\int_C(-p)\,\mathrm{d}y,\qquad F_y=\int_C(-p\,\mathrm{d}s)\sin\theta=\int_C p\,\mathrm{d}x$$

である．ここで $\boldsymbol{n}\,\mathrm{d}s=(\mathrm{d}s\cos\theta,\quad \mathrm{d}s\sin\theta)=(\mathrm{d}y,\ -\mathrm{d}x)$ であることを考慮し

た．これより

$$F_x - iF_y = \int_C (-p\,\mathrm{d}y - ip\,\mathrm{d}x) = -i\int_C p(\mathrm{d}x - i\,\mathrm{d}y) = -i\int_C p\,\mathrm{d}\bar{z}$$
$$= -i\int_C\left(p_0 - \frac{\rho}{2}v^2\right)\mathrm{d}\bar{z} = \frac{i\rho}{2}\int_C v^2\mathrm{d}\bar{z}$$

を得る．ただし，上付きのバーは共役複素数を表す．また，右辺第3項から第4項に移るときにベルヌーイの定理を，第4項から第5項の計算では p_0 は定数なので，$[p_0\bar{z}]_C = 0$ であることを使った．ところで，物体の表面は流線に一致するので Ψ＝一定である．したがって，$\mathrm{d}f \equiv \mathrm{d}\Phi + i\mathrm{d}\Psi = \mathrm{d}\Phi = \mathrm{d}\bar{f}$，これから

$$v^2\mathrm{d}\bar{z} = \frac{\mathrm{d}f}{\mathrm{d}z}\frac{\mathrm{d}\bar{f}}{\mathrm{d}\bar{z}}\mathrm{d}\bar{z} = \frac{\mathrm{d}f}{\mathrm{d}z}\mathrm{d}f = \left(\frac{\mathrm{d}f}{\mathrm{d}z}\right)^2\mathrm{d}z$$

と変形できる．これを上の式に代入すれば，

$$F_x - iF_y = \frac{i\rho}{2}\int_C\left(\frac{\mathrm{d}f}{\mathrm{d}z}\right)^2\mathrm{d}z \tag{12.29}$$

が得られる．$(\mathrm{d}f/\mathrm{d}z)^2$ は解析関数であるから，積分路としては，物体を取り囲む正則な領域内にある勝手な閉曲線に拡張することができる．式(12.29)を**ブラジウスの第1公式** (Blasius' 1st formula) と呼ぶ．

12.5.2 物体に働くモーメント

同様にして，力のモーメント $\boldsymbol{M}$ も計算できる．2次元流であるから，$\boldsymbol{M}$ は xy 面に垂直な成分 M_z だけをもつ．物体表面上で位置 $\boldsymbol{r}$ にある微小部分 $\mathrm{d}s$ に働く力 $\mathrm{d}\boldsymbol{F} = (\mathrm{d}F_x, \mathrm{d}F_y)$ が原点のまわりに作るモーメントは $\mathrm{d}M_z = (\boldsymbol{r}\times\mathrm{d}\boldsymbol{F})_z = x\mathrm{d}F_y - y\mathrm{d}F_x$，物体全体ではこれを表面上で積分すればよい．$\mathrm{d}F_x = -p\,\mathrm{d}s\cos\theta = -p\,\mathrm{d}y$, $\mathrm{d}F_y = -p\,\mathrm{d}s\sin\theta = p\,\mathrm{d}x$ を考慮して，

$$M_z = \int_C p\,(x\,\mathrm{d}x + y\,\mathrm{d}y) = \frac{1}{2}\int_C p\,\mathrm{d}(x^2+y^2) = \frac{1}{2}\int_C p\,\mathrm{d}(z\bar{z})$$
$$= \frac{1}{2}\int_C\left(p_0 - \frac{\rho}{2}v^2\right)\mathrm{d}(z\bar{z}) = -\frac{\rho}{4}\int_C v^2\,\mathrm{d}(z\bar{z})$$

となる．ただし，ここでも，右辺第3項から第4項に移るときにベルヌーイの定理を，第4項から第5項の計算では p_0 は定数なので，$[p_0\,z\bar{z}]_C = 0$ であることを使った．さらに $\mathrm{d}(z\bar{z}) = z\,\mathrm{d}\bar{z} + \bar{z}\mathrm{d}z = 2\,\mathrm{Re}(z\,\mathrm{d}\bar{z})$，および

$$v^2\mathrm{d}(z\bar{z}) = 2\,\mathrm{Re}\{v^2 z\,\mathrm{d}\bar{z}\} = 2\,\mathrm{Re}\left\{\left|\frac{\mathrm{d}f}{\mathrm{d}z}\right|^2 z\,\mathrm{d}\bar{z}\right\} = 2\,\mathrm{Re}\left\{\frac{\mathrm{d}f}{\mathrm{d}z}\frac{\mathrm{d}\bar{f}}{\mathrm{d}\bar{z}}z\,\mathrm{d}\bar{z}\right\}$$

$$=2\,\mathrm{Re}\left\{\frac{\mathrm{d}f}{\mathrm{d}z}\,\mathrm{d}\bar{f}\ z\right\}=2\,\mathrm{Re}\left\{\frac{\mathrm{d}f}{\mathrm{d}z}\,\mathrm{d}f\,z\right\}=2\,\mathrm{Re}\left\{\left(\frac{\mathrm{d}f}{\mathrm{d}z}\right)^2 z\,\mathrm{d}z\right\}$$

を考慮すれば（ただし，Re は実数部をとることを意味する）

$$M_z=-\frac{\rho}{2}\,\mathrm{Re}\int_C\left(\frac{\mathrm{d}f}{\mathrm{d}z}\right)^2 z\,\mathrm{d}z \tag{12.30}$$

が得られる．ここでも，積分路としては，物体を取り囲む正則な領域内にある勝手な閉曲線に拡張することができる．式(12.30)を**ブラジウスの第2公式**(Blasius' 2nd formula)と呼ぶ．

12.5.3　力とモーメントの一般表現

一様流中に物体が置かれており，速度場が

$$\frac{\mathrm{d}f}{\mathrm{d}z}=U+\frac{a_0+ib_0}{z}-\frac{a_1+ib_1}{z^2}+\cdots \tag{12.31}$$

のように与えられているとする．ただし，U，a_n，b_n は実数とする．これは，物体の影響が無限遠で消えること，および速度場 $w=\mathrm{d}f/\mathrm{d}z$ が場所の1価関数であること，を考慮した一般的な表現になっている．式(12.31)から複素速度ポテンシャルは

$$f=Uz+(a_0+ib_0)\log z+\frac{a_1+ib_1}{z}+\cdots \tag{12.32}$$

となる．次に力とモーメントを計算しよう．

まず，式(12.31)から

$$\left(\frac{\mathrm{d}f}{\mathrm{d}z}\right)^2=U^2+\frac{2U(a_0+ib_0)}{z}+\frac{(a_0{}^2-b_0{}^2-2Ua_1)+2i(a_0b_0-Ub_1)}{z^2}+\cdots$$

また，複素平面で原点を取り囲む周回積分では一般に

$$\int_C\frac{1}{z}\,\mathrm{d}z=2\pi i,\qquad \int_C z^n\,\mathrm{d}z=0\quad(n\neq-1) \tag{12.33}$$

であるから，式(12.29)より

$$F_x-iF_y=\frac{i\rho}{2}\int_C\frac{2U(a_0+ib_0)}{z}\,\mathrm{d}z=-2\pi\rho U(a_0+ib_0)$$

$$\therefore\quad F_x=-2\pi\rho Ua_0,\qquad F_y=2\pi\rho Ub_0 \tag{12.34 a, b}$$

を得る．式(12.34 b)で $\Gamma=2\pi b_0$ とおいたもの（すなわち $F_y=\rho U\Gamma$）がクッタ-ジューコフスキーの定理(12.22 b)である．Γ は循環定数である．これに対して，$Q=2\pi a_0$ は湧き出し（$a_0>0$），吸い込み（$a_0<0$）を表す．$Q=0$ の場合には力が働かない（これがダランベールのパラドックス(12.22 a)である）．

次に，式(12.30)を用いて，モーメントを求めると

$$M_z=-\frac{\rho}{2}\,\mathrm{Re}\int_C\left\{\cdots+\frac{(a_0{}^2-\cdots)+2i(a_0b_0-Ub_1)}{z^2}+\cdots\right\}z\,\mathrm{d}z$$
$$=2\pi\rho(a_0b_0-Ub_1)=\frac{\rho Q\Gamma}{2\pi}-2\pi\rho Ub_1 \tag{12.35}$$

を得る．ここでも式(12.33)を考慮した．

以上の結果は，物体に働く力やモーメントを計算するときに，複素速度ポテンシャル(12.32)の $1/z$ までの展開係数がわかればよいということを示している．物理的には，これらは"一様流"，"湧き出し(吸い込み)"や"渦"，"2重湧き出し"などに対応するものである．

演 習 問 題

12.1 式(12.5)の最左辺の微分 $\mathrm{d}f/\mathrm{d}z$ は，z 平面上でどの方向に微分しても同じ値を与えるであろうか．例えば，第2辺に移るときに，y 軸に平行な方向に微分し，この結果を確認せよ．

12.2 $\int_C \mathrm{d}\Phi$, $\int_C \mathrm{d}\Psi$ がそれぞれ循環，流量を表すことを全微分の定義にさかのぼって確認せよ．

12.3 $z=a$ に強さ m の湧き出し，$z=-a$ に強さ m の吸い込みを置く．積 $D=2ma$ を一定に保ちながら，$a\to 0$, $m\to\infty$ とすると，式(12.12)に一致することを示せ．

12.4 $z=\zeta^\alpha$ $(0<\alpha\leqq 2)$, $z=x+iy$, $\zeta=\xi+i\eta$ について，写像される領域を調べよ．

12.5 ジャンボジェットの翼の大きさは翼長 l が約 60 m，翼幅 $4a$ が約 8.5 m，全重量 W が約 400 t 重である．翼が水平となす角度(迎え角) α を 15° としてこの重量を支えるために必要な速度を計算せよ．

13

水面波と液滴振動

重力や表面張力の釣り合いで静止している表面に何らかの攪乱が与えられると，表面には定在波や進行波が現れる．この章では，第10～12章までの非粘性流体力学の応用として，まず微小振幅の水面波や液滴の固有振動を考えてみよう．これは自由表面での境界条件の取り扱いの典型的な例でもある．最後に，有限振幅の波や粘性を考慮した場合に生じるソリトンなどについても簡単に触れる．

キーワード　自由表面，重力波，位相速度，群速度，表面張力波，固有振動

13.1 微小振幅波

簡単のために，流体は非粘性・非圧縮性で2次元，また水の深さ h も重力加速度 g も一定とする．図13.1のように，静止状態での表面に沿って x 軸，鉛直上向きに z 軸を選ぶ．また速度場を $\boldsymbol{v}=(u, w)$，圧力場を p とする．まず，非圧縮性から $\mathrm{div}\,\boldsymbol{v}=0$．また流体運動は初め渦なしであったからラグランジュの渦定理(10.5節)によりその後も渦なしであり $\mathrm{rot}\,\boldsymbol{v}=\boldsymbol{0}$ が成り立つ．したがって，速度場は

$$\boldsymbol{v}=\mathrm{grad}\,\Phi,\quad \text{すなわち}\quad u=\frac{\partial \Phi}{\partial x},\quad w=\frac{\partial \Phi}{\partial z} \tag{13.1}$$

$$\text{ただし}\quad \Delta\Phi=0 \tag{13.2}$$

と表すことができる．

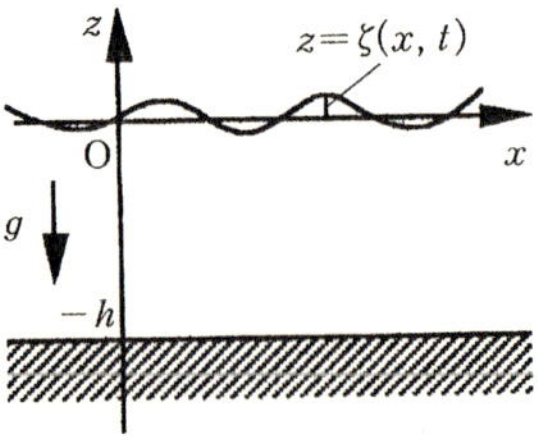

図13.1　水面波

境界条件は水底と水面で，以下のように与えられる．まず，固体境界である水底では速度の法線成分 w が 0 であるから

$$z=-h \text{ で } \quad \frac{\partial \Phi}{\partial z}=0 \tag{13.3}$$

次に，運動状態における水面の高さを $z=\zeta(x,t)$ とおくと，ここでは 8.5.2 項で述べた変形する面上の境界条件が適用される．すなわち，境界上の流体粒子が任意の時刻において $F\equiv z-\zeta(x,t)=0$ であることから

$$\frac{DF}{Dt}=0, \quad \text{すなわち} \quad \frac{\partial F}{\partial t}+u\frac{\partial F}{\partial x}+w\frac{\partial F}{\partial z}=0$$

これはまた，ζ と Φ を用いて表現すると

$$\frac{\partial \zeta}{\partial t}+\frac{\partial \Phi}{\partial x}\frac{\partial \zeta}{\partial x}-\frac{\partial \Phi}{\partial z}=0 \tag{13.4}$$

となる．この条件は力学的な関係を含まないので，**運動学的条件**と呼ばれる．さらに，自由表面においては，速度と応力の釣り合いが必要である．粘性を無視しているので，ここで問題になるのは応力の法線成分，すなわち圧力の釣り合いである．われわれの系は時間変化はあるが渦なしであるから，圧力方程式(一般化されたベルヌーイの定理) (10.5) が成り立つ．したがって，

$$\frac{\partial \Phi}{\partial t}+\frac{p}{\rho}+\frac{1}{2}|\mathrm{grad}\,\Phi|^2+gz=F(t)$$

静止状態の水面 $z=0$ で圧力が $p=p_\infty$ であることから $F(t)=p_\infty/\rho$ とおく．水面 $z=\zeta(x,t)$ ではその後もつねに $p=p_\infty$ であるから，上式は

$$\frac{\partial \Phi}{\partial t}+\frac{1}{2}|\mathrm{grad}\,\Phi|^2+g\zeta=0 \tag{13.5}$$

となる．これは**力学的条件**と呼ばれる．

ここで変位やその空間的時間的変化が ε 程度の微小量であると仮定する．この仮定の下では，

$$\frac{\partial \Phi}{\partial t}=O(\varepsilon), \qquad \frac{\partial \zeta}{\partial x}=O(\varepsilon), \qquad \mathrm{grad}\,\Phi=O(\varepsilon)$$

であるから，式 (13.4), (13.5) は微小量 ε 程度までの近似で

$$z=\zeta \text{ 上で } \quad \frac{\partial \zeta}{\partial t}-\frac{\partial \Phi}{\partial z}=0, \quad \frac{\partial \Phi}{\partial t}+g\zeta=0$$

となる．さらに

$$\Phi(x,\zeta,t)=\Phi(x,0,t)+\left(\frac{\partial \Phi}{\partial z}\right)_{z=0}\zeta+\cdots=\Phi(x,0,t)+O(\varepsilon^2)$$

であるから，境界条件は $z=\zeta$ ではなく $z=0$ であてはめればよい．したがって，ここで考えている近似の下では，自由表面での境界条件として，

$$z=0 \text{ 上で} \quad \frac{\partial^2 \Phi}{\partial t^2}+g\frac{\partial \Phi}{\partial z}=0 \tag{13.6}$$

を得る．

以上をまとめると，微小振幅波は

$$\Delta\Phi=0 \tag{13.2}$$

$$z=-h \text{ で} \quad \frac{\partial \Phi}{\partial z}=0 \tag{13.3}$$

$$z=0 \text{ 上で} \quad \frac{\partial^2 \Phi}{\partial t^2}+g\frac{\partial \Phi}{\partial z}=0 \tag{13.6}$$

によって決定されることになる．

式 (13.2) の解を正弦波的な進行波の形

$$\Phi(x, z, t)=\phi(z)\cos(kx-\omega t) \tag{13.7}$$

に仮定し，境界条件 (13.3) を用いると

$$\Phi(x, z, t)=C\cosh[k(z+h)]\cos(kx-\omega t) \tag{13.8}$$

となる．ただし C は任意定数である (演習問題 13.1)．

次に，式 (13.8) を境界条件 (13.6) に代入すると

$$\omega=\sqrt{gk\tanh(kh)} \tag{13.9}$$

を得る．また，波の**位相速度** v_{p} は

$$v_{\mathrm{p}}\equiv\frac{\omega}{k}=\sqrt{\frac{g}{k}\tanh(kh)} \tag{13.10}$$

である．これは，波の速度が波長や振動数によって変化し，仮に初めに攪乱が局在していても，時間の経過とともに広がっていくことを表している．これを**分散性波動**という．式 (13.10) のように位相速度と波数 (あるいは波長) との関係を与える式を**分散関係**と呼ぶ．これを図 13.2 に示す．位相速度は着目する 1 つの振動数と波数をもつ波の伝播速度を表している．これに対して，いろいろな波数や振動数を含んだ攪乱が全体としてどのような速度で伝わっていくかを示すものが**群速度** v_{g} であり，$v_{\mathrm{g}}=\mathrm{d}\omega/\mathrm{d}k$ で与えられる．この場合には

$$v_{\mathrm{g}}\equiv\frac{\mathrm{d}\omega}{\mathrm{d}k}=\frac{1}{2}\sqrt{\frac{g}{k}\tanh(kh)}\left(1+\frac{2kh}{\sinh(2kh)}\right) \tag{13.11}$$

である．微小振幅の 1 次までの近似では，v_{p}，v_{g} いずれも波の振幅には依存しない．とくに，$kh\ll 1$ では $\tanh(kh)\fallingdotseq kh$，$\sinh(2kh)\fallingdotseq 2kh$ なので $v_{\mathrm{p}}\fallingdotseq v_{\mathrm{g}}\fallingdotseq$

$\sqrt{gh}$ である．これは，波長 $\lambda(=2\pi/k)$ に比べて水の深さ h が非常に浅い場合，あるいは水の深さ h に比べて波長 λ が非常に長い場合に相当する．この波を**浅水波**，または**長波**という．浅水波には分散性がない．このために，水深が一定であれば，ある時刻での水面の盛り上がり $\zeta=F(x)$ は，その後も形を変えず $\zeta=F(x\pm ct)$ のように伝わっていく．ここで $c=\sqrt{gh}$ である．なお，この近似が成り立つ範囲内では，水深 h の大きい方が位相速度は大きい．岸から緩やかに深くなっていくような海岸線に打ち寄せる波は，このために常に岸に垂直に進んでくることになる（図 13.3 参照）．

逆に，$kh\gg1$ では $v_p\fallingdotseq\sqrt{g/k}=\sqrt{\lambda g/2\pi}$，$v_g\fallingdotseq(1/2)v_p$ である．この近似が成り立つ範囲内では，波長 λ の大きい波の方が速く進むことになる．これは重力が復元力になっている波であるから**重力波** (gravity wave)，または波長に比べて深い流体領域で成り立つという意味で，**深水波** (deep water wave) などと呼ばれる．

注：水の波の重力波の英訳は gravity wave である．重力場の波動も重力波と呼ばれるが，こちらの方の英訳は gravitational radiation である．

水面の変位 ζ は

$$\zeta=-\frac{1}{g}\left(\frac{\partial\Phi}{\partial t}\right)_{z=0}=-\frac{\omega C}{g}\cosh(kh)\sin(kx-\omega t)\equiv A\sin(kx-\omega t) \quad (13.12)$$

で与えられる．ただし，

$$A=-\frac{\omega C}{g}\cosh(kh), \qquad C=-\frac{gA}{\omega\cosh(kh)}$$

とおいた．A は波の振幅を表す．これを用いると式 (13.8) は

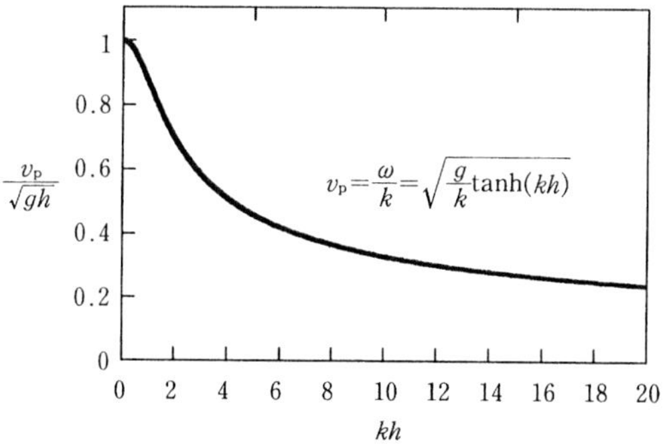

図 13.2　分散関係

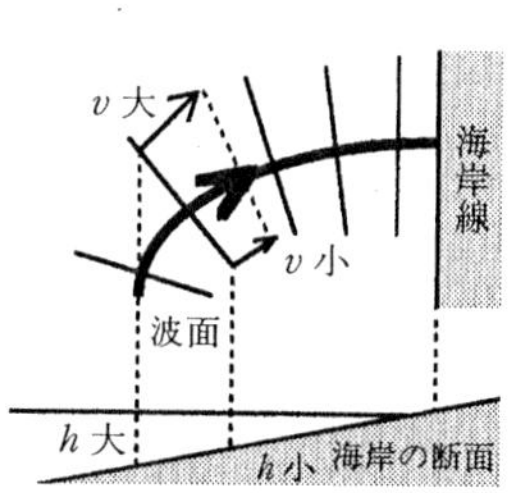

図 13.3　岸に寄せる波

$$\Phi(x, z, t)=-\frac{gA}{\omega\cosh(kh)}\cosh[k(z+h)]\cos(kx-\omega t) \tag{13.13}$$

と表される．

13.2　流体粒子の運動

自由表面の変位は式(13.12)で与えられることがわかったが，流体粒子自身はどのような運動をしているか調べてみよう．まず，式(13.13)から

$$\left.\begin{aligned} u&=\frac{\mathrm{d}x}{\mathrm{d}t}=\frac{\partial\Phi}{\partial x}=\frac{kgA}{\omega\cosh(kh)}\cosh[k(z+h)]\sin(kx-\omega t) \\ w&=\frac{\mathrm{d}z}{\mathrm{d}t}=\frac{\partial\Phi}{\partial z}=-\frac{kgA}{\omega\cosh(kh)}\sinh[k(z+h)]\cos(kx-\omega t) \end{aligned}\right. \tag{13.14}$$

が成り立つ．いま，着目する流体粒子の平均位置を(x_0, z_0)とし，この点のまわりの運動を考える．この場合には$x=x_0+(x-x_0)=x_0+O(\varepsilon)$, $z=z_0+(z-z_0)=z_0+O(\varepsilon)$であるから，$O(\varepsilon)$までの近似で

$$\frac{\mathrm{d}x}{\mathrm{d}t}=\frac{kgA}{\omega\cosh(kh)}\cosh[k(z_0+h)]\sin(kx_0-\omega t)$$

$$\frac{\mathrm{d}z}{\mathrm{d}t}=-\frac{kgA}{\omega\cosh(kh)}\sinh[k(z_0+h)]\cos(kx_0-\omega t)$$

を得る．これを積分すると

$$\left.\begin{aligned} x&=x_0+\frac{kgA}{\omega^2\cosh(kh)}\cosh[k(z_0+h)]\cos(kx_0-\omega t)=x_0+a\cos(kx_0-\omega t) \\ z&=z_0+\frac{kgA}{\omega^2\cosh(kh)}\sinh[k(z_0+h)]\sin(kx_0-\omega t)=z_0+b\sin(kx_0-\omega t) \end{aligned}\right\} \tag{13.15}$$

となる．ただし

$$\left.\begin{aligned} a&=\frac{kgA}{\omega^2\cosh(kh)}\cosh[k(z_0+h)]=\frac{A}{\sinh(kh)}\cosh[k(z_0+h)] \\ b&=\frac{kgA}{\omega^2\cosh(kh)}\sinh[k(z_0+h)]=\frac{A}{\sinh(kh)}\sinh[k(z_0+h)] \end{aligned}\right\} \tag{13.16}$$

である．ここで最右辺の計算には分散関係(13.9)を用いた．

式(13.15)から，流体粒子は，平均の位置(x_0, z_0)のまわりに長半径a，短半径bの長円軌道を描いていることがわかる．ただし，aもbも深さに依存し，図13.4に示したように底に近づくほど長円は偏平になり，底面では水平面内の往復運動だけになる(長円の焦点の位置は$\pm A/\sinh(kh)$で一定)．水面

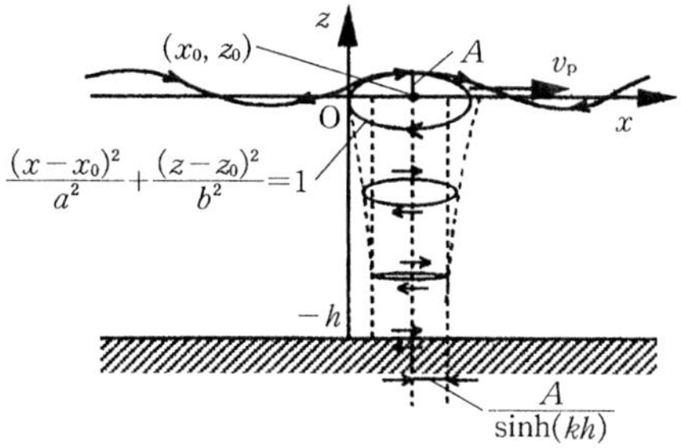

図 13.4 流体粒子の軌道

では $b=A$ であり，水面の盛り上がりと一致する．また，$u\propto\zeta$ であるから，水面の盛り上がった部分の流体粒子は波の進行方向に，水面のくぼんだところは逆方向に動く．

13.3 容器内の定在波

式 (13.12) は右向きに進む進行波を表していた．これと振幅が同じで左向きに進む進行波を重ね合わせると

$$\zeta=\frac{1}{2}B\sin(kx-\omega t)+\frac{1}{2}B\sin(kx+\omega t)=B\sin(kx)\cos(\omega t) \qquad (13.17)$$

となる．ただし，振幅 A の代わりに $B/2$ とおいた．これは**定在波**を表している．これに対応する速度ポテンシャルは

$$\Phi=-\frac{\omega B}{k\sinh(kh)}\cosh[k(z+h)]\sin(kx)\sin(\omega t) \qquad (13.18)$$

であり (演習問題 13.2)，速度場は

$$\left.\begin{aligned} u&=\frac{\partial\Phi}{\partial x}=-\frac{\omega B}{\sinh(kh)}\cosh[k(z+h)]\cos(kx)\sin(\omega t)\\ w&=\frac{\partial\Phi}{\partial z}=-\frac{\omega B}{\sinh(kh)}\sinh[k(z+h)]\sin(kx)\sin(\omega t)\end{aligned}\right\} \qquad (13.19)$$

と計算される．鉛直面 $x=(\pi/k)(N+1/2)\equiv x_l(N)$ 内では $u=0$ で流体は上下に，また鉛直面 $x=M\pi/k\equiv x_n(M)$ 内では $w=0$ で流体は水平方向に，それぞれ運動する．ただし M, N は整数である．位置 x_l を波の**腹**，x_n を波の**節**と呼ぶ．一般の位置での流体の動きを知るには流線を見ればよい．それには式 (12.2 b) を用いて $u=\partial\Psi/\partial z$, $w=-\partial\Psi/\partial x$ を積分する．これより

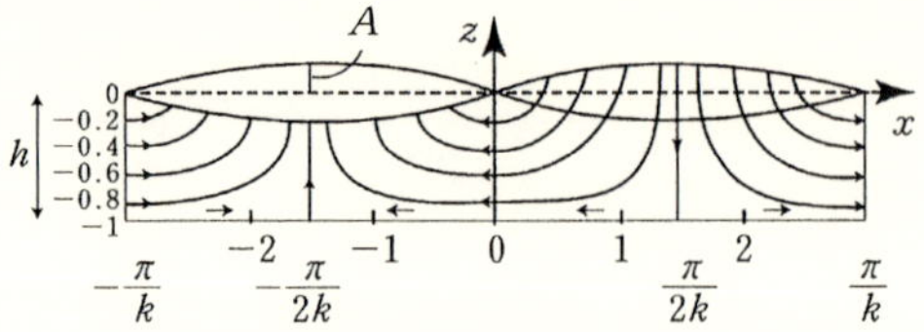

図 13.5　水面定在波

$$\Psi = -\frac{\omega B}{k\sinh(kh)}\sinh[k(z+h)]\cos(kx)\sin(\omega t) \tag{13.20}$$

を得る．流線は"Ψ＝一定"の曲線群であり，各瞬間ごとに定義される．一例を図 13.5 に示す．

位置 $x=x_l(N)$ では流体は水平方向の運動をしないので，ここを鉛直な壁で置き換えても流れには影響を与えない．長さ L の容器の中で，側壁の両端が $x_l(N)$ のいずれかに一致する（したがって L は π/k の整数倍）場合がそれである．逆に，L が与えられたときには，$k=\pi n/L$，すなわち $\lambda=2L/n$，（n は整数）となるような定在波だけが許される．これは容器のサイズに固有なとびとびの波数（固有値）であり，これに対応する特別な振動数を**固有振動数**と呼ぶ．固有振動はいろいろな分野に関係する．例えば，弾性体の固有振動は楽器の発音に，電磁気学では導波管に，また，量子力学では定常状態のエネルギー準位などを求める際に登場する．

13.4　表面張力波

自由表面に表面張力が働くときは，それによる圧力 δp を考慮する必要がある．いま，図 13.6 に示したように，表面の一部が曲率半径 R の円弧を描いたとする（簡単のために変形は 2 次元と仮定する）．円弧の中心角を $\delta\theta(\ll 1)$，表面張力係数を γ とすると，円弧の微小部分（長さ $R\delta\theta$，奥行長さ 1）に働く表面張力の法線方向の力は全体として $\gamma\sin(\delta\theta/2)\times 2\approx\gamma\delta\theta$ である．これを，この部分の面積で割れば表面張力による圧力が得られる．したがって，$\delta p=(\gamma\delta\theta)/(R\delta\theta)=\gamma/R$ である．式 (2.26) でも見たように表面 $z=\zeta(x,t)$ の変形が小さいときは $1/R\approx-\partial^2\zeta/\partial x^2$ で与えられるから，結局

$$\delta p = \frac{\gamma}{R} \approx -\gamma\frac{\partial^2\zeta}{\partial x^2} \tag{13.21}$$

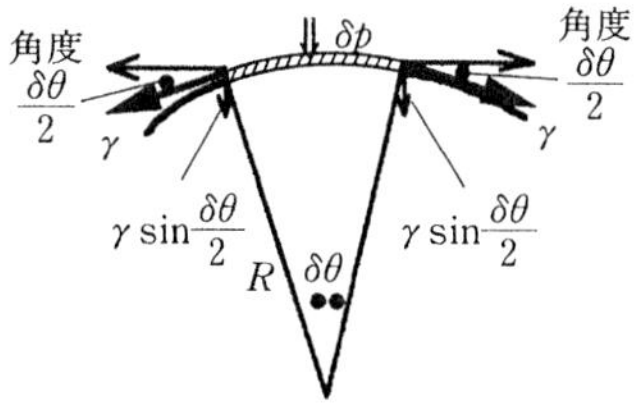

図 13.6 表面張力による圧力

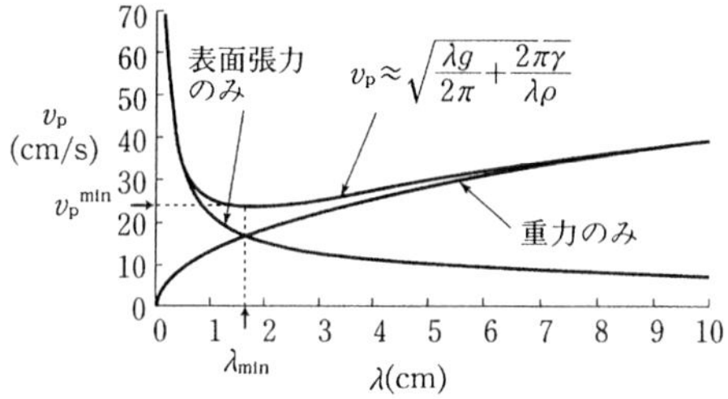

図 13.7 位相速度の波長依存性

となる．

したがって，表面張力を考慮した場合には，式(13.5)の代わりに

$$\frac{\partial \Phi}{\partial t}+\frac{1}{2}|\mathrm{grad}\ \Phi|^2+\frac{\delta p}{\rho}+g\zeta=0,\quad \text{すなわち}$$

$$\frac{\partial \Phi}{\partial t}+\frac{1}{2}|\mathrm{grad}\ \Phi|^2-\frac{\gamma}{\rho}\frac{\partial^2 \zeta}{\partial x^2}+g\zeta=0 \tag{13.22}$$

を用いればよい．前節と同様に微小振幅波を仮定し，自由表面での運動学的および力学的条件を課すと

$$\frac{\partial^2 \Phi}{\partial t^2}+\left(g-\frac{\gamma}{\rho}\frac{\partial^2}{\partial x^2}\right)\frac{\partial \Phi}{\partial z}=0 \tag{13.23}$$

を得る．これは式(13.6)に対応する条件である．

さて，Φ は調和関数で式(13.2)を満たすから，正弦波的な進行波の式(13.7)の形を仮定し，水底での境界条件式(13.3)を課すと解(13.8)が得られるところまでは前節とまったく同じである．そこで条件式(13.6)の代わりに式(13.23)を用いると，分散関係

$$\omega^2=k\left(g+\frac{\gamma}{\rho}k^2\right)\tanh(kh) \tag{13.24}$$

を得る．位相速度は

$$v_p=\frac{\omega}{k}=\sqrt{\left(\frac{g}{k}+\frac{\gamma}{\rho}k\right)\tanh(kh)}=\sqrt{\left(\frac{\lambda g}{2\pi}+\frac{2\pi\gamma}{\lambda\rho}\right)\tanh\left(\frac{2\pi h}{\lambda}\right)} \tag{13.25}$$

である．図 13.7 に水の場合を例として v_p の λ 依存性を示す．

表面張力が効かない場合には，$\gamma\to 0$ とすれば前節の結果に帰着する．水深 h が深い場合には $kh\gg 1$ として

$$v_p\approx\sqrt{\frac{g}{k}+\frac{\gamma}{\rho}k}=\sqrt{\frac{\lambda g}{2\pi}+\frac{2\pi\gamma}{\lambda\rho}} \tag{13.26}$$

であるから，$v_p\geq\sqrt[4]{4\gamma g/\rho}\equiv v_p{}^{\mathrm{min}}$ となる．等号となるのは $\lambda=2\pi\sqrt{\gamma/\rho g}\equiv\lambda_{\mathrm{min}}$ のときで，$\lambda<\lambda_{\mathrm{min}}$ では表面張力が，$\lambda>\lambda_{\mathrm{min}}$ では重力の影響が重要になる．前者を**表面張力波**または**さざ波**と呼ぶ．

13.5 液滴の振動

表面張力が支配的となる運動の例として液滴の振動を考えてみよう．変形前の液滴を半径 R の球とし，これからの変位は微小と仮定する．球座標系(付録 B 参照)を用いると，変形後の液滴の半径 r は $r=R+\zeta(\theta,\phi,t)$，すなわち，

$$F\equiv r-R-\zeta(\theta,\phi,t)=0 \tag{13.27}$$

と表される(ζ/R は 1 次の微小量)．まず，運動学的条件(13.4)は

$$\frac{DF}{Dt}\equiv\frac{\partial F}{\partial t}+(\boldsymbol{v}\cdot\mathrm{grad})F=\frac{\partial F}{\partial t}+v_r\frac{\partial F}{\partial r}+\frac{v_\theta}{r}\frac{\partial F}{\partial\theta}+\frac{v_\phi}{r\sin\theta}\frac{\partial F}{\partial\phi}=0$$

これに $\boldsymbol{v}=\mathrm{grad}\,\Phi$ を代入し，微小量の 1 次まで考慮すると

$$\frac{\partial\zeta}{\partial t}-\frac{\partial\Phi}{\partial r}=0 \tag{13.28}$$

となる．次に，表面張力を考慮した力学的条件は式(13.22)とほぼ同様であるが重力の影響が無視できるので $g=0$ であり，また，曲面を考えているので直交する 2 方向の曲率を考えなければならないことに注意する必要がある．それぞれの曲率半径を R_1, R_2 とすると(平均)曲率は

$$\frac{1}{R_1}+\frac{1}{R_2}=\frac{2}{R}-\frac{2\zeta}{R^2}-\frac{1}{R^2}\left[\frac{1}{\sin\theta}\frac{\partial}{\partial\theta}\left(\sin\theta\frac{\partial\zeta}{\partial\theta}\right)+\frac{1}{\sin^2\theta}\frac{\partial^2\zeta}{\partial\phi^2}\right] \tag{13.29}$$

となる(演習問題 13.4)．ここでも微小量の 1 次まで考慮した．これから力学的条件

$$\frac{\partial \Phi}{\partial t}+\frac{\gamma}{\rho}\left\{\frac{2}{R}-\frac{2\zeta}{R^2}-\frac{1}{R^2}\left[\frac{1}{\sin\theta}\frac{\partial}{\partial\theta}\left(\sin\theta\frac{\partial\zeta}{\partial\theta}\right)+\frac{1}{\sin^2\theta}\frac{\partial^2\zeta}{\partial\phi^2}\right]\right\}=0 \quad (13.30)$$

を得る．式(13.28)，(13.30)から $r=R$ での Φ に対する条件は

$$\frac{\partial^2 \Phi}{\partial t^2}-\frac{\gamma}{\rho R^2}\frac{\partial}{\partial r}\left[2\Phi+\frac{1}{\sin\theta}\frac{\partial}{\partial\theta}\left(\sin\theta\frac{\partial\Phi}{\partial\theta}\right)+\frac{1}{\sin^2\theta}\frac{\partial^2\Phi}{\partial\phi^2}\right]=0 \quad (13.31)$$

となる．

方程式(13.31)の解を $\Phi=\mathrm{e}^{-i\omega t}f(r,\theta,\phi)$ の形に仮定しよう．ただし，f は調和関数である．すなわち $\Delta f=0$．球座標系での調和関数は一般に $f=r^l Y_{lm}(\theta,\phi)$ と表される．ここで $Y_{lm}(\theta,\phi)=P_l^m(\cos\theta)\mathrm{e}^{im\phi}$ は球面調和関数で

$$\frac{1}{\sin\theta}\frac{\partial}{\partial\theta}\left(\sin\theta\frac{\partial Y_{lm}}{\partial\theta}\right)+\frac{1}{\sin^2\theta}\frac{\partial^2 Y_{lm}}{\partial\phi^2}+l(l+1)Y_{lm}=0$$

を満たす．また $P_l^m(\cos\theta)=\sin^m\theta\, d^m P_l(\cos\theta)/d(\cos\theta)^m$ はルジャンドル陪関数，$P_l(\cos\theta)$ は l 次のルジャンドル多項式である．ここで l は 0 以上の整数，m は $0, \pm1, \pm2, \cdots, \pm l$ をとる．これらをまとめると特解は

$$\Phi=A\mathrm{e}^{-i\omega t}r^l P_l^m(\cos\theta)\mathrm{e}^{im\phi} \quad (13.32)$$

の形になる．これを式(13.31)に代入すると

$$\omega^2=\frac{\gamma l(l-1)(l+2)}{\rho R^3} \quad (13.33)$$

を得る(レイリー，1879年)．これは球形液滴の固有振動を与える．この振動数は m に依存しないので，1つの l の値に対して式(13.32)の形の解が $(2l+1)$ 個あることになる．このように，同じ振動数で振動する異なった状態を“縮退”という．いまの場合は $(2l+1)$ 重に縮退している．

なお，式(13.33)において $l=0$ の場合は半径方向の膨張・収縮振動に対応するので，非圧縮性流体では起こり得ない．また $l=1$ の場合は液滴全体の並進振動に対応するので液滴の形に変化はない．したがって，液滴変形を伴う最小の振動数は $l=2$ の場合であり，

$$\omega=\sqrt{\frac{8\gamma}{\rho R^3}} \quad (13.34)$$

となる．

ここで述べた液滴振動からの類推で提唱されたものに，ボーアによる原子核の“液滴モデル”がある．原子核は陽子と中性子で構成された多体系であるが，原子核の変形や回転，表面振動や核分裂の機構，双極子共鳴，のような集団運動の理解にこのモデルが重要な役割を果たした．

13.6　非線形波動とソリトン

振幅が大きく線形近似で扱えないような波を一般に有限振幅波または非線形波という．線形波と異なり解の重ね合わせができないので，その性質を調べるのは困難であったが，近年のコンピューターの発達や漸近的な解析手法の進歩によってその理解は飛躍的に高まってきた．

微小振幅の波は式(13.12)で見たように $\zeta=A\sin(kx-\omega t)$ のように表せた．この時間空間変化を表す方程式は

$$\frac{\partial\zeta}{\partial t}=-\omega A\cos(kx-\omega t),\quad \frac{\partial\zeta}{\partial x}=kA\cos(kx-\omega t)\quad\rightarrow\quad \frac{\partial\zeta}{\partial t}+v_{\mathrm{p}}\frac{\partial\zeta}{\partial x}=0 \tag{13.35}$$

である．ただし $v_{\mathrm{p}}=\omega/k$ は位相速度．式(13.35)は波動方程式(を分解したもの；演習問題3.1の解答も参照)であり，この解は初期に与えた変位が形を変えずに一定速度 v_{p} で伝播することを表している．

振幅が小さくない場合にはこれを修正しなくてはならない．例えば v_{p} が ζ に依存する場合を考えてみよう．いま，簡単のために $v_{\mathrm{p}}=c+\varepsilon\zeta$ であるとする(ε は正の微小量とする)と，方程式は

$$\frac{\partial\zeta}{\partial t}+(c+\varepsilon\zeta)\frac{\partial\zeta}{\partial x}=0 \tag{13.36}$$

となる．変位の伝播速度は $c+\varepsilon\zeta$ であるから，ζ の大きな部分ほど伝播速度が大きく，逆に ζ の小さな部分ほど伝播速度が小さい．このために，変位は移動しながら次第に切り立ってくる．この急峻化(steepening)は $\zeta\partial\zeta/\partial x$ の項による非線形効果である．この場合の変位の伝播の様子を図13.8(a)に示す．

さて，変位の時間変化が空間変化に比例すると仮定すると，その方程式は一般に

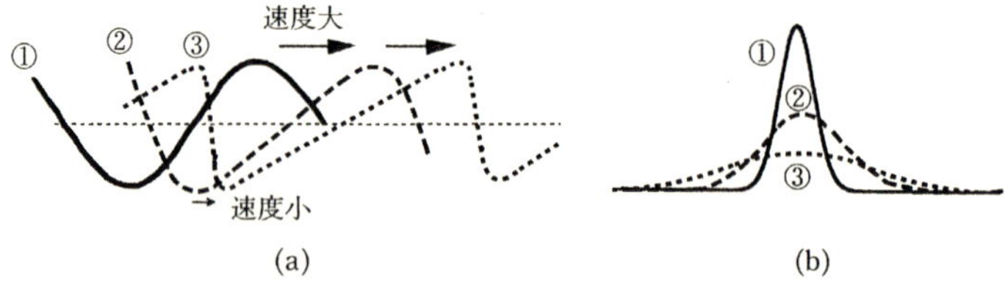

図13.8　(a) 非線形効果による変位の急峻化，(b) 拡散による変位の広がり
(図の①②③は時間の順序)

$$\frac{\partial\zeta}{\partial t}+c_1\frac{\partial\zeta}{\partial x}+c_2\frac{\partial^2\zeta}{\partial x^2}+c_3\frac{\partial^3\zeta}{\partial x^3}+\cdots=0 \tag{13.37}$$

のように書ける．式(13.37)の第1，第2項を考慮したものが式(13.35)の波動方程式である．第1，第3項を考慮したもの

$$\frac{\partial\zeta}{\partial t}=(-c_2)\frac{\partial^2\zeta}{\partial x^2} \tag{13.38}$$

は拡散方程式あるいは熱伝導方程式と呼ばれている．拡散の様子を図13.8(b)に示す．ただし $c_2<0$ とした．

第1，第4項を考慮したものは分散性の波(dispersive wave)を与える．すなわち

$$\frac{\partial\zeta}{\partial t}+c_3\frac{\partial^3\zeta}{\partial x^3}=0 \tag{13.39}$$

に $\zeta=A\sin(kx-\omega t)$ を代入すると $\omega=-c_3k^3$ であるから，位相速度は $v_\mathrm{p}\equiv\omega/k=-c_3k^2$，群速度は $v_\mathrm{g}\equiv\partial\omega/\partial k=-3c_3k^2$ となる．$v_\mathrm{p}\neq v_\mathrm{g}$ で，v_p に波数依存性があるので，波は分散していく．

そこで，これらを組み合わせると，変位の急峻化と分散性が釣り合って波形が変化しないで伝播する波が予想される．実際，水面波について

$$\frac{\partial\zeta}{\partial t}+\alpha\zeta\frac{\partial\zeta}{\partial x}+\beta\frac{\partial^3\zeta}{\partial x^3}=0 \tag{13.40}$$

で表される波の中に，波形を変えず一定速度で伝播する定常波があることが見いだされた．ただし α,β は正の定数．この方程式は**コルテヴェーク-ドフリース**(Korteweg-de Vries)**方程式**，略して KdV 方程式と呼ばれている(1895年)．

方程式(13.40)の解としてヤコビの楕円関数を用いた周期的な波列の解が知られている．これは**クノイダル波**(cnoidal wave)と呼ばれるものであるが，その特別な場合として

$$\zeta=A\,\mathrm{sech}^2\left[\sqrt{\frac{\alpha A}{12\beta}}\left(x-\frac{\alpha A}{3}t\right)\right] \tag{13.41}$$

のような形のものがある．これは波列の間隔が無限大になった場合と考えられ，図13.9に示したような**孤立波**を表す．波形は sech^2 の形で，幅 $(\sim\sqrt{12\beta/\alpha A})$ が狭いほど波高 U は高く，伝播速度 $(=\alpha A/3)$ も大きい．これらが複数個存在している場合の解も見つかっているが，それらは互いに衝突しても位相のずれを起こすだけできわめて安定であり，粒子のように振る舞う．このような性質をもつ波を**ソリトン**(soliton)と呼んでいる．

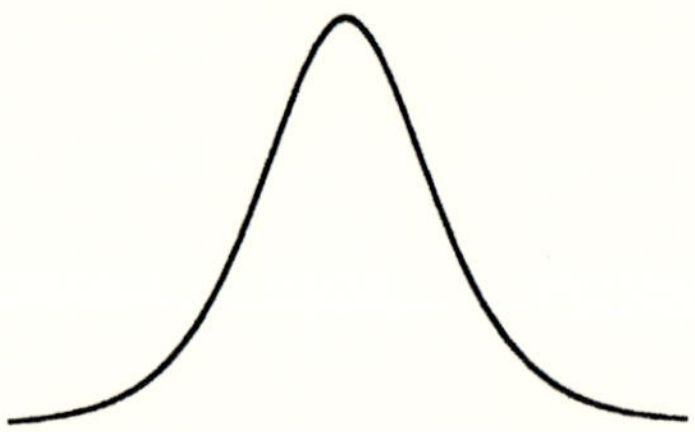

図 13.9 ソリトン

その後，ソリトンは，プラズマ中のイオン音波や結晶格子中の音波などでも見いだされ，一般性のある非線形波動現象として幅広く研究が展開されることになった．

演 習 問 題

13.1 式(13.8)を導け．

13.2 式(13.18)を導け．

13.3 水では，密度 $\rho=1.0$ [g/cm^3]，表面張力係数 $\gamma=73$ [dyn/cm]，また重力加速度 $g=980$ [cm/s^2] である．このとき，λ_{min} および $v_{\mathrm{p}}^{\mathrm{min}}$ を求めよ．

13.4 式(13.29)を導け．

14

熱対流とカオス

地球大気の運動をはじめとして，やかんやお風呂の湯も太陽内部のガスも，熱の作用によって激しい運動をしている．この章では，こうした温度の不均一分布により引き起こされる流体運動の取り扱いについて述べる．これまでの非圧縮粘性流体で問題にして来なかったエネルギー方程式の取り扱いに慣れるのが本章の1つの目的である．外部からのエネルギーの供給や散逸が増加すると，まず規則的な対流が，次に時間的・空間的にきわめて不規則的な流体運動が生じる．後者は，流体力学の基礎方程式という決定論的な方程式系によって運動が記述されているにもかかわらず，方程式系に内在する不安定性によって長時間後の挙動が予測困難となるもので，決定論的カオスと呼ばれるものの一例である．ここでは近年さかんに研究されてきたカオスについても初歩的な学習をしよう．

キーワード　浮力，レイリー数，対流セル，ローレンツモデル，カオス

14.1　ブシネスク近似

熱の作用が駆動力となって引き起こされる流体運動を調べてみよう．これまでの流体運動では，流体の密度は変わらないと仮定してきた．しかし，一般に流体の一部分が熱せられると，その部分は膨張し密度が小さくなるので浮力が生じる．これを考慮して基礎方程式を導こう．まず，第8章で述べた連続の方程式はそのまま成り立つ．

$$\frac{\partial \rho}{\partial t}+\mathrm{div}\,(\rho \boldsymbol{v})=0 \tag{8.2}$$

ところで，通常の流体では，密度は温度によって

$$\rho=\rho_0\{1-\alpha(T-T_0)+O((T-T_0)^2)\} \tag{14.1}$$

のように変化する．ここで α は流体の熱膨張率，T は温度場，T_0 は基準に選んだ温度である．代表的な流体として水を例にとると，$\alpha \fallingdotseq 2\times10^{-4}\,[\mathrm{K}^{-1}]$ であるから，温度が $10\,[\mathrm{K}]$ 程度変化しても $\alpha|T-T_0|$ は 10^{-3} 程度にすぎない．し

たがって，式(8.2)においては密度の変化は無視できると考えられる．これから，連続の方程式は

$$\mathrm{div}\ \boldsymbol{v}=0 \tag{14.2}$$

と近似できる．

次に，ナヴィエ-ストークス方程式

$$\rho\frac{D\boldsymbol{v}}{Dt}=-\nabla p+\mu\Delta\boldsymbol{v}+(\lambda+\mu)\nabla(\mathrm{div}\ \boldsymbol{v})+\rho\boldsymbol{K} \tag{8.8}$$

であるが，これには外力として浮力 $(\rho_0-\rho)g=\rho_0\alpha(T-T_0)g$ を考慮する必要がある．なぜなら，通常の流体で 10 [K] 程度の温度変化が生じても密度の変化は非常に小さいが，浮力については $|\rho_0\alpha(T-T_0)g|\fallingdotseq 1$ 程度の大きさになるからである．そこで，方程式の各項のうち浮力にかかわる部分では密度変化を考慮し，それ以外の部分では密度変化を無視するという近似を行う．また，粘性率 μ の温度変化は小さいと仮定する．これにより

$$\rho_0\frac{D\boldsymbol{v}}{Dt}=-\nabla p+\mu\Delta\boldsymbol{v}+\rho_0\alpha(T-T_0)g\boldsymbol{e}_z \tag{14.3}$$

を得る．ただし，$\boldsymbol{e}_z$ は鉛直上向き (z 軸の正方向) の単位ベクトルであり，浮力以外の保存力は圧力に含めておくことにする．

温度場を決定するためにエネルギー方程式

$$\frac{\partial}{\partial t}\left[\rho\left(\frac{1}{2}v^2+U\right)\right]=\mathrm{div}\left[-\rho\boldsymbol{v}\left(\frac{1}{2}v^2+U\right)+\boldsymbol{v}\cdot P-\boldsymbol{q}\right]+\rho\boldsymbol{K}\cdot\boldsymbol{v} \tag{8.17}$$

を用いる．ただし，後で使いやすいように式(8.2)，(8.8)を用いて変形しておく (演習問題 14.1)．

$$\rho\frac{DU}{Dt}=-p\,\mathrm{div}\ \boldsymbol{v}+\lambda(\mathrm{div}\ \boldsymbol{v})^2+2\mu\ e_{ij}{}^2-\mathrm{div}\ \boldsymbol{q} \tag{8.17$'$}$$

さて，熱流 $\boldsymbol{q}$ としてフーリエの法則 $\boldsymbol{q}=-k\ \mathrm{grad}\ T$ (式(8.18)) を仮定し，また $U=C_\mathrm{p}T$ とすると式(8.17′)は

$$\rho C_\mathrm{p}\frac{DT}{Dt}=-p\,\mathrm{div}\ \boldsymbol{v}+\Phi+k\Delta T \tag{14.4}$$

$$\Phi=\lambda(\mathrm{div}\ \boldsymbol{v})^2+2\mu\ e_{ij}{}^2 \tag{14.5}$$

と表される．ただし，k は熱伝導率，C_p は定圧比熱であり，Φ は**エネルギー散逸** (energy dissipation) を表す．通常の流体運動では

$$\frac{|\Phi|}{\left|\rho C_\mathrm{p}\dfrac{DT}{Dt}\right|}=\frac{\mu(U/L)^2}{\rho C_\mathrm{p}(UT/L)}=\frac{\nu U}{C_\mathrm{p}TL}\ll 1$$

であるから，Φ は無視できる．また，$\mathrm{div}\,\boldsymbol{v}=0$，$\rho=\rho_0$ とすれば式(14.4)から

$$\frac{DT}{Dt}=\kappa\Delta T \tag{14.6}$$

を得る．ただし，$\kappa=k/(\rho_0 C_\mathrm{p})$ は熱拡散率である．

以上により，速度場 $\boldsymbol{v}$，圧力場 p，温度場 T の5つの従属変数を決める5つの方程式系(14.2)，(14.3)，(14.6)が得られた．もとの方程式系の中で浮力にかかわる部分では密度変化を考慮し，それ以外の部分では密度変化を無視するという近似を**ブシネスク近似**(Boussinesq approximation，1903年)と呼ぶ．

14.2 レイリー-ベナール対流

水平に置かれた厚さ d の流体の層があり，下面は温度 T_0，上面は温度 $T_1(<T_0)$ に保たれているとする．いま，両者の温度差 $\delta T=T_0-T_1$ を増していったときの流体運動について考える．流体の下面に沿って x，y 軸を，鉛直上向きに z 軸をとる．

14.2.1 熱伝導状態

まず，δT が十分小さいとすると，流体は静止したままで，熱は**熱伝導**により高温側の下面から低温側の上面に向かって流れていく．この状態は

$$\boldsymbol{v}=\boldsymbol{0},\qquad T=T_0-\beta z,\qquad p=p_0-\frac{1}{2}\rho_0\alpha\beta g z^2 \tag{14.7 a, b, c}$$

で与えられる(演習問題14.2)．ただし，$\beta=(T_0-T_1)/d=\delta T/d$ とおいた．

14.2.2 対流の発生

さらに温度差が増すと，もはや熱伝導だけでは熱を輸送しきれなくなり，流体が熱を携帯して運ぶようになる．これを**熱対流**(thermal convection)という．熱対流の発生した直後の流体運動を考えると，速度，温度差，圧力も式(14.7 a, b, c)から大きく異なることはないであろう．そこで，式(14.7 a, b, c)

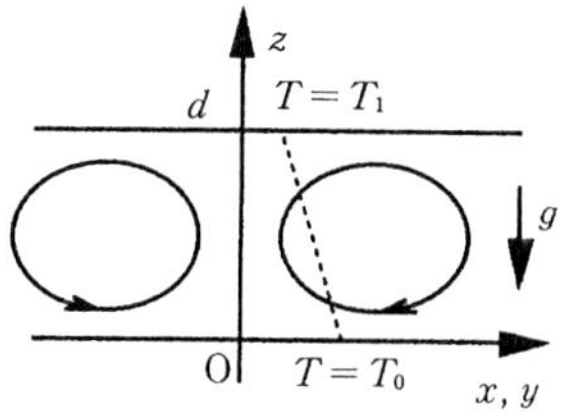

図14.1 上下に温度差のある流体層

からのこれらの物理量の差 $\boldsymbol{v}'$, T', p' を微小量とみなし，次のような摂動展開を行う．

$$\boldsymbol{v}=\boldsymbol{v}', \qquad T=T_0-\beta z+T', \qquad p=p_0-\frac{1}{2}\rho_0\alpha\beta g z^2+p' \qquad (14.8\,\mathrm{a, b, c})$$

これを式(14.2)，(14.3)，(14.6)に代入し，微小量の1次まで残すと

$$\mathrm{div}\,\boldsymbol{v}'=0 \qquad (14.9)$$

$$\frac{\partial \boldsymbol{v}'}{\partial t}=-\frac{1}{\rho_0}\nabla p'+\alpha g T'\boldsymbol{e}_z+\nu\Delta\boldsymbol{v}' \qquad (14.10)$$

$$\frac{\partial T'}{\partial t}-\beta w'=\kappa\Delta T' \qquad (14.11)$$

となる．ただし w' は $\boldsymbol{v}'$ の z 成分である．

a. 方程式の無次元化

方程式系(14.9)～(14.11)の中で，どの項がどの程度重要であるかを見るために，方程式を無次元化しよう．この対流系を特徴づけるものとして，流体層の厚さ d，熱輸送の時間 $t^*\sim d^2/\kappa$ (∵ 厚さ d の流体層を拡散する時間を t^* とすると $d\sim\sqrt{\kappa t^*}$)，速度 $v^*\sim d/t^*=\kappa/d$，温度 $\delta T=\beta d$，圧力 $p^*\sim\rho_0 v^{*2}=\rho_0\kappa^2/d^2$ をとる．したがって，新たな変数として

$$\tilde{\boldsymbol{x}}=\frac{\boldsymbol{x}}{d}, \quad \tilde{t}=\frac{\kappa t}{d^2}, \quad \tilde{\boldsymbol{v}}=\frac{d\boldsymbol{v}'}{\kappa}, \quad \tilde{T}=\frac{T'}{\beta d}, \quad \tilde{p}=\frac{d^2 p'}{\rho_0\kappa^2} \qquad (14.12)$$

を選ぶ．これにより式(14.9)～(14.11)は

$$\tilde{\nabla}\cdot\tilde{\boldsymbol{v}}=0 \qquad (14.13)$$

$$\frac{\partial\tilde{\boldsymbol{v}}}{\partial\tilde{t}}=-\tilde{\nabla}\tilde{p}+Pr\,Ra\,\tilde{T}\boldsymbol{e}_z+Pr\tilde{\Delta}\tilde{\boldsymbol{v}} \qquad (14.14)$$

$$\frac{\partial\tilde{T}}{\partial\tilde{t}}-\tilde{w}=\tilde{\Delta}\tilde{T} \qquad (14.15)$$

となる．ここに現れた無次元のパラメター

$$Pr=\frac{\nu}{\kappa} \quad \text{および} \quad Ra=\frac{\alpha\beta g d^4}{\kappa\nu} \qquad (14.16)$$

をそれぞれ**プラントル数**(Prandtl number)，および**レイリー数**(Rayleigh number)と呼ぶ．プラントル数は流体に固有であり，例えば，水では $Pr\fallingdotseq 7$，空気では $Pr\fallingdotseq 0.7$ である．これに対してレイリー数は流体の性質だけでなく流体領域の大きさや温度差などの諸条件に依存し，対流の原動力である浮力とそれを抑えようとする熱拡散や粘性摩擦力との比になっている．

b. 方程式系の集約

5変数に対する5つの方程式系(14.13)〜(14.15)から変数を消去し，w と T に対する関係式にまとめると

$$\left(\frac{1}{Pr}\frac{\partial}{\partial t}-\Delta\right)\Delta w=Ra\Delta_2 T \tag{14.17}$$

$$\left(\frac{\partial}{\partial t}-\Delta\right)T=w \tag{14.15′}$$

となる(演習問題14.3)．ただし，$\Delta_2=\partial^2/\partial x^2+\partial^2/\partial y^2$ は2次元のラプラシアンであり，無次元化を行ったときに選んだ変数の上ツキ〜の記号は省略した．

対流の発生は，流れの中に生じた小さな攪乱が時間とともに成長するかどうかで判定できる．そこで $\boldsymbol{v}$, p, T が時間的に $\exp(st)$ のような依存性をもつと仮定し，s の実数部が正ならば成長，負ならば減衰と考える．さらに，われわれの系は z 方向には有限であるが x, y 方向には無限に広がっていることを考慮すると

$$\left.\begin{aligned} w&=W(z)\exp[i(k_x x+k_y y)+st]\\ T&=\Theta(z)\exp[i(k_x x+k_y y)+st]\end{aligned}\right\} \tag{14.18}$$

のような形の展開が妥当である．これを式(14.17)，(14.15′)に代入して

$$\left(\frac{s}{Pr}+k^2-D^2\right)(D^2-k^2)W=-Ra\,k^2\Theta \tag{14.19}$$

$$(s+k^2-D^2)\Theta=W \tag{14.20}$$

を得る．ただし $D\equiv d/dz$, $k^2={k_x}^2+{k_y}^2$ とおいた．とくに，$s=0$ の場合は攪乱が成長するか減衰するかの境目を与える．これを**中立安定**(neutral stability)の状態という．このとき上式は

$$(D^2-k^2)^2W=Ra\,k^2\Theta \tag{14.21}$$

$$(D^2-k^2)\Theta=-W \tag{14.22}$$

となる．安定性についてのさらに詳しい議論は他書に譲る．

c. 境界条件

式(14.21)，(14.22)は z についての4階および2階の常微分方程式系であるから，解を決めるためには6個の境界条件を与える必要がある．ところで，いま考えている流体は上下の境界に挟まれており，状況によってはそれらは固体境界にも自由境界にもなり得る．そこで，まずそれぞれの条件を W や Θ を用いて表現しよう．

(i) 固体境界

静止した固体境界(z=一定)においては"すべりなしの条件"(8.22)が成り立つから，速度は $\mathbf{0}$，すなわち，$u=v=w=0$ である．式(14.18)で $w=0$ とすれば $W=0$，また，連続の方程式を用いて

$$DW\propto\frac{\partial w}{\partial z}=-\left(\frac{\partial u}{\partial x}+\frac{\partial v}{\partial y}\right)=0$$

を得る．他方，温度の境界条件は熱伝導を表す解(14.7 b)によってすでに満たされているから，温度攪乱部分については $T=0$，すなわち $\Theta=0$ となる．以上より，

$$W=DW=\Theta=0 \tag{14.23}$$

が固体境界での境界条件となる．

(ii)　自由境界

自由境界(z=一定)においては速度と応力が連続である(式(8.27))．すなわち，

$$w=0,\quad および\quad \frac{\partial u}{\partial z}=\frac{\partial v}{\partial z}=0$$

連続の方程式を用いて後者を W で表現すると

$$D^2W\propto\frac{\partial^2 w}{\partial z^2}=-\frac{\partial}{\partial z}\left(\frac{\partial u}{\partial x}+\frac{\partial v}{\partial y}\right)=-\frac{\partial}{\partial x}\left(\frac{\partial u}{\partial z}\right)-\frac{\partial}{\partial y}\left(\frac{\partial v}{\partial z}\right)=0$$

温度の境界条件は(i)と同じである．したがって

$$W=D^2W=\Theta=0 \tag{14.24}$$

が自由境界での境界条件となる．

d. 対流発生の臨界条件

これは上下の境界の種類によって異なるので，次の3種類に分けて考える．

(i)　上下とも自由境界の場合

境界 $z=0$ および $z=1$ で条件(14.24)を満たす解として

$$W=A\sin(n\pi z),\quad \Theta=B\sin(n\pi z)\qquad (n=1,2,3,\cdots) \tag{14.25}$$

を選ぶ．これを基礎方程式系(14.21)，(14.22)に代入すると

$$[(n\pi)^2+k^2]^2A=Ra\,k^2B,\qquad [(n\pi)^2+k^2]B=A$$

となるが，これが $A=B=0$ という自明な解以外の解をもつためには

$$[(n\pi)^2+k^2]^3=Ra\,k^2,\quad すなわち\quad Ra=\frac{[(n\pi)^2+k^2]^3}{k^2} \tag{14.26}$$

が成立しなければならない．図14.2に Ra の k 依存性を示す．Ra は $k_n=n\pi/\sqrt{2}\fallingdotseq 2.221n$ のときに極小値をもつが，その中でも $n=1$ のときに最小値

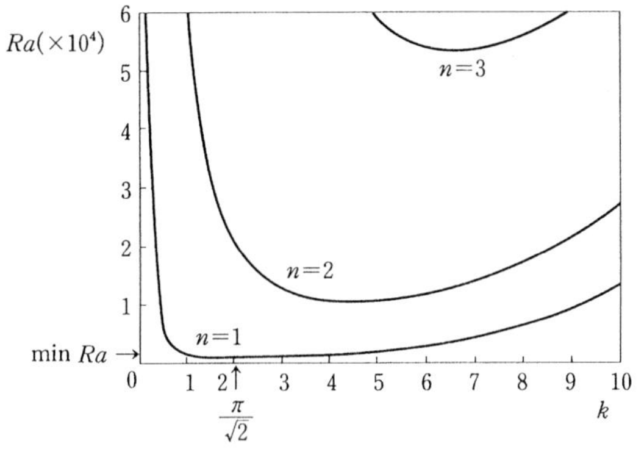

図 14.2　Ra の k 依存性

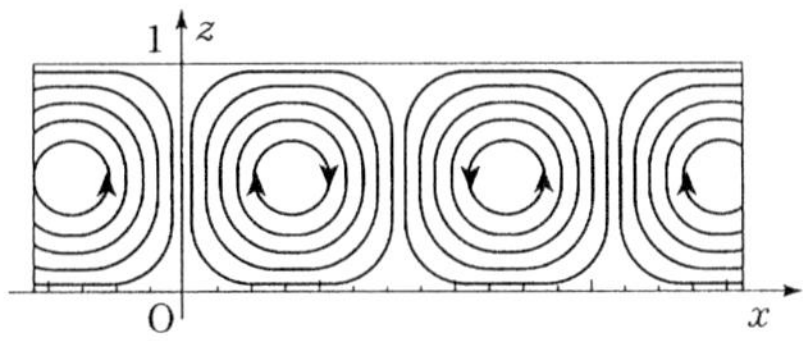

図 14.3　上下が自由境界の場合の対流セル

$$\min Ra = Ra\left(k=\frac{\pi}{\sqrt{2}}\right)=\frac{27\pi^4}{4}=657.5113\cdots\equiv Ra_c \tag{14.27}$$

をとる．また，このときの波長は $\lambda_{\min}=2\pi/k_1=2\sqrt{2}=2.828\cdots$ である．

この結果は，水平な流体層の上下の温度差を増加させていったときに，Ra が Ra_c に達すると熱対流が発生することを意味している．そのために Ra_c を**臨界レイリー数** (critical Rayleigh number) と呼ぶ．ただし，上下とも自由境界という場合は現実にはまれであり，例えば温度の異なる混じり合わない流体で上下を挟まれた流体の層などでは近似的にこのような状況になっている．この場合の対流セルの様子を図 14.3 に示す．ただし，横軸は対流ロールに垂直な方向に選んである．

(ii)　上下とも固体境界の場合

この場合には，境界条件 (14.23) を満たす解が簡単には見当たらないので，方程式 (14.21), (14.22) をまともに解く必要がある．両式から Θ を消去して

$$(D^2-k^2)^3W=-Rak^2W \tag{14.28}$$

また，Θ は式 (14.21) の右辺で与えられているから，境界条件 $\Theta=0$ は W を用いて表すことができる．したがって境界条件 (14.23) は

$$W = DW = (D^2 - k^2)^2 W = 0 \tag{14.29}$$

さて，方程式(14.28)の解として $W \propto \exp(i\alpha z)$ を仮定すると

$$(\alpha^2 + k^2)^3 = Ra\, k^2 \qquad \therefore \quad \alpha = \pm k \sqrt{\left(\frac{Ra}{k^4}\right)^{1/3} - 1} \equiv \pm \xi \tag{14.30}$$

を得る．これから，W の基本解として $W = \{\sin(\xi z),\ \cos(\xi z)\}$ を得る．次に，方程式(14.28)の解として $W \propto \exp(\alpha z)$ を仮定すると

$$(\alpha^2 - k^2)^3 = -Ra\, k^2 \qquad \therefore \quad \alpha = \pm k \sqrt{1 + \frac{1 \pm \sqrt{3} i}{2} \left(\frac{Ra}{k^4}\right)^{1/3}} \equiv \pm \eta,\ \pm \bar{\eta} \tag{14.31}$$

となる．以上より，W の基本解として

$$W = \{\cosh(\eta z), \sinh(\eta z), \cosh(\bar{\eta} z), \sinh(\bar{\eta} z)\}$$

を得る．ただし，上付きバーは複素共役を表す．

ここで，簡単のために流体層の上下面の位置が $z = \pm 1/2$ にあるように座標原点をずらす．W が z の偶関数になるような流れ(偶数モード)を考えると，上で求めた基本解から

$$W = A \cos(\xi z) + B \cosh(\eta z) + \bar{B} \cosh(\bar{\eta} z) \tag{14.32}$$

を得る．境界条件(14.29)を当てはめ，$A = B = \bar{B} = 0$ という自明な解以外の解をもつための条件を求めると

$$\mathrm{Re}\left\{(\sqrt{3} + i)\eta \tanh\left(\frac{\eta}{2}\right)\right\} + \xi \tan\left(\frac{\xi}{2}\right) = 0 \tag{14.33}$$

となる．この関係式から最小の Ra_c と波数 k_c を計算すると

$$Ra_c = 1707.762\cdots, \qquad k_c = 3.117\cdots \tag{14.34}$$

を得る．なお，W が z の奇関数になるような流れ(奇数モード)

$$W = C \sin(\xi z) + D \sinh(\eta z) + \bar{D} \sinh(\bar{\eta} z) \tag{14.35}$$

を考えると，同様にして最小値

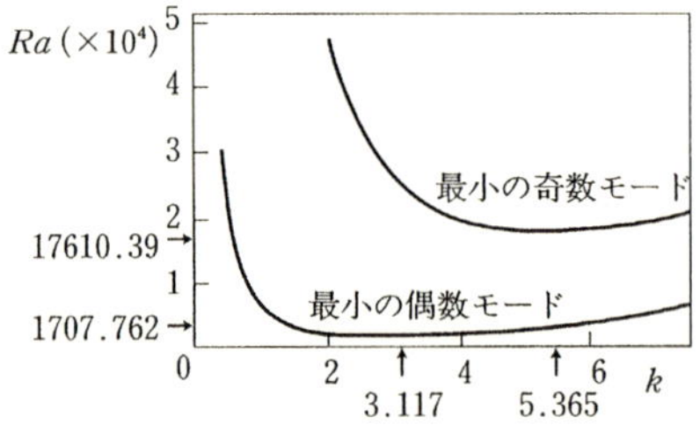

図 14.4　Ra の k 依存性

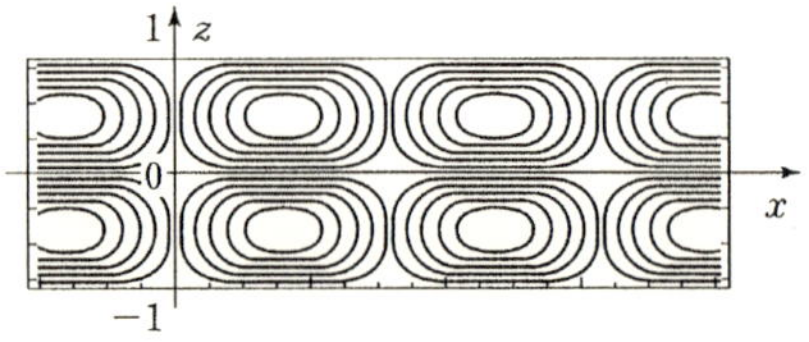

図 14.5　上下が固体境界の場合の対流セル

$$Ra_c = 17610.39\cdots, \qquad k_c = 5.365\cdots \tag{14.36}$$

を得る．図 14.4 に Ra の k 依存性を示す．

(iii)　上下の一方が固体境界，他方が自由境界の場合

この場合には，(ii)の場合の上半分または下半分をとればよい．ただし，はじめに流体の層の厚さを 2 倍にしておく (図 14.5 参照)．この結果得られる臨界レイリー数は，(ii)の奇数モードの最小値から

$$Ra_c = 17610/2^4 = 1100.625\cdots, \quad k_c = 5.365/2 = 2.682\cdots \tag{14.37}$$

となる．

以上，述べてきた対流は 2 次元のロール状のものであり，隣接する対流ロールの向きは歯車が嚙み合うように交互に逆になっている．レイリー (Lord Rayleigh, 1916 年) によって理論的な研究がなされたが，これに先立って，これとは異なった条件の下でベナール (Bénard, 1900 年) により実験的研究がなされていたので，**レイリー-ベナール対流**と呼ばれている．

14.3　ローレンツモデルとカオス

レイリー数が高い場合の取り扱いの方法として，非線形効果を摂動展開によって取り込む解析や直接的な数値計算とは別に，モデルを立てて調べる方法がある．これは，流体運動が本来もっている無限に多くの自由度をそのまま考えるのではなく，そのうちの最も重要と思われる少数の自由度だけで全体の運動を近似しようとする立場である．

14.3.1　ローレンツモデル

われわれが 14.2 節で考えたものに，上下が自由な水平流体層に生じる対流があった．観測によると，このような空間的構造はかなり高いレイリー数まで近似的に保たれ，その“対流の強さ”が時間的に変動する．そこで，1 つのモデルとして「基本的構造はわずかに補正する程度にとどめ，その時間変化を考慮に入れる」というものが考えられる．修正した 2 次元ロール状の対流では

$$w = A(t)\cos\left(\frac{\pi x}{\lambda}\right)\sin(\pi z) \tag{14.38}$$

$$T = T_0 - \beta z + B(t)\cos\left(\frac{\pi x}{\lambda}\right)\sin(\pi z) + C(t)\sin(2\pi z) \tag{14.39}$$

とおき，これを式 (14.2)，(14.3)，(14.6) に代入して振幅 A, B, C についての

方程式を得る．さらに変数変換

$$X=\frac{\lambda^2}{\sqrt{2}\pi(1+\lambda^2)}A,\quad Y=\frac{\lambda^4 Ra}{\sqrt{2}\pi^3(1+\lambda^2)^3}B,\quad Z=-\frac{\lambda^4 Ra}{\pi^3(1+\lambda^2)^3}C,$$

$$\tau=\frac{\pi^2(1+\lambda^2)}{\lambda^2}t \tag{14.40}$$

を行うと，これらは

$$\frac{d}{d\tau}X=-PrX+PrY,\quad \frac{d}{d\tau}Y=-XZ+rX-Y,\quad \frac{d}{d\tau}Z=XY-bZ$$

(14.41 a, b, c)

となる．ただし

$$r=\frac{\lambda^4 Ra}{(1+\lambda^2)^3\pi^4},\qquad b=\frac{4\lambda^2}{1+\lambda^2} \tag{14.42}$$

は定数で，r はレイリー数に比例する．方程式系 (14.41 a, b, c) を**ローレンツモデル** (Lorenz model, 1963 年) という．

14.3.2 ローレンツモデルの解とカオス

a. 定常解

定常解は，式 (14.41 a, b, c) において X, Y, Z の時間微分を 0 として

$$-PrX+PrY=0,\qquad -XZ+rX-Y=0,\qquad XY-bZ=0$$

を解けばよい．第 1 式から $Y=X$，第 3 式から $bZ=X^2$，これらを第 2 式に代入して $X[X^2-b(r-1)]=0$ を得る．これから $X=0$ (静止状態) および

$$r\geqq 1 \quad \text{のとき} \quad X=\pm\sqrt{b(r-1)} \tag{14.43}$$

を得る．ここで (14.43) は $r\geqq 1$ のときに可能な流れであり，$r=1$ は臨界レイリー数に対応する (すなわち $r=Ra/Ra_c$)．また，$\pm$ の符号は対流ロールの向きが時計回りか，あるいは反時計回りかを表している．

b. 解の振る舞い

定常解から離れたところでの振る舞いを，数値計算により調べてみよう．代表的な例を図 14.6 に示す．これは $Pr=10$, $b=8/3$, $r=28$ の場合の計算で，時間ステップが 0.01，ルンゲ-クッタ法で計算したものの一部分である．図 14.6 (a) から，X は振動しながら，負の側と正の側を不規則に交代している (しかし，長時間観測をすれば対流の向きは，確率的に等しい) ことがわかる．これは，例えば時計回りの対流が緩急の振動を伴いながら次第に強さを増し，ある時点で向きが逆転するという挙動が繰り返されることを意味している．非常に不規則な振る舞いなので，長時間後にどのような状態にあるかは予測がで

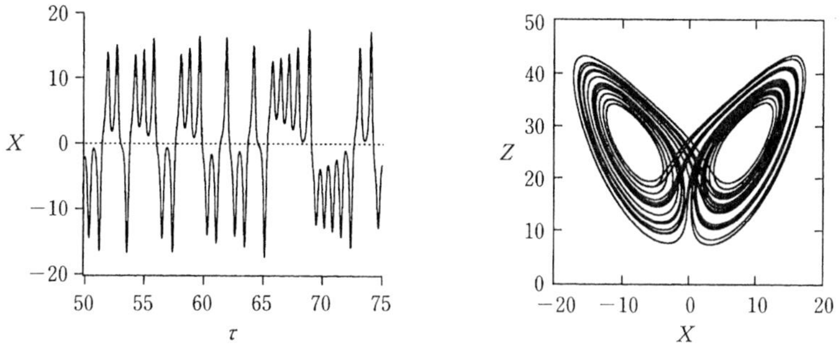

(a) X の時間変化　　(b) XZ 面内での軌道

図 14.6　ローレンツモデルの非周期解 ($Pr=10,\ b=8/3,\ r=28$)

きない．このように，決定論的な方程式系でありながら，非周期的で予測不可能な振る舞いをするものを**決定論的カオス** (deterministic chaos) と呼んでいる．

位相空間での軌道は，図 14.6 (b) に示したように，二度と同じところを通ることなく，ある有限な範囲内にとどまっている．すなわち，アトラクターではあるが，「点」でも「閉曲線」でもない．この不思議な軌道を**ストレンジアトラクター** (strange attractor) と呼ぶ．このように，不規則な軌道を描く理由は，この方程式系が不安定であり，ほんの少ししか離れていない 2 点を出発点とした軌道もわずかの時間の後に非常にかけ離れたものになってしまうことによる．これを“初期値に対する敏感性”という．

さて，ローレンツモデルの挙動が不規則あるいは非周期的であると述べたが，これと確率的な現象とはどのような違いがあるのであろうか．それを見るために，図 14.6 の場合と同じパラメター値について変数 Z の時間変化を計算したものが図 14.7 (a)，また，この振動において隣り合うピーク値どうしの関係，すなわち相関をプロットしたものが図 14.7 (b) である．横軸には n 番目のピーク値，縦軸には $(n+1)$ 番目のピーク値を取っている ($n=1, 2, \cdots$)．このようなプロットを**ローレンツプロット**あるいは 1 次元マップと呼ぶ．比較のために図 14.7 (c) (d) には，乱数のデータ (c) について同様のプロットを示した (d)．データはどちらも非周期的で類似しているが，ローレンツプロットを見ると，乱数の場合 (d) には一様に点在している (これが相関をもたないという意味) のに対して，(b) の方では特定の曲線の上にあることに注意されたい．

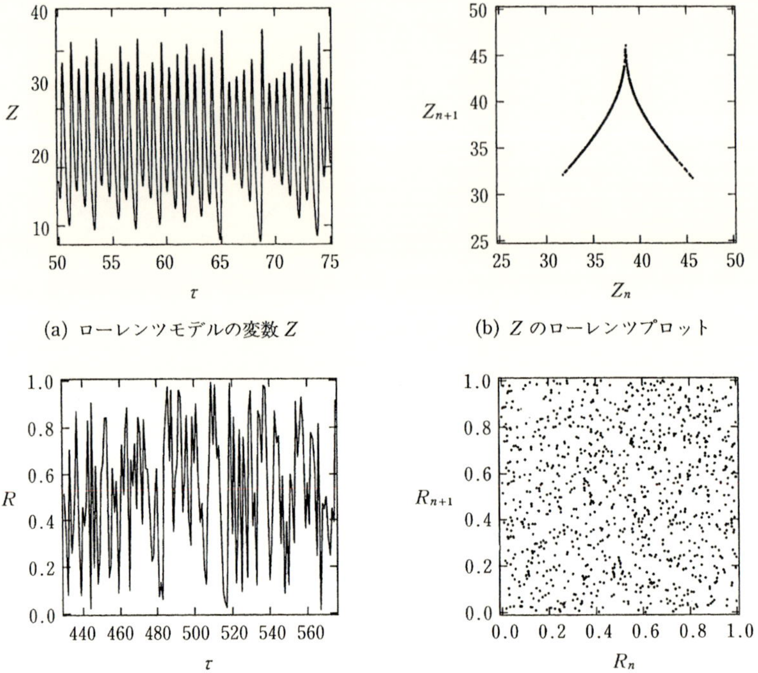

(a) ローレンツモデルの変数 Z　(b) Z のローレンツプロット

(c) 乱数のデータ R　(d) 乱数のローレンツプロット

図 14.7　ローレンツモデルと乱数

14.3.3　ローレンツモデルの例

ローレンツモデルは，地球大気の運動を解析する際に用いる流体方程式の近似として提案されたものであり，対流ロールの境界付近で上昇流の領域は低気圧，下降流の領域は高気圧であると解釈すれば天気の変動に対する最も簡単なモデルになっている．このモデルによれば，レイリー数の増加に伴い，静止(熱伝導)状態→定常対流→非周期運動(カオス，あるいは乱流)という段階的な遷移が，ランダムな外部攪乱を特別に加えることなしに起こる可能性がある．決定論的な方程式系に従いながら長時間の振る舞いが確率的になるということは，天気の長期予報が本質的に不可能であることを示唆している．たしかに，このモデルは流体運動のもっている自由度を極端に制限したものであって現実はもっと複雑であるが，その後のモデルの改良・拡張やコンピューターの計算能力の飛躍的進歩による高精度の数値計算にもかかわらず，天気の長期予報が困難な課題であることには変わりがないようである．

その後，地球磁場の南北反転(ダイナモ理論)，水車の回転，レーザーのスパイク状発振，などにおいてもこれと同じ形のモデル方程式が導かれ，また，生態系や化学反応系などにおいても類似した方程式系に従う現象が数多く見いだされた．ここで概観してきた「決定論的カオス」は，古典物理学，量子科学につづく新たな科学分野として，多くの研究が展開されるにいたっている．

演 習 問 題

14.1 式(8.17′)への変形を導け．

14.2 式(14.7 a, b, c)を導け．

14.3 式(14.17)，(14.15′)を導け．

付　　録

A　よく使うベクトル演算

[1]　$\boldsymbol{A}=(A_x, A_y, A_z)$, $\boldsymbol{B}=(B_x, B_y, B_z)$ はベクトル, $A_x, A_y, \cdots$ などは直角座標系での成分.

1)　$\boldsymbol{A}\cdot\boldsymbol{B}=A_xB_x+A_yB_y+A_zB_z$

2)　$\boldsymbol{A}\times\boldsymbol{B}=(A_yB_z-A_zB_y)\boldsymbol{e}_x+(A_zB_x-A_xB_z)\boldsymbol{e}_y+(A_xB_y-A_yB_x)\boldsymbol{e}_z$

3)　$(\boldsymbol{A}\times\boldsymbol{B})\times\boldsymbol{C}=(\boldsymbol{A}\cdot\boldsymbol{C})\boldsymbol{B}-(\boldsymbol{B}\cdot\boldsymbol{C})\boldsymbol{A}$

[2]　$\boldsymbol{A}, \boldsymbol{B}, \boldsymbol{v}, \nabla$ はベクトル, a, b, c はスカラー.

1)　$\nabla(ab)=a\nabla b+b\nabla a$

$\nabla(\boldsymbol{A}\cdot\boldsymbol{B})=(\boldsymbol{B}\cdot\nabla)\boldsymbol{A}+(\boldsymbol{A}\cdot\nabla)\boldsymbol{B}+\boldsymbol{B}\times(\nabla\times\boldsymbol{A})+\boldsymbol{A}\times(\nabla\times\boldsymbol{B})$

2)　$\nabla\cdot(c\boldsymbol{A})=(\nabla c)\cdot\boldsymbol{A}+c(\nabla\cdot\boldsymbol{A})$

$\nabla\times(c\boldsymbol{A})=(\nabla c)\times\boldsymbol{A}+c(\nabla\times\boldsymbol{A})$

3)　$\nabla\cdot(\boldsymbol{A}\times\boldsymbol{B})=\boldsymbol{B}\cdot(\nabla\times\boldsymbol{A})-\boldsymbol{A}\cdot(\nabla\times\boldsymbol{B})$

$\nabla\times(\boldsymbol{A}\times\boldsymbol{B})=(\boldsymbol{B}\cdot\nabla)\boldsymbol{A}-(\boldsymbol{A}\cdot\nabla)\boldsymbol{B}-\boldsymbol{B}(\nabla\cdot\boldsymbol{A})+\boldsymbol{A}(\nabla\cdot\boldsymbol{B})$

4)　$\nabla\cdot(\nabla\times\boldsymbol{A})=\mathrm{div\ rot}\ \boldsymbol{A}=0$

5)　$\nabla\times(\nabla c)=\mathrm{rot\ grad}\ c=\boldsymbol{0}$

6)　$\nabla\cdot(\nabla c)=\mathrm{div\ grad}\ c=\Delta c$

7)　$\nabla\times(\nabla\times\boldsymbol{A})=\mathrm{rot\ rot}\ \boldsymbol{A}=\nabla(\nabla\cdot\boldsymbol{A})-\Delta\boldsymbol{A}$

8)　$$\boldsymbol{v}\cdot\nabla\boldsymbol{A}=\frac{1}{2}[\mathrm{grad}(\boldsymbol{v}\cdot\boldsymbol{A})+\mathrm{rot}\ \boldsymbol{v}\times\boldsymbol{A}+\mathrm{rot}\ \boldsymbol{A}\times\boldsymbol{v}$$
$$-\mathrm{rot}(\boldsymbol{v}\times\boldsymbol{A})+\boldsymbol{v}(\mathrm{div}\ \boldsymbol{A})-\boldsymbol{A}(\mathrm{div}\ \boldsymbol{v})]$$

$$\boldsymbol{v}\cdot\nabla\boldsymbol{v}=\frac{1}{2}\mathrm{grad}(v^2)+\mathrm{rot}\ \boldsymbol{v}\times\boldsymbol{v}=\frac{1}{2}\mathrm{grad}(v^2)-\boldsymbol{v}\times\boldsymbol{\omega},$$　ただし　$\boldsymbol{\omega}=\mathrm{rot}\ \boldsymbol{v}$

[3]

1)　$\int_S\boldsymbol{A}\cdot\mathrm{d}\boldsymbol{S}=\int_V \mathrm{div}\ \boldsymbol{A}\ \mathrm{d}V$　　（ガウスの定理）

ただし V は閉曲面 S の内部の領域.

$\int_V(\nabla\phi)\cdot(\nabla\psi)\mathrm{d}V=\int_S\phi(\nabla\psi)\cdot\mathrm{d}\boldsymbol{S}-\int_V\phi\Delta\psi\ \mathrm{d}V$　　（グリーンの定理）

2)　$\int_C\boldsymbol{A}\cdot\mathrm{d}\boldsymbol{s}=\int_S \mathrm{rot}\ \boldsymbol{A}\cdot\mathrm{d}\boldsymbol{S}$　　（ストークスの定理）

ただし S は閉曲線 C で囲まれた面.

B よく使う曲線座標系での表式

[1] 円柱座標系 (r, ϕ, z)

1) 勾配，発散，回転，ラプラシアン

$$\mathrm{grad}\, f=\left(\frac{\partial f}{\partial r}, \frac{1}{r}\frac{\partial f}{\partial \phi}, \frac{\partial f}{\partial z}\right)$$

$$\mathrm{div}\, \boldsymbol{A}=\frac{1}{r}\frac{\partial}{\partial r}(rA_r)+\frac{1}{r}\frac{\partial}{\partial \phi}A_\phi+\frac{\partial}{\partial z}A_z$$

$$\mathrm{rot}\, \boldsymbol{A}=\left(\frac{1}{r}\frac{\partial}{\partial \phi}A_z-\frac{\partial}{\partial z}A_\phi,\ \frac{\partial}{\partial z}A_r-\frac{\partial}{\partial r}A_z,\ \frac{1}{r}\frac{\partial}{\partial r}(rA_\phi)-\frac{1}{r}\frac{\partial}{\partial \phi}A_r\right)$$

$$\Delta f=\frac{1}{r}\frac{\partial}{\partial r}\left(r\frac{\partial f}{\partial r}\right)+\frac{1}{r^2}\frac{\partial^2 f}{\partial \phi^2}+\frac{\partial^2 f}{\partial z^2}=\frac{\partial^2 f}{\partial r^2}+\frac{1}{r}\frac{\partial f}{\partial r}+\frac{1}{r^2}\frac{\partial^2 f}{\partial \phi^2}+\frac{\partial^2 f}{\partial z^2}$$

2) 応力テンソル

$$p_{rr}=-p+2\mu\frac{\partial v_r}{\partial r}, \qquad p_{r\phi}=\mu\left(\frac{1}{r}\frac{\partial v_r}{\partial \phi}+\frac{\partial v_\phi}{\partial r}-\frac{v_\phi}{r}\right)$$

$$p_{\phi\phi}=-p+2\mu\left(\frac{1}{r}\frac{\partial v_\phi}{\partial \phi}+\frac{v_r}{r}\right), \qquad p_{\phi z}=\mu\left(\frac{\partial v_\phi}{\partial z}+\frac{1}{r}\frac{\partial v_z}{\partial \phi}\right)$$

$$p_{zz}=-p+2\mu\frac{\partial v_z}{\partial z}, \qquad p_{zr}=\mu\left(\frac{\partial v_z}{\partial r}+\frac{\partial v_r}{\partial z}\right)$$

3) ナヴィエ-ストークス方程式（非圧縮性流体）

$$\frac{\partial v_r}{\partial t}+(\boldsymbol{v}\cdot\mathrm{grad})v_r-\frac{{v_\phi}^2}{r}=-\frac{1}{\rho}\frac{\partial p}{\partial r}+\nu\left(\Delta v_r-\frac{2}{r^2}\frac{\partial v_\phi}{\partial \phi}-\frac{v_r}{r^2}\right)$$

$$\frac{\partial v_\phi}{\partial t}+(\boldsymbol{v}\cdot\mathrm{grad})v_\phi+\frac{v_r v_\phi}{r}=-\frac{1}{\rho r}\frac{\partial p}{\partial \phi}+\nu\left(\Delta v_\phi+\frac{2}{r^2}\frac{\partial v_r}{\partial \phi}-\frac{v_\phi}{r^2}\right)$$

$$\frac{\partial v_z}{\partial t}+(\boldsymbol{v}\cdot\mathrm{grad})v_z=-\frac{1}{\rho}\frac{\partial p}{\partial z}+\nu\Delta v_z$$

ただし $(\boldsymbol{v}\cdot\mathrm{grad})f=v_r\dfrac{\partial f}{\partial r}+\dfrac{v_\phi}{r}\dfrac{\partial f}{\partial \phi}+v_z\dfrac{\partial f}{\partial z}$

4) 連続の方程式（非圧縮性流体）

$$\frac{1}{r}\frac{\partial}{\partial r}(rv_r)+\frac{1}{r}\frac{\partial}{\partial \phi}v_\phi+\frac{\partial}{\partial z}v_z=0$$

5) 流れの関数 ψ と速度成分（非圧縮性流体）

$$v_r=\frac{1}{r}\frac{\partial \psi}{\partial z}, \quad v_z=-\frac{1}{r}\frac{\partial \psi}{\partial r}$$

[2] 球座標系 (r, θ, ϕ)

1) 勾配，発散，回転，ラプラシアン

$$\mathrm{grad}\, f=\left(\frac{\partial f}{\partial r}, \frac{1}{r}\frac{\partial f}{\partial \theta}, \frac{1}{r\sin\theta}\frac{\partial f}{\partial \phi}\right)$$

$$\mathrm{div}\, \boldsymbol{A}=\frac{1}{r^2}\frac{\partial}{\partial r}(r^2 A_r)+\frac{1}{r\sin\theta}\frac{\partial}{\partial \theta}(\sin\theta\, A_\theta)+\frac{1}{r\sin\theta}\frac{\partial}{\partial \phi}A_\phi$$

$$\mathrm{rot}\,\boldsymbol{A}=\left(\frac{1}{r\sin\theta}\frac{\partial}{\partial\theta}(\sin\theta\,A_\phi)-\frac{1}{r\sin\theta}\frac{\partial}{\partial\phi}A_\theta,\right.$$

$$\left.\frac{1}{r\sin\theta}\frac{\partial}{\partial\phi}A_r-\frac{1}{r}\frac{\partial}{\partial r}(rA_\phi),\quad \frac{1}{r}\frac{\partial}{\partial r}(rA_\theta)-\frac{1}{r}\frac{\partial}{\partial\theta}A_r\right)$$

$$\Delta f=\frac{1}{r^2}\frac{\partial}{\partial r}\left(r^2\frac{\partial f}{\partial r}\right)+\frac{1}{r^2\sin\theta}\frac{\partial}{\partial\theta}\left(\sin\theta\frac{\partial f}{\partial\theta}\right)+\frac{1}{r^2\sin^2\theta}\frac{\partial^2 f}{\partial\phi^2}$$

2)　応力テンソル

$$p_{rr}=-p+2\mu\frac{\partial v_r}{\partial r}$$

$$p_{\theta\theta}=-p+2\mu\left(\frac{1}{r}\frac{\partial v_\theta}{\partial\theta}+\frac{v_r}{r}\right)$$

$$p_{\phi\phi}=-p+2\mu\left(\frac{1}{r\sin\theta}\frac{\partial v_\phi}{\partial\phi}+\frac{v_r}{r}+\frac{v_\theta\cot\theta}{r}\right)$$

$$p_{r\theta}=\mu\left(\frac{1}{r}\frac{\partial v_r}{\partial\theta}+\frac{\partial v_\theta}{\partial r}-\frac{v_\theta}{r}\right)$$

$$p_{\theta\phi}=\mu\left(\frac{1}{r\sin\theta}\frac{\partial v_\theta}{\partial\phi}+\frac{1}{r}\frac{\partial v_\phi}{\partial\theta}-\frac{v_\phi\cot\theta}{r}\right)$$

$$p_{\phi r}=\mu\left(\frac{\partial v_\phi}{\partial r}+\frac{1}{r\sin\theta}\frac{\partial v_r}{\partial\phi}-\frac{v_\phi}{r}\right)$$

3)　ナヴィエ-ストークスの方程式（非圧縮性流体）

$$\frac{\partial v_r}{\partial t}+(\boldsymbol{v}\cdot\mathrm{grad})v_r-\frac{{v_\theta}^2+{v_\phi}^2}{r}=-\frac{1}{\rho}\frac{\partial p}{\partial r}$$

$$+\nu\left(\Delta v_r-\frac{2}{r^2\sin\theta}\frac{\partial}{\partial\theta}(\sin\theta\,v_\theta)-\frac{2}{r^2\sin\theta}\frac{\partial v_\phi}{\partial\phi}-\frac{2v_r}{r^2}\right)$$

$$\frac{\partial v_\theta}{\partial t}+(\boldsymbol{v}\cdot\mathrm{grad})v_\theta+\frac{v_r v_\theta}{r}-\frac{{v_\phi}^2\cot\theta}{r}=-\frac{1}{\rho r}\frac{\partial p}{\partial\theta}$$

$$+\nu\left(\Delta v_\theta-\frac{2\cos\theta}{r^2\sin^2\theta}\frac{\partial v_\phi}{\partial\phi}+\frac{2}{r^2}\frac{\partial v_r}{\partial\theta}-\frac{v_\theta}{r^2\sin^2\theta}\right)$$

$$\frac{\partial v_\phi}{\partial t}+(\boldsymbol{v}\cdot\mathrm{grad})v_\phi+\frac{v_r v_\phi}{r}+\frac{v_\theta v_\phi\cot\theta}{r}=-\frac{1}{\rho r\sin\theta}\frac{\partial p}{\partial\phi}$$

$$+\nu\left(\Delta v_\phi+\frac{2}{r^2\sin\theta}\frac{\partial v_r}{\partial\phi}+\frac{2\cos\theta}{r^2\sin^2\theta}\frac{\partial v_\theta}{\partial\phi}-\frac{v_\phi}{r^2\sin^2\theta}\right)$$

ただし　$(\boldsymbol{v}\cdot\mathrm{grad})f=v_r\dfrac{\partial f}{\partial r}+\dfrac{v_\theta}{r}\dfrac{\partial f}{\partial\theta}+\dfrac{v_\phi}{r\sin\theta}\dfrac{\partial f}{\partial\phi}$

4)　連続の方程式（非圧縮性流体）

$$\frac{1}{r^2}\frac{\partial}{\partial r}(r^2 v_r)+\frac{1}{r\sin\theta}\frac{\partial}{\partial\theta}(\sin\theta\,v_\theta)+\frac{1}{r\sin\theta}\frac{\partial}{\partial\phi}v_\phi=0$$

5)　流れの関数 ψ と速度成分（非圧縮性流体）

$$v_r=-\frac{1}{r^2\sin\theta}\frac{\partial\psi}{\partial\theta},\qquad v_\theta=\frac{1}{r\sin\theta}\frac{\partial\psi}{\partial r}$$

問題解答

第1章

1.1　固体中の原子や分子の間の距離は 10 Å ($=10^{-9}$ m$=10^{-7}$ cm) 程度であるから，1 cm の長さの中に 10^7 個，1 mm の長さの中に 10^6 個，1 μm 中に 10^3 個並ぶ．したがって，1 cm^3 中に 10^{21} 個，1 mm^3 中に 10^{18} 個，1 μm^3 には 10^9 個程度の粒子が含まれている．また，標準状態 (0 ℃，1 気圧) の気体の体積 22.4 l 中にはアボガドロ数 6×10^{23} 個の気体分子を含むから，1 cm^3 中に約 3×10^{19} 個，1 mm^3 中には約 3×10^{16} 個，1 μm^3 では約 3×10^7 個の気体分子が含まれている．

1.2　空気分子の平均速度を v とすると，$(1/2)mv^2=(5/2)k_BT$ である．ただし，m は分子の質量，k_B はボルツマン定数，T は絶対温度である．これより

$$v=\sqrt{\frac{5k_BT}{m}}=\sqrt{\frac{5N_Ak_BT}{mN_A}}=\sqrt{\frac{5RT}{M}}$$

となる (N_A はアボガドロ数，$M=mN_A$ は分子量，$R=N_Ak_B$ は気体定数である)．これに $R=8.31$ J/mol･K，$T=273$ K，$M=29.0$ g/mol などを代入して v を求め，平均自由行路 l_m を割れば平均衝突時間約 1.0×10^{-10}s を得る．

1.3　流れは xy 面内だけ考えればよい．(a) 式 (1.7) に速度成分を代入し，$dx/ax=dy/ay$．これは変数分離型なので，左右両辺をそれぞれの変数で積分して $y=Cx$ を得る．ここでCは任意の定数である．流線は原点を通る直線群で，湧き出しや吸い込みの流れ (12.1 節) を表している．(b) 同様にして，流線を決める方程式は $dx/(-ay)=dy/ax$，すなわち $xdx=-ydy$．これを積分して $x^2+y^2=C$ (C は任意定数)．これは原点のまわりの同心円群で，原点に置かれた渦のまわりの流れを表す (12.1 節)．(c) 同様にして，流線は双曲線群 $x^2-y^2=C$ (C は任意定数) となる．

1.4　図問 1.4 (a) のように空間内で静止した点Pに温度計を置いて温度場を測定したとする．温度場は外的要因で時間的に変動しているとする．このときP点での温度の時間変化は $\partial T/\partial t$ で表される．これは DT/Dt の第1項であり，着目する点が静止している場合でも生じる温度場の時間変化を表している．

次に，図問 1.4 (b) のように，温度場は定常であるが空間的に温度変化があるような場合を考えてみよう．簡単のために温度場は x 方向にだけ単調に増加し，$T=T_0+\alpha x$ と表されるとする．温度計 (あるいは着目する連続体領域) が点Pから速度 $\boldsymbol{v}=(U,0,0)$ で時間 Δt だけ移動したときに受ける温度の変化 ΔT は x 方向に $U\Delta t$

だけ右に移動した点Qでの温度との差をとればよいから $\Delta T=\alpha(U\Delta t)=(\mathrm{d}T/\mathrm{d}x)(U\Delta t)$．したがって，温度の時間変化率は $\Delta T/\Delta t=U(\mathrm{d}T/\mathrm{d}x)=\boldsymbol{v}\cdot\nabla T$ となる．これが DT/Dt の第2項である．

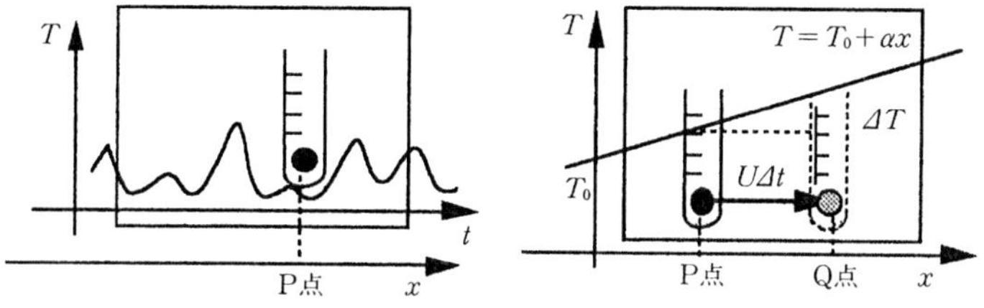

(a) 温度場の時間変動　(b) 温度勾配のある定常的な場

図問 1.4　温度場

第2章

2.1　$k=ES/l$ となる．並列接続の場合には断面積 S が，また直列接続の場合には l がそれぞれ加算される．したがって，並列の場合 $k_p=k_1+k_2$，直列の場合 $1/k_s=1/k_1+1/k_2$ となる．(強さの等しい n 本のばねを並列接続した場合には $k_p=nk_1$，直列接続の場合には $k_s=k_1/n$ となる．)

2.2　(略)

2.3　(略)

2.4　(b) では方向1の張力 f により $\delta x_1/x=f/E$．この変位により方向2の変位は $\delta y_1/y=-\sigma\delta x_1/x=-\sigma f/E$．(c) では方向2の圧力 f により $\delta y_2/y=-f/E$．この変位により方向1の変位は $\delta x_2/x=-\sigma\delta y_2/y=\sigma f/E$．これらを重ね合わせると，例えば方向1の変位は全体で $\delta x/x=(\delta x_1+\delta x_2)/x=(1+\sigma)f/E$ などとなる．図2.7(b) では，AC 方向が前問の方向2，BD 方向が前問の方向1に対応する．

2.5　剛体の回転運動の方程式は，一般にオイラーの方程式で与えられ，慣性主軸のまわりの回転については $I\,\mathrm{d}\omega/\mathrm{d}t=N$ となる．ここで ω は回転の角速度，N は力のモーメントである．この問題では ω や N は回転軸(糸)方向の成分だけを考えればよいので

$$I\frac{\mathrm{d}^2\phi}{\mathrm{d}t^2}=-\frac{\pi Ga^4}{2l}\phi \qquad \therefore\quad \frac{\mathrm{d}^2\phi}{\mathrm{d}t^2}=-\Omega^2\phi,\quad \Omega=\sqrt{\frac{\pi Ga^4}{2Il}}$$

となる．ただし ϕ はねじれの角度で，$\omega=\mathrm{d}\phi/\mathrm{d}t$ である．$t=0$ で $\phi=\phi_0$ として上式を解けば $\phi=\phi_0\cos\Omega t$，周期 $T=2\pi/\Omega=\sqrt{8\pi Il/Ga^4}$ を得る．

2.6　$I=\int_{-a}^{a}\mathrm{d}y\int_{-\sqrt{a^2-y^2}}^{\sqrt{a^2-y^2}}y^2\mathrm{d}x=\dfrac{\pi a^4}{4}$

2.7　(ヒント) 断面の幾何学的慣性モーメントを考える．

2.8 着目する点Pより先にある長さ $(L-x)$ 部分の質量が，その部分の重心に集中していると考えると，P点にかかるモーメントは $EIu''(x)=[(L-x)/2]\times[(L-x)\sigma_0 g]$．これを解いて $u=\sigma_0 g(x^4-4Lx^3+6L^2x^2)/(24EI)$ を得る．

第3章

3.1 式(3.3)は

$$\left(\frac{\partial}{\partial x}-\frac{1}{v}\frac{\partial}{\partial t}\right)\left(\frac{\partial}{\partial x}+\frac{1}{v}\frac{\partial}{\partial t}\right)u=0$$

と書き直すことができる．ここで $\xi=x-vt$，$\eta=x+vt$ と変数変換すると，$\partial^2 u/\partial\xi\partial\eta=0$．これより $u=f(\xi)$ または $g(\eta)$ が解であることがわかる．

3.2 鋼鉄のヤング率は表2.1に示したように多少の幅はあるが，$E=2.0\times10^{11}$ [N/m^2] である．密度を $\rho=7.9\times10^3$ [kg/m^3] とすると $v=5.0\times10^3$ [m/s] となる．実測値は5120 [m/s] である．

3.3 水では $K=2.2\times10^9$ [N/m^2]，$\rho=1.0\times10^3$ [kg/m^3] として計算すると $v=1.5\times10^3$ [m/s] となる．実測値は $v=1500$ [m/s] である．

3.4 式(3.5)，(3.40)および式(2.17)から $v_{(\text{縦波})}/v_{(\text{横波})}=\sqrt{E/G}=\sqrt{2(1+\sigma)}$．ポアッソン比 σ が $0\leqq\sigma\leqq1/2$ の範囲内にあるとすると，この比は $\sqrt{2}\sim\sqrt{3}$ の間にある．

第4章

4.1 $\boldsymbol{a}=(a_x, a_y, a_z)=(a_1, a_2, a_3)$ などと表すと

$$\boldsymbol{a}\cdot\boldsymbol{b}=a_xb_x+a_yb_y+a_zb_z=a_1b_1+a_2b_2+a_3b_3=\sum_{i=1}^{3}a_ib_i \quad\rightarrow\quad a_ib_i$$

$$(\boldsymbol{a}\times\boldsymbol{b})_1=a_2b_3-a_3b_2=\varepsilon_{123}a_2b_3+\varepsilon_{132}a_3b_2=\sum_{j,k=1}^{3}\varepsilon_{1jk}a_jb_k \quad\rightarrow\quad \varepsilon_{1jk}a_jb_k$$

これより，一般に $(\boldsymbol{a}\times\boldsymbol{b})_i=\varepsilon_{ijk}a_jb_k$.

次に $\boldsymbol{u}=(u, v, w)=(u_x, u_y, u_z)=(u_1, u_2, u_3)$，$(x, y, z)=(x_1, x_2, x_3)$ と表すと

$$\mathrm{div}\,\boldsymbol{u}=\frac{\partial u_x}{\partial x}+\frac{\partial u_y}{\partial y}+\frac{\partial u_z}{\partial z}=\sum_{i=1}^{3}\frac{\partial u_i}{\partial x_i} \quad\rightarrow\quad \frac{\partial u_i}{\partial x_i}$$

となる．また，$(\mathrm{rot}\,\boldsymbol{u})_i=(\nabla\times\boldsymbol{u})_i=\varepsilon_{ijk}(\partial u_k/\partial x_j)$.

関数 ϕ のラプラシアンも同様に計算して

$$\Delta\phi=\frac{\partial^2\phi}{\partial {x_1}^2}+\frac{\partial^2\phi}{\partial {x_2}^2}+\frac{\partial^2\phi}{\partial {x_3}^2}=\sum_{i=1}^{3}\frac{\partial}{\partial x_i}\frac{\partial}{\partial x_i}\phi \quad\rightarrow\quad \frac{\partial^2\phi}{\partial {x_i}^2}$$

4.2 例えば，図4.4(b)において，微小な直方体の各面に働く応力が，x_3 軸(紙面に垂直)のまわりに作るモーメントが0になっていることから $p_{12}=p_{21}$.

4.3 例えば，x_3 軸のまわりに180°回転すると $\boldsymbol{v}'=-v_1\boldsymbol{e}_1-v_2\boldsymbol{e}_2+v_3\boldsymbol{e}_3$ となるので，これが変わらないためには $-v_1=v_1$，$-v_2=v_2$，したがって $v_1=v_2=0$ でなければ

ならない．他の軸についても同様なので，$v_1=v_2=v_3=0$ を得る．

4.4 1つの座標系 $(x, y, z)=(x_1, x_2, x_3)$ で $\boldsymbol{u}\cdot\boldsymbol{v}=u_iv_i$, $\mathrm{div}\,\boldsymbol{u}=\partial u_i/\partial x_i$ と表される．これを回転した新たな座標系 (x_1', x_2', x_3') で考えると

$$\boldsymbol{u}'\cdot\boldsymbol{v}'=u_i'v_i'=(a_{ij}u_j)(a_{ik}v_k)=a_{ij}a_{ik}u_jv_k=\delta_{jk}u_jv_k=u_jv_j=\boldsymbol{u}\cdot\boldsymbol{v}$$

$$(\mathrm{div}\,\boldsymbol{u})'=\frac{\partial u_i'}{\partial x_i'}=\frac{\partial x_j}{\partial x_i'}\frac{\partial}{\partial x_j}(a_{ik}u_k)=a_{ij}a_{ik}\frac{\partial u_k}{\partial x_j}=\delta_{jk}\frac{\partial u_k}{\partial x_j}=\frac{\partial u_j}{\partial x_j}=\mathrm{div}\,\boldsymbol{u}$$

第5章

5.1 式(5.15)より，

$$e_{xx}\equiv\frac{\partial u}{\partial x}=\frac{2(\lambda+\mu)p_{xx}-\lambda(p_{yy}+p_{zz})}{2\mu(3\lambda+2\mu)}=\frac{p_{xx}-\sigma(p_{yy}+p_{zz})}{E} \qquad \text{(A. 1)}$$

を得る．ただし，(5.20 a, b) を使った．同様にして

$$e_{yy}\equiv\frac{\partial v}{\partial y}=\frac{p_{yy}-\sigma(p_{zz}+p_{xx})}{E}, \qquad e_{zz}\equiv\frac{\partial w}{\partial z}=\frac{p_{zz}-\sigma(p_{xx}+p_{yy})}{E} \qquad \text{(A. 2 a, b)}$$

となる．また，式(5.13)の非対角成分から

$$e_{xy}\equiv\frac{1}{2}\left(\frac{\partial u}{\partial y}+\frac{\partial v}{\partial x}\right)=\frac{p_{xy}}{2\mu}=\frac{1+\sigma}{E}p_{xy} \qquad \text{(A. 3)}$$

同様に

$$e_{yz}\equiv\frac{1}{2}\left(\frac{\partial v}{\partial z}+\frac{\partial w}{\partial y}\right)=\frac{p_{yz}}{2\mu}=\frac{1+\sigma}{E}p_{yz}, \qquad e_{zx}\equiv\frac{1}{2}\left(\frac{\partial w}{\partial x}+\frac{\partial u}{\partial z}\right)=\frac{p_{zx}}{2\mu}=\frac{1+\sigma}{E}p_{zx}$$
$$\text{(A. 4 a, b)}$$

を得る．前に求めた関係式，例えば式(2.6)は(A. 1)で $p_{xx}=f$, $p_{yy}=p_{zz}=0$ という特別な場合になっていた．

5.2 $e_{xy}=e_{yz}=e_{zx}=0$ に加えて $e_{yy}=e_{zz}=0$ の条件をあてはめる．式(5.18 a), (5.20 a, b) を用いて

$$f=(\lambda+2\mu)e_{xx}=\frac{(1-\sigma)E}{(1-2\sigma)(1+\sigma)}e_{xx}=\tilde{E}e_{xx}$$

$$\therefore\quad \tilde{E}=\frac{(1-\sigma)E}{(1-2\sigma)(1+\sigma)}=\left[1+\frac{2\sigma^2}{(1-2\sigma)(1+\sigma)}\right]E$$

$\tilde{E}\geqq E$ であるから，これによって弾性体の強度が増す．弾性体の外周に強度の高いテープを巻いたり，竹の節のように長い棒の途中を何箇所か固い物質で抑えて横に膨らむ(あるいは潰れる)のを抑えることによって補強されるのは上に述べた理由による．

また，中空円筒のように最外殻に強度の高い物質を配置すると，曲げに対しても強い構造になることはすでに述べたとおりである(第3章参照)．

第6章

6.1 式(6.18 a)を円柱座標で表す(付録B．ただし，ここでは z 軸のまわりの角度を θ で表す.)．xy 面内では等方的である(θ にはよらない)から

$$\Delta\Psi=\frac{1}{r}\frac{\mathrm{d}}{\mathrm{d}r}\left(r\frac{\mathrm{d}\Psi}{\mathrm{d}r}\right)=-\frac{2\Theta}{L}$$

これを解いて，境界条件を使うと(もちろん変位は有限であることを考慮する)

$$\Psi=\frac{\Theta}{2L}(a^2-r^2)$$

となる．式(6.17)から ψ＝一定，さらに式(6.14 a, b)から ϕ＝一定(＝0)を得る．円柱をねじっても自由端は平面のまま保たれる．

6.2 境界の形が2次曲線であることから $f(z)=\phi+i\psi=ikz^2$ と仮定してみよう．これから $\phi=-2kxy$, $\psi=k(x^2-y^2)$ を得る．境界条件から

$$\mathrm{Im}\{f(z)\}-\frac{\Theta}{2L}r^2=\psi-\frac{\Theta}{2L}r^2=k(x^2-y^2)-\frac{\Theta}{2L}(x^2+y^2)$$

$$=-\left(\frac{\Theta}{2L}-k\right)x^2-\left(\frac{\Theta}{2L}+k\right)y^2=C \qquad (\text{定数})$$

これが $x^2/a^2+y^2/b^2=1$ に一致するためには k の値や断面の湾曲は

$$k=\frac{(a^2-b^2)\Theta}{2(a^2+b^2)L}, \qquad \phi=-2kxy=-\frac{(a^2-b^2)\Theta}{(a^2+b^2)L}xy$$

でなければならない．湾曲による等高線を図問6.2に示す．

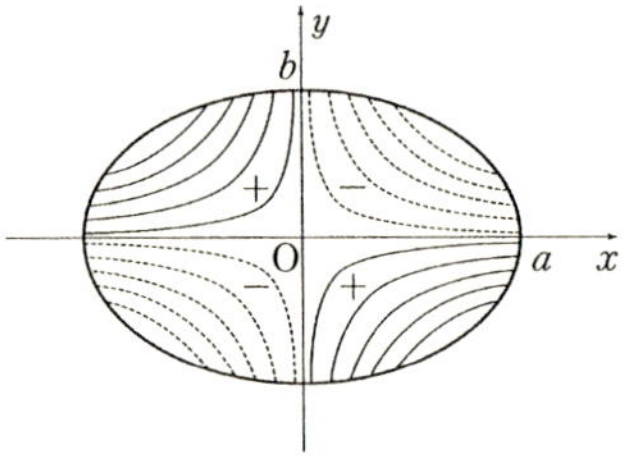

図問 6.2 楕円柱の湾曲

6.3 方程式(6.3)で時間変化および体積力を含む項を0とおいた式

$$(\lambda+\mu)\nabla(\mathrm{div}\,\boldsymbol{u})+\mu\Delta\boldsymbol{u}=\boldsymbol{0} \qquad (\mathrm{A.5})$$

が成り立つ．式(A.5)の発散(div)をとると

$$\Delta(\mathrm{div}\,\boldsymbol{u})=0 \qquad (\mathrm{A.6})$$

であり，また式(A.5)のラプラシアン(Δ)をとって(A.6)を使うと

$$\Delta\Delta\boldsymbol{u}=0 \qquad (\mathrm{A.7})$$

となる．この形の方程式の解を一般に**重調和関数**(biharmonic function)という．

6.4 変形が定常的で2次元平面(xy 面)内だけで起こるような場合には，$w=0$, $u=u(x,y)$, $v=v(x,y)$ となるから，$e_{zz}=e_{xz}=e_{yz}=0$．したがって，式(5.13)から

$p_{xz}=p_{zx}=p_{yz}=p_{zy}=0$ となる．釣り合いの方程式は式 (6.2 b) から

$$\frac{\partial p_{xx}}{\partial x}+\frac{\partial p_{xy}}{\partial y}=0, \qquad \frac{\partial p_{yx}}{\partial x}+\frac{\partial p_{yy}}{\partial y}=0 \tag{A. 8 a, b}$$

であるが，これらの式は

$$p_{xx}=\frac{\partial^2 A}{\partial y^2}, \qquad p_{xy}=p_{yx}=-\frac{\partial^2 A}{\partial x \partial y}, \qquad p_{yy}=\frac{\partial^2 A}{\partial x^2} \tag{A. 9 a, b, c}$$

とおけば恒等的に満たされる．また，式 (5.13), (4.21) を使うと

$$p_{xx}+p_{yy}=2(\lambda+\mu)\,\mathrm{div}\,\boldsymbol{u}=\Delta A$$

と書ける．一般に，定常状態で体積力 $\boldsymbol{K}$ が $\mathbf{0}$ または一定の場合には式 (6.3 a) の div をとって $\Delta(\mathrm{div}\,\boldsymbol{u})=0$ が成立するから，上式から

$$\Delta\Delta A=\Delta(p_{xx}+p_{yy})=2(\lambda+\mu)\Delta\mathrm{div}\,\boldsymbol{u}=0 \tag{A. 10}$$

を得る．問題 6.3 と同様に，関数 A は重調和関数であり，弾性体力学ではその物理的意味からエアリー (Airy) の**応力関数** (stress function) とも呼ばれている．A が決まれば式 (5.13) により z 方向の応力も決定される．

$$p_{zz}=\lambda\,\mathrm{div}\,\boldsymbol{u}=\frac{\lambda}{2(\lambda+\mu)}\Delta A \tag{A. 11}$$

われわれの問題では，頂角 2α のくさびを考えているので，上で述べた結果を 2 次元極座標系 (r,θ) で表す．まず，関係式 (A. 8 a, b) は

$$\frac{\partial p_{rr}}{\partial r}+\frac{p_{rr}-p_{\theta\theta}}{r}+\frac{1}{r}\frac{\partial p_{r\theta}}{\partial\theta}=0, \qquad \frac{\partial p_{\theta r}}{\partial r}+\frac{2p_{\theta r}}{r}+\frac{1}{r}\frac{\partial p_{\theta\theta}}{\partial\theta}=0 \tag{A. 12 a, b}$$

となる．また，式 (A. 12 a, b) を満たす応力関数としては

$$p_{\theta r}=-\frac{\partial}{\partial r}\left(\frac{1}{r}\frac{\partial B}{\partial\theta}\right), \qquad p_{\theta\theta}=\frac{\partial^2 B}{\partial r^2}, \qquad p_{rr}=\frac{1}{r}\frac{\partial B}{\partial r}+\frac{1}{r^2}\frac{\partial^2 B}{\partial\theta^2} \tag{A. 13 a, b, c}$$

と選べばよい．このとき

$$p_{rr}+p_{\theta\theta}=\frac{\partial^2 B}{\partial r^2}+\frac{1}{r}\frac{\partial B}{\partial r}+\frac{1}{r^2}\frac{\partial^2 B}{\partial\theta^2}=\Delta B$$

であり (Δ は 2 次元極座標系でのラプラシアン)，関数 B も重調和関数である．

$$\Delta\Delta B=\left(\frac{\partial^2}{\partial r^2}+\frac{1}{r}\frac{\partial}{\partial r}+\frac{1}{r^2}\frac{\partial^2}{\partial\theta^2}\right)^2 B=0 \tag{A. 14}$$

境界 $\theta=\pm\alpha$ は自由な状態であるから，ここで $p_{\theta\theta}=p_{r\theta}=0$．また，くさびの単位長さ当たりの力を F (一定) として

$$\int_{-\alpha}^{\alpha} p_{rr}\cos\theta\; r\mathrm{d}\theta=-F \tag{A. 15}$$

である．解を $B=r^p\exp(iq\theta)$ と仮定して，式 (A. 14) に代入すれば

$$(p^2-q^2)[(p-2)^2-q^2]r^{p-4}\exp(iq\theta)=0$$

を得る．この式の解は

（i） $p\neq1$ のとき $p=\pm q,\ 2\pm q$,（ii） $p=1$ のとき $q=\pm1$ (重解)

である．(i)については読者に譲ることにして，とくに(ii)を考えよう．まず一般解は $B=a_1 r\cos\theta+a_2 r\sin\theta+a_3 r\theta\cos\theta+a_4 r\theta\sin\theta$ で与えられる．θ についての対称性から $a_2=a_3=0$ としてよい．これを式(A.13 a, b, c)に代入して，応力を求めると

$$p_{\theta\theta}=p_{\theta r}=0, \qquad p_{rr}=\frac{2a_4\cos\theta}{r}$$

条件(A.15)により a_4 を決定すると $a_4=-F/(2\alpha+\sin 2\alpha)$．以上より

$$p_{rr}=-\frac{2F\cos\theta}{(2\alpha+\sin 2\alpha)r} \tag{A.16 a}$$

を得る．とくに半平面に集中的な力が加わっている場合には(A.16 a)において $\alpha=\pi/2$ とおけばよい．したがって

$$p_{rr}=-\frac{2F\cos\theta}{\pi r} \tag{A.16 b}$$

いまの例では $p_{\theta\theta}=p_{\theta r}=0$ であるから，$p_{rr}=$一定の面は応力の等高線を表す．これは

$$r=2C\cos\theta,\ \text{すなわち}\quad (x-C)^2+y^2=C^2 \tag{A.17}$$

の形の曲線群になる．ただし $C=-F/\pi p_{rr}$ は定数．図6.7の下半面にその概略を示す．これらは，力の作用点で接する偏心円群である．

6.5 変形は時間的に一定で，式(6.3 a)は

$$(\lambda+\mu)\nabla(\mathrm{div}\,\boldsymbol{u})+\mu\Delta\boldsymbol{u}=-\boldsymbol{F}_0\delta(\boldsymbol{x}) \tag{A.18}$$

となる．これを解くために，$\boldsymbol{u}=\boldsymbol{u}_1+\boldsymbol{u}_2$ と分解する．ただし $\boldsymbol{u}_1$ は

$$\mu\Delta\boldsymbol{u}_1=-\boldsymbol{F}_0\delta(\boldsymbol{x}) \tag{A.19}$$

を満たすものとする．式(A.19)の特解は

$$\boldsymbol{u}_1=\frac{\boldsymbol{F}_0}{4\pi\mu r}, \qquad r=|\boldsymbol{x}| \tag{A.20}$$

である($\Delta(1/r)=-4\pi\delta(\boldsymbol{x})$ であることに注意．第11章の演習問題3も参照)．このように $\boldsymbol{u}_1$ を決めると，$\boldsymbol{u}_2$ が満たすべき方程式は

$$(\lambda+\mu)\nabla(\mathrm{div}\,\boldsymbol{u}_2)+\mu\Delta\boldsymbol{u}_2=-(\lambda+\mu)\nabla(\mathrm{div}\,\boldsymbol{u}_1) \tag{A.21}$$

となる．式(A.21)の rot をとると

$$\mu\Delta\mathrm{rot}\,\boldsymbol{u}_2=0 \tag{A.22}$$

ここで rot $\boldsymbol{u}_2$ は $r=0$ で特異性をもたない調和関数で，しかも無限遠で0とならなければならない．このような関数は0しかないから rot $\boldsymbol{u}_2=\boldsymbol{0}$．よって

$$\boldsymbol{u}_2=\mathrm{grad}\,\phi \tag{A.23}$$

と書ける．このとき式(A.21)は

$$\nabla[(\lambda+2\mu)\Delta\phi]=-(\lambda+\mu)\nabla(\mathrm{div}\,\boldsymbol{u}_1)$$

となるので，積分して

$$\Delta\phi=-\frac{\lambda+\mu}{\lambda+2\mu}\operatorname{div}\left(\frac{\boldsymbol{F}_0}{4\pi\mu r}\right)+C=-\frac{\lambda+\mu}{4\pi\mu(\lambda+2\mu)}\boldsymbol{F}_0\cdot\operatorname{grad}\left(\frac{1}{r}\right)+C$$

を得る．任意定数 C は境界条件から 0 になる．ここで $\Delta r=2/r$ の関係を使うと

$$\phi=-\frac{\lambda+\mu}{8\pi\mu(\lambda+2\mu)}\boldsymbol{F}_0\cdot\operatorname{grad} r$$

したがって，式 (A. 23) から

$$\boldsymbol{u}_2=\frac{\lambda+\mu}{8\pi\mu(\lambda+2\mu)}\left(-\frac{\boldsymbol{F}_0}{r}+\frac{(\boldsymbol{F}_0\cdot\boldsymbol{r})\boldsymbol{r}}{r^3}\right) \tag{A. 24}$$

を得る．以上より

$$\boldsymbol{u}=\frac{\lambda+3\mu}{8\pi\mu(\lambda+2\mu)}\left(\frac{\boldsymbol{F}_0}{r}+\frac{\lambda+\mu}{\lambda+3\mu}\frac{(\boldsymbol{F}_0\cdot\boldsymbol{r})\boldsymbol{r}}{r^3}\right) \tag{A. 25}$$

第 7 章

7. 1 この物体が流体から受ける正味の力は，柱状領域の上面に働く圧力 $p_1=p_\infty+\rho g h_1$ (下向き) と下面に働く圧力 $p_2=p_\infty+\rho g h_2$ (上向き) による力の差 F_b である．したがって

$$F_b=p_2S-p_1S=(p_\infty+\rho g h_2)S-(p_\infty+\rho g h_1)S=\rho g(h_2-h_1)S=\rho g h S=\rho g V$$

となる．すなわち，水中にある物体には「物体の排除した水の重量に等しい力が上向きに働く.」これは**アルキメデス** (Archimedes) **の原理**として知られたものであり，このような上向きの力を**浮力**という．

7. 2 (1) $u=U_0(h^2-y^2)$, $v=w=0$ であるから,

$$e_{xy}=\frac{1}{2}\left(\frac{\partial u}{\partial y}+\frac{\partial v}{\partial x}\right)=\frac{1}{2}\frac{\partial}{\partial y}U_0(h^2-y^2)=-U_0y=e_{yx}$$

$$\zeta=\frac{1}{2}\left(\frac{\partial v}{\partial x}-\frac{\partial u}{\partial y}\right)=-\frac{1}{2}\frac{\partial}{\partial y}U_0(h^2-y^2)=U_0y$$

となる．他の成分はすべて 0．これは第 8 章で扱うポアズイユ流である．

(2) $u=-\Omega_0 y$, $v=\Omega_0 x$, $w=0$ であるから,

$$e_{xy}=\frac{1}{2}\left(\frac{\partial u}{\partial y}+\frac{\partial v}{\partial x}\right)=\frac{1}{2}\left(\frac{\partial}{\partial y}(-\Omega_0 y)+\frac{\partial}{\partial x}(\Omega_0 x)\right)=0$$

$$\zeta=\frac{1}{2}\left(\frac{\partial v}{\partial x}-\frac{\partial u}{\partial y}\right)=\frac{1}{2}\left(\frac{\partial}{\partial x}(\Omega_0 x)-\frac{\partial}{\partial y}(-\Omega_0 y)\right)=\Omega_0$$

となる．他の成分はすべて 0．これは剛体回転的な流れである．

第 8 章

8. 1 方程式 (8.33) を r で 2 回積分すると $u=-\alpha r^2/4\nu+C_1\log r+C_2$．ここで C_1, C_2 は積分定数である．円管の軸上で速度が発散することはないので $C_1=0$，また管壁 $(r=a)$ で速度は 0 になるから $C_2=\alpha a^2/4\nu$．これから式 (8.34 a) を得る．ま

た，流量はこの速度場を円形断面全体にわたり積分すればよいので，

$$Q=\int u\,\mathrm{d}S=\int_0^a u2\pi r\,\mathrm{d}r=\frac{\pi\alpha}{2\nu}\int_0^a r(a^2-r^2)\mathrm{d}r=\frac{\pi a^4\alpha}{8\nu}$$

となる．

第9章

9.1 (3)と(6)は水中の運動，他は空気中の運動である．(1)人の歩行では $L\sim1.80$ m(身長)，$U\sim1$ m/s，$Re\sim10^5$．(2) 100 m ダッシュ(短距離走)では $L\sim1.80$ m(身長)，$U\sim10$ m/s，$Re\sim10^6$．(3) 100 m 自由型(競泳)では $L\sim0.5$ m(肩幅)，$U\sim2$ m/s，$Re\sim10^6$．(4)野球の変化球では $L\sim10$ cm，$U\sim150$ km/h，$Re\sim3\times10^5$．(5)バレーボールの変化球では $L\sim30$ cm，$U\sim15$ m/s，$Re\sim3\times10^5$．(6)イルカの泳ぎでは $L\sim0.5$ m(幅)，$U\sim10$ m/s，$Re\sim5\times10^6$．(7)ジャンボジェット機の飛行では $L\sim60$ m(翼長)，$U\sim300$ km/h(離陸時)，$Re\sim4\times10^8$ となる．

9.2 ラプラシアン $\Delta(=\partial^2/\partial x^2+\partial^2/\partial y^2+\partial^2/\partial z^2)$ を球座標系 (r,θ,ϕ) で表すと

$$\Delta=\frac{1}{r^2}\frac{\partial}{\partial r}\left(r^2\frac{\partial}{\partial r}\right)+\frac{1}{r^2\sin\theta}\frac{\partial}{\partial\theta}\left(\sin\theta\frac{\partial}{\partial\theta}\right)+\frac{1}{r^2\sin^2\theta}\frac{\partial^2}{\partial\phi^2}$$

であるから(付録B)，$\Delta f=0$ の球対称な解は

$$\frac{1}{r^2}\frac{\mathrm{d}}{\mathrm{d}r}\left(r^2\frac{\mathrm{d}f}{\mathrm{d}r}\right)=0$$

を満たす．これは常微分方程式なので，順に積分して，$f=c_1/r+c_0$ を得る(c_0, c_1 は任意定数)．

9.3 式(9.14)を連続の式に代入すると

$$\mathrm{div}(\mu\boldsymbol{v}_1)=\mathrm{div}\left\{\nabla\left[\frac{\partial}{\partial x}\left(\frac{r}{2}\right)\right]\right\}+\mathrm{div}(\mu\boldsymbol{v}_0)=\frac{\partial}{\partial x}\left(\frac{\Delta r}{2}\right)+\mu\,\mathrm{div}\,\boldsymbol{v}_0$$

$$=\frac{\partial}{\partial x}\left(\frac{1}{r}\right)+\mu\left(\frac{\partial v_{0x}}{\partial x}+\frac{\partial v_{0y}}{\partial y}+\frac{\partial v_{0z}}{\partial z}\right)=0 \qquad (\because\ \mathrm{div}\,\nabla=\Delta)$$

これを満たすためには $\mu\boldsymbol{v}_0=(-1/r,0,0)$ と選べばよい．

9.4 式(9.22)の被積分関数は

$$p_{xr}=lp_{xx}+mp_{xy}+np_{xz}=\frac{x}{r}p_{xx}+\frac{y}{r}p_{xy}+\frac{z}{r}p_{xz}$$

$$=\frac{x}{r}\left(-p+2\mu\frac{\partial u}{\partial x}\right)+\frac{y}{r}\mu\left(\frac{\partial v}{\partial x}+\frac{\partial u}{\partial y}\right)+\frac{z}{r}\mu\left(\frac{\partial w}{\partial x}+\frac{\partial u}{\partial z}\right)$$

であるから，これに式(9.21)を代入し，$r=a$ での表式を求め，式(9.22)の積分を実行すれば F が導かれる．半径 a の球面 S 上での積分にあたっては

$$\int_S \mathrm{d}S=4\pi a^2\ (\text{球の表面積}),\qquad \int_S x\,\mathrm{d}S=0\ (\text{対称性から})$$

$$\int_S x^2\mathrm{d}S=\int_S\frac{1}{3}(x^2+y^2+z^2)\mathrm{d}S=\frac{1}{3}a^2\int_S\mathrm{d}S=\frac{4\pi a^4}{3},\ \cdots$$

などの結果を利用すればよい.

9.5　$u=U_\infty f'(\eta)$ とおくと

$$\frac{\partial u}{\partial x}=\frac{du}{d\eta}\frac{\partial \eta}{\partial x}=-\frac{\eta U_\infty}{2x}f''(\eta)$$

これを連続の方程式(9.30)に代入して y で積分すると

$$v=-\int\frac{\partial u}{\partial x}\mathrm{d}y=\int\frac{\eta U_\infty}{2x}f''(\eta)\frac{\mathrm{d}y}{\mathrm{d}\eta}\mathrm{d}\eta=\frac{1}{2}\sqrt{\frac{\nu U_\infty}{x}}\int\eta f''(\eta)\mathrm{d}\eta$$
$$=\frac{1}{2}\sqrt{\frac{\nu U_\infty}{x}}(\eta f'-f)$$

となる.

第10章

10.1　図10.9(a)では，平板間の圧力が $(1/2)\rho U^2$ だけ下がっているので，板どうしが吸い付くような力が働く．これに対して(b)では板の内外の圧力が等しいので力は働かない.

10.2　図10.7(b)のように，半径 R の円周上で $\mathrm{d}s$ だけ離れた2点P, Qにおける接線ベクトル $\boldsymbol{t}(s)$ および $\boldsymbol{t}(s+\mathrm{d}s)$ を考える．扇形POQの中心角 $\mathrm{d}\theta$ とは $\mathrm{d}s=R\mathrm{d}\theta$ の関係がある．2点P, Qでの接線ベクトルの差 $\mathrm{d}\boldsymbol{t}$ は

$$\mathrm{d}\boldsymbol{t}=\boldsymbol{t}(s+\mathrm{d}s)-\boldsymbol{t}(s)=\frac{\partial \boldsymbol{t}}{\partial s}\mathrm{d}s$$

であるが，図10.7(c)からもわかるように，このベクトルは大きさが $\mathrm{d}\theta$ で向きは $\boldsymbol{n}$ 方向である．したがって

$$\frac{\partial \boldsymbol{t}}{\partial s}\mathrm{d}s=\mathrm{d}\theta\,\boldsymbol{n}=\frac{\mathrm{d}s}{R}\boldsymbol{n},\quad \text{すなわち}\quad \frac{\partial \boldsymbol{t}}{\partial s}=\frac{1}{R}\boldsymbol{n}=\kappa\boldsymbol{n}$$

を得る.

10.3　$\nabla\times(\boldsymbol{v}\times\boldsymbol{\omega})=\boldsymbol{v}(\nabla\cdot\boldsymbol{\omega})+(\boldsymbol{\omega}\cdot\nabla)\boldsymbol{v}-(\boldsymbol{v}\cdot\nabla)\boldsymbol{\omega}-\boldsymbol{\omega}(\nabla\cdot\boldsymbol{v})$ であり，$\nabla\cdot\boldsymbol{\omega}=\nabla\cdot(\nabla\times\boldsymbol{v})=0$ であるから，式(10.16)から

$$\frac{\partial \boldsymbol{\omega}}{\partial t}=(\boldsymbol{\omega}\cdot\nabla)\boldsymbol{v}-(\boldsymbol{v}\cdot\nabla)\boldsymbol{\omega}-\boldsymbol{\omega}(\nabla\cdot\boldsymbol{v})$$

これより

$$\frac{D\boldsymbol{\omega}}{Dt}=\frac{\partial \boldsymbol{\omega}}{\partial t}+(\boldsymbol{v}\cdot\nabla)\boldsymbol{\omega}=(\boldsymbol{\omega}\cdot\nabla)\boldsymbol{v}-\boldsymbol{\omega}(\nabla\cdot\boldsymbol{v})$$

を得る(式(10.17))．また式(8.3)を用いると

$$\frac{D}{Dt}\left(\frac{\boldsymbol{\omega}}{\rho}\right)=\frac{1}{\rho}\frac{D\boldsymbol{\omega}}{Dt}-\frac{\boldsymbol{\omega}}{\rho^2}\frac{D\rho}{Dt}=\frac{1}{\rho}\frac{D\boldsymbol{\omega}}{Dt}+\frac{\boldsymbol{\omega}}{\rho}\mathrm{div}\ \boldsymbol{v}$$

これに式(10.17)を代入し，式(10.18)を得る.

第 11 章

11.1 x 軸上の点Pでは湧き出しによる左向きの流れと右向きの一様流が釣り合ってよどみ点となっている．点Pの座標を $x=-a,\ y=0$ とおくと

$$u=U-\frac{m}{a^2}=0 \qquad \therefore \quad a=\sqrt{\frac{m}{U}}$$

である．無限下流では流れはいたるところ一様流と平行で，原点から湧き出した流体はすべて円筒内を流れる．そこでこの円筒の半径を b とおくと

$$U\pi b^2=4\pi m \qquad \therefore \quad b=\sqrt{\frac{4m}{U}}=2a$$

となる．

11.2 ガウスの定理

$$\int_S \boldsymbol{A}\cdot \mathrm{d}\boldsymbol{S}=\int_V \nabla\cdot \boldsymbol{A}\mathrm{d}V$$

において $\boldsymbol{A}=u\nabla v$ とおけば

$$\int_S u\nabla v\cdot \mathrm{d}\boldsymbol{S}=\int_V \nabla\cdot(u\nabla v)\mathrm{d}V$$

右辺の被積分関数が

$$\nabla\cdot(u\nabla v)=u\nabla\cdot\nabla v+\nabla u\cdot\nabla v=u\Delta v+\nabla u\cdot\nabla v$$

であることに注意すれば式(11.23)を得る．

11.3 $r\neq 0$ のとき，直接計算により $\Delta(1/r)=0$. $r=0$ で $\Delta(1/r)$ は発散する．また

$$\int_V \Delta\left(\frac{1}{r}\right)\mathrm{d}V=\int_V \nabla\cdot\nabla\left(\frac{1}{r}\right)\mathrm{d}V=\int_V \nabla\cdot\left(-\frac{\boldsymbol{e}_r}{r^2}\right)\mathrm{d}V$$

$$=\int_S\left(-\frac{\boldsymbol{e}_r}{r^2}\right)\cdot \boldsymbol{e}_r\,\mathrm{d}S=\begin{cases}-4\pi & (\boldsymbol{r}=\boldsymbol{0}\text{ が }S\text{ 内部にある場合})\\ 0 & (\text{それ以外})\end{cases}$$

以上のような性質をもつ関数はディラックの δ 関数 (の -4π 倍) である．

11.4 $\nabla\times\boldsymbol{v}=\nabla\times(\nabla\Phi+\nabla\times\boldsymbol{A})=\nabla\times(\nabla\times\boldsymbol{A})=\nabla(\nabla\cdot\boldsymbol{A})-\Delta\boldsymbol{A}$. まず，$\nabla\cdot\boldsymbol{A}=0$ を示す．

$$\nabla\cdot\boldsymbol{A}(\boldsymbol{r})=\frac{1}{4\pi}\int_V \nabla\cdot\left(\frac{\boldsymbol{\omega}(\boldsymbol{r}')}{|\boldsymbol{r}-\boldsymbol{r}'|}\right)\mathrm{d}V'=\frac{1}{4\pi}\int_V \boldsymbol{\omega}(\boldsymbol{r}')\cdot\nabla\left(\frac{1}{|\boldsymbol{r}-\boldsymbol{r}'|}\right)\mathrm{d}V'$$

$$=-\frac{1}{4\pi}\int_V \boldsymbol{\omega}(\boldsymbol{r}')\cdot\nabla'\left(\frac{1}{|\boldsymbol{r}-\boldsymbol{r}'|}\right)\mathrm{d}V'$$

ただしプライム (′) は $\boldsymbol{r}'$ についての演算であることを示す．ここで $\boldsymbol{r}-\boldsymbol{r}'$ の任意の関数 f について $\nabla f(\boldsymbol{r}-\boldsymbol{r}')=-\nabla' f(\boldsymbol{r}-\boldsymbol{r}')$ が成り立つことを考慮した．被積分関数については

$$\boldsymbol{\omega}(\boldsymbol{r}')\cdot\nabla'\left(\frac{1}{|\boldsymbol{r}-\boldsymbol{r}'|}\right)=\nabla'\cdot\left(\frac{\boldsymbol{\omega}(\boldsymbol{r}')}{|\boldsymbol{r}-\boldsymbol{r}'|}\right)-\frac{1}{|\boldsymbol{r}-\boldsymbol{r}'|}\nabla'\cdot\boldsymbol{\omega}(\boldsymbol{r}')=\nabla'\cdot\left(\frac{\boldsymbol{\omega}(\boldsymbol{r}')}{|\boldsymbol{r}-\boldsymbol{r}'|}\right)$$

が成り立つから ($\because\ \nabla'\cdot\boldsymbol{\omega}(\boldsymbol{r}')=\nabla'\cdot\nabla'\times\boldsymbol{v}(\boldsymbol{r}')=\boldsymbol{0}$),

$$\nabla\cdot\boldsymbol{A}(\boldsymbol{r})=-\frac{1}{4\pi}\int_V\nabla'\cdot\left(\frac{\boldsymbol{\omega}(\boldsymbol{r}')}{|\boldsymbol{r}-\boldsymbol{r}'|}\right)\mathrm{d}V'=-\frac{1}{4\pi}\int_S\frac{\boldsymbol{\omega}(\boldsymbol{r}')\cdot\boldsymbol{n}}{|\boldsymbol{r}-\boldsymbol{r}'|}\,\mathrm{d}S'$$

最右辺への変形でガウスの定理を用いた．面積分としては十分遠方で領域を囲む面 S_∞ と渦度領域を囲む面 S_ω をとる．ここで，渦度が有限であれば S_∞ 上の積分は消え，また S_ω 上ではつねに $\boldsymbol{\omega}\cdot\boldsymbol{n}=0$ であるから (図 11.3 (b) 参照)，$\nabla\cdot\boldsymbol{A}=0$ がいえた．したがって

$$\nabla\times\boldsymbol{v}=-\Delta\boldsymbol{A}=-\frac{1}{4\pi}\Delta\int_V\frac{\boldsymbol{\omega}(\boldsymbol{r}')}{|\boldsymbol{r}-\boldsymbol{r}'|}\mathrm{d}V'=-\frac{1}{4\pi}\int_V\boldsymbol{\omega}(\boldsymbol{r}')\Delta\left(\frac{1}{|\boldsymbol{r}-\boldsymbol{r}'|}\right)\mathrm{d}V'$$

$$=-\frac{1}{4\pi}\int_V\boldsymbol{\omega}(\boldsymbol{r}')\Delta(-4\pi\delta(\boldsymbol{r}-\boldsymbol{r}'))\mathrm{d}V'=\boldsymbol{\omega}(\boldsymbol{r})$$

11. 5 図のように，直線状渦糸を z 軸とする円柱座標系 (r,ϕ,z) を選ぶ．対称性から，速度場は ϕ 成分 v_ϕ だけである．渦糸から距離 a だけ離れた点 P を考えると，この点に渦糸上の微小部分 dz が誘起する速度場は

$$\delta v_\phi=\frac{\Gamma}{4\pi}\frac{\mathrm{d}z\sin\theta}{r^2}=\frac{\Gamma}{4\pi}\frac{a\,\mathrm{d}z}{r^3},\qquad ただし\quad r=\sqrt{z^2+a^2}$$

となる．これを $z=-\infty$ から ∞ まで積分して $v_\phi=\Gamma/2\pi a$ を得る．これは 12.1.2 項と一致する．

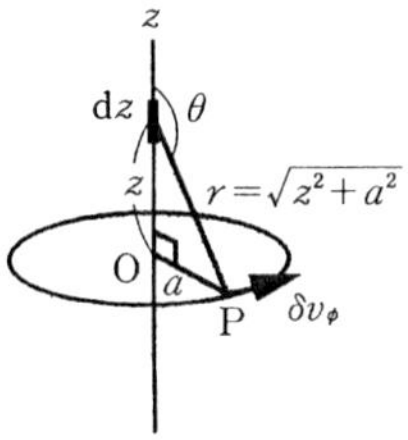

図問 11. 5 直線状渦糸による流れ

第 12 章

12. 1

$$\frac{\mathrm{d}f}{\mathrm{d}z}=\frac{\partial f}{\partial(iy)}=\frac{1}{i}\frac{\partial}{\partial y}(\Phi+i\Psi)=\frac{1}{i}\frac{\partial\Phi}{\partial y}+\frac{\partial\Psi}{\partial y}=\frac{v}{i}+u=u-iv\equiv w$$

関数 f の微分 df/dz が微分の方向によらない有限な確定値をもつことは，実は微分可能であるための必要十分条件でもある (通常の 1 変数関数 $y=f(x)$ の微分でも，右側から極限をとった微分係数と左側から極限をとった微分係数が一致することが微分可能の条件であったことを想起されたい)．

12. 2 dΦ, dΨ に全微分の定義をあてはめて

$$\int_C\mathrm{d}\Phi=\int_C\left(\frac{\partial\Phi}{\partial x}\mathrm{d}x+\frac{\partial\Phi}{\partial y}\mathrm{d}y\right)=\int_C(u\,\mathrm{d}x+v\,\mathrm{d}y)=\int_C\boldsymbol{v}\cdot\boldsymbol{t}\,\mathrm{d}s=\int_C v_s\,\mathrm{d}s=\Gamma(C)$$

$$\int_C \mathrm{d}\Psi = \int_C \left(\frac{\partial \Psi}{\partial x}\mathrm{d}x + \frac{\partial \Psi}{\partial y}\mathrm{d}y \right) = \int_C (-v\,\mathrm{d}x + u\,\mathrm{d}y) = \int_C \boldsymbol{v}\cdot\boldsymbol{n}\,\mathrm{d}s = \int_C v_n\,\mathrm{d}s = Q(C)$$

ここで，閉曲線に沿う微小線分 $\mathrm{d}s$ の接線方向の単位ベクトル $\boldsymbol{t} \propto (\mathrm{d}x, \mathrm{d}y)$，および法線方向の単位ベクトル $\boldsymbol{n} \propto (\mathrm{d}y, -\mathrm{d}x)$ であることを用いた．

12.3 題意より複素速度ポテンシャルは $f = m\log(z-a) - m\log(z+a)$ とおける．これを $|a/z| \ll 1$ としてテイラー展開すると

$$f = m\left[\log\left(1-\frac{a}{z}\right) - \log\left(1+\frac{a}{z}\right)\right] = m\left[\left(-\frac{a}{z}+\cdots\right)-\left(\frac{a}{z}+\cdots\right)\right]$$
$$= -\frac{2ma}{z}+\cdots = -\frac{D}{z}+\cdots \quad \rightarrow \quad -\frac{D}{z}$$

ただし，$\log(1+\varepsilon) = \varepsilon - \varepsilon^2/2 + \varepsilon^3/3 - \varepsilon^4/4 + \cdots$ $(\varepsilon \ll 1)$ の結果を使った．

12.4 $\mathrm{d}z/\mathrm{d}\zeta = \alpha\zeta^{\alpha-1}$ であるから，$\zeta \neq 0$ では等角写像が成り立つ．$\zeta = 0$ を中心として複素数を $\zeta = r\exp(i\theta)$ と $z = R\exp(i\Theta)$ のように表したとすると $R = r^\alpha$，$\Theta = \alpha\theta$ であるから，偏角 Θ は θ の α 倍になっている．したがって，例えば，ζ 平面で角度 π/α をなす扇形領域が z 平面では半平面に対応している．z 平面で実軸に平行な直線群 (図問 12.4 (a)) が ζ 平面では角度 π/α をなす扇形領域に沿って曲がる曲線群 (図問 12.4 (b)) に対応している．

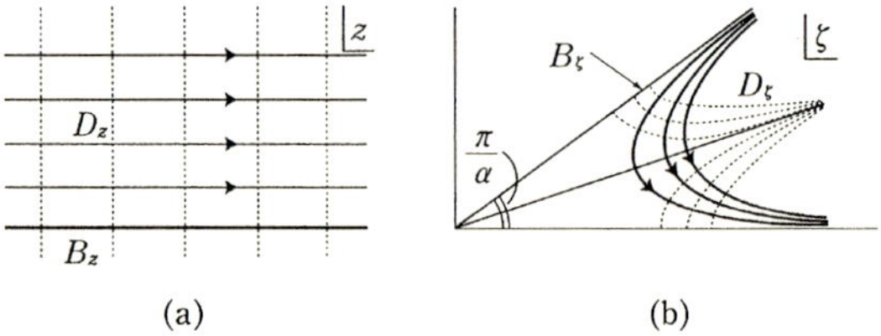

図問 12.4 角を回る流れ

12.5 式 (12.27) より翼全体の受ける揚力 F は $F = Ll = \pi(4al)\rho U^2 \sin\alpha = \pi S\rho U^2 \sin\alpha$ である．ただし翼の面積を $S = 4al$ とおいた．さて，この航空機が浮き上がるためには F が W より大きくなければならない．すなわち

$$W \leqq \pi\rho S U^2 \sin\alpha \qquad \therefore \quad U \geqq \sqrt{\frac{W}{\pi\rho S\sin\alpha}}$$

これに $W = 400$ t 重 $= 3.9\times10^6$ kg m/s^2，$\rho = 1.3$ kg/m^3，$S = 510$ m^2 などを代入すると，$U \geqq 85$ m/s (時速 310 km 以上) となる．

第 13 章

13.1 解を正弦波的な進行波の形 $\Phi(x, z, t) = \phi(z)\cos(kx - \omega t)$ に仮定し，これを式 (13.2) に代入すると $\phi''(z) - k^2\phi(z) = 0$，したがって，$\phi = \{\exp(\pm kz)\}$ が基本解で

ある．これから，一般解は

$$\Phi(x, z, t)=(C_1 e^{kz}+C_2 e^{-kz})\cos(kx-\omega t)$$

となる．C_1, C_2 は任意定数である．境界条件 (13.3) を課すと，$C_1 e^{-kh}=C_2 e^{kh}$．これを $C/2$ (C も任意定数) とおくと，$C_1=Ce^{kh}/2$, $C_2=Ce^{-kh}/2$ であり式 (13.8) を得る．

13. 2 (略)

13. 3 $\lambda_{\min}\fallingdotseq 1.7$ [cm], $v_{\mathrm{p}}^{\min}\fallingdotseq 23$ [cm/s].

13. 4 曲面を $F(x, y, z)=C$ とする．曲面に沿って 1 つの曲線を書く．この曲線上の微小円弧の長さを $\mathrm{d}s_1$，曲率半径を R_1，中心角を $\mathrm{d}\theta_1$ とすると $\mathrm{d}s_1=R_1\mathrm{d}\theta_1$ である．曲面が微小長さ ζ だけ外側に変位すると，この円弧の長さは $(R_1+\zeta)\mathrm{d}\theta_1$ になる．同様にして，この曲線と直交する方向の円弧の長さは $(R_2+\zeta)\mathrm{d}\theta_2$ になる．したがって，はじめの状態での微小面の面積 $\mathrm{d}s_1\mathrm{d}s_2=R_1R_2\mathrm{d}\theta_1\mathrm{d}\theta_2$ は変位後に

$$(R_1+\zeta)\mathrm{d}\theta_1(R_2+\zeta)\mathrm{d}\theta_2\approx R_1R_2\left[1+\zeta\left(\frac{1}{R_1}+\frac{1}{R_2}\right)\right]\mathrm{d}\theta_1\mathrm{d}\theta_2$$

となる．右辺第 2 項の $1/R_1+1/R_2$ は面の曲がりによる面積増加を特徴づけるもので平均曲率と呼ばれている．他方，曲面上の任意の点における法線ベクトル $\boldsymbol{n}$ は，$\boldsymbol{n}=\nabla F/|\nabla F|\fallingdotseq\nabla F$ である．$F=r-R-\zeta(\theta, \phi, t)$ とすると

$$\nabla F=\left(\frac{\partial}{\partial x}(r-R-\zeta), \cdots\right)=\left(\frac{x}{r}-\frac{\partial\zeta}{\partial x}, \cdots\right)$$

であり，$r=R+\zeta$ での平均曲率は

$$\frac{1}{R_1}+\frac{1}{R_2}=\mathrm{div}\,\boldsymbol{n}=\frac{\partial^2}{\partial x^2}F+\frac{\partial^2}{\partial y^2}F+\frac{\partial^2}{\partial z^2}F$$

を ζ の 1 次の微小量まで考慮して計算すればよいので

$$\frac{1}{R_1}+\frac{1}{R_2}=\left(\frac{2}{r}-\Delta\zeta\right)_{r=R+\zeta}=\frac{2}{R}-\frac{2\zeta}{R^2}-(\Delta(\theta, \phi)\zeta)_{r=R}$$

となる．

第 14 章

14. 1 式 (8.17) より

$$\frac{\partial(\rho U)}{\partial t}+\mathrm{div}(\rho\boldsymbol{v}U)=-\frac{\partial}{\partial t}\left(\frac{\rho}{2}v^2\right)-\mathrm{div}\left(\boldsymbol{v}\,\frac{\rho}{2}v^2\right)+\mathrm{div}(\boldsymbol{v}\cdot P)+\rho\boldsymbol{K}\cdot\boldsymbol{v}-\mathrm{div}\,\boldsymbol{q}$$

ここで

$$左辺=U\frac{\partial\rho}{\partial t}+\rho\frac{\partial U}{\partial t}+U\,\mathrm{div}(\rho\boldsymbol{v})+\rho\boldsymbol{v}\cdot\mathrm{grad}\,U$$

$$=U\left(\frac{\partial\rho}{\partial t}+\mathrm{div}(\rho\boldsymbol{v})\right)+\rho\left(\frac{\partial U}{\partial t}+\boldsymbol{v}\cdot\mathrm{grad}\,U\right)=\rho\,\frac{DU}{Dt} \qquad \text{(A. 26)}$$

ただし，連続の方程式 (8.2) を用いた．次に

右辺第 1, 2 項

$$=-\frac{\partial}{\partial t}\left(\frac{\rho}{2}v^2\right)-\mathrm{div}\left(\boldsymbol{v}\frac{\rho}{2}v^2\right)=-\frac{\partial}{\partial t}\left(\frac{\rho}{2}v^2\right)-\frac{\rho}{2}v^2\,\mathrm{div}\,\boldsymbol{v}-\boldsymbol{v}\cdot\mathrm{grad}\left(\frac{\rho}{2}v^2\right)$$

$$=-\frac{D}{Dt}\left(\frac{\rho}{2}v^2\right)-\frac{\rho}{2}v^2\,\mathrm{div}\,\boldsymbol{v}=-\frac{D\rho}{Dt}\left(\frac{1}{2}v^2\right)-\rho\frac{D}{Dt}\left(\frac{1}{2}v^2\right)-\frac{\rho}{2}v^2\,\mathrm{div}\,\boldsymbol{v}$$

$$=-\left(\frac{1}{2}v^2\right)\left(\frac{D\rho}{Dt}+\rho\,\mathrm{div}\,\boldsymbol{v}\right)-\rho\frac{D}{Dt}\left(\frac{1}{2}v^2\right)=-\rho\frac{D}{Dt}\left(\frac{1}{2}v^2\right)=-\rho v_i\frac{Dv_i}{Dt}$$

右辺第 3, 4 項

$$=\mathrm{div}(\boldsymbol{v}\cdot P)+\rho\boldsymbol{K}\cdot\boldsymbol{v}=\frac{\partial}{\partial x_j}(v_ip_{ij})+\rho K_iv_i=\left(\frac{\partial v_i}{\partial x_j}p_{ij}+v_i\frac{\partial p_{ij}}{\partial x_j}\right)+\rho K_iv_i$$

$$=\frac{\partial v_i}{\partial x_j}p_{ij}+v_i\left(\frac{\partial p_{ij}}{\partial x_j}+\rho K_i\right)=\frac{\partial v_i}{\partial x_j}p_{ij}+\rho v_i\frac{Dv_i}{Dt}$$

であるから

$$\text{右辺}=\frac{\partial v_i}{\partial x_j}p_{ij}-\mathrm{div}\,\boldsymbol{q}$$

となる．さらに式 (7.29) から $p_{ij}=-p\delta_{ij}+\lambda(\mathrm{div}\,\boldsymbol{v})\delta_{ij}+2\mu e_{ij}$ を代入すると，

$$\text{右辺}=[-p+\lambda(\mathrm{div}\,\boldsymbol{v})]\frac{\partial v_i}{\partial x_i}+2\mu e_{ij}\frac{\partial v_i}{\partial x_j}-\mathrm{div}\,\boldsymbol{q}$$

$$=-p\,\mathrm{div}\,\boldsymbol{v}+\lambda(\mathrm{div}\,\boldsymbol{v})^2+2\mu e_{ij}{}^2-\mathrm{div}\,\boldsymbol{q} \qquad \text{(A. 27)}$$

を得る．ただし，ここで対称性 $e_{ij}=e_{ji}$ から

$$e_{ij}\frac{\partial v_i}{\partial x_j}=\frac{1}{2}\left(e_{ij}\frac{\partial v_i}{\partial x_j}+e_{ji}\frac{\partial v_j}{\partial x_i}\right)=e_{ij}\frac{1}{2}\left(\frac{\partial v_i}{\partial x_j}+\frac{\partial v_j}{\partial x_i}\right)=e_{ij}{}^2$$

と書けることを使った．式 (A. 26) と 式 (A. 27) から式 (8.17′) を得る．

14. 2 静止状態であるから $\boldsymbol{v}=\boldsymbol{0}$ である．したがって，式 (14.2) は満たされている．式 (14.6) は $\Delta T=0$ となるが，流体は x, y 方向には無限に広がっているから，T はこれらの変数に依存することはない．したがって z に関する微分だけが残り，$d^2T/dz^2=0$．これと境界条件から $T=T_0-\beta z$，$\beta=(T_0-T_1)/d$ を得る．最後に，これらを式 (14.3) に代入すると $\boldsymbol{0}=-\nabla p-\rho_0\alpha\beta gz\boldsymbol{e}_z$ となるから，z 成分を積分して

$$p=p_0-\frac{1}{2}\rho_0\alpha\beta gz^2$$

を得る．

14. 3 式 (14.13)，(14.14) を成分に分けて書くと

$$\frac{\partial u}{\partial x}+\frac{\partial v}{\partial y}+\frac{\partial w}{\partial z}=0 \quad \cdots\cdots①, \qquad \frac{\partial u}{\partial t}=-\frac{\partial p}{\partial x}+Pr\Delta u \quad \cdots\cdots②$$

$$\frac{\partial v}{\partial t}=-\frac{\partial p}{\partial y}+Pr\Delta v \quad \cdots\cdots③, \qquad \frac{\partial w}{\partial t}=-\frac{\partial p}{\partial z}+PrRaT+Pr\Delta w \quad \cdots\cdots④$$

である．まず圧力 p を消去する．

$$\frac{\partial}{\partial x}④-\frac{\partial}{\partial z}②：\quad \frac{\partial}{\partial t}\left(\frac{\partial w}{\partial x}-\frac{\partial u}{\partial z}\right)=PrRa\frac{\partial T}{\partial x}+Pr\Delta\left(\frac{\partial w}{\partial x}-\frac{\partial u}{\partial z}\right)$$

すなわち $$\left(\frac{1}{Pr}\frac{\partial}{\partial t}-\Delta\right)\left(\frac{\partial w}{\partial x}-\frac{\partial u}{\partial z}\right)=Ra\frac{\partial T}{\partial x}\quad \cdots\cdots⑤$$

$$\frac{\partial}{\partial y}④-\frac{\partial}{\partial z}③：\quad \frac{\partial}{\partial t}\left(\frac{\partial w}{\partial y}-\frac{\partial v}{\partial z}\right)=PrRa\frac{\partial T}{\partial y}+Pr\Delta\left(\frac{\partial w}{\partial y}-\frac{\partial v}{\partial z}\right)$$

すなわち $$\left(\frac{1}{Pr}\frac{\partial}{\partial t}-\Delta\right)\left(\frac{\partial w}{\partial y}-\frac{\partial v}{\partial z}\right)=Ra\frac{\partial T}{\partial y}\quad \cdots\cdots⑥$$

次に

$$\frac{\partial}{\partial x}⑤+\frac{\partial}{\partial y}⑥：\quad \left(\frac{1}{Pr}\frac{\partial}{\partial t}-\Delta\right)\left(\frac{\partial^2 w}{\partial x^2}-\frac{\partial^2 u}{\partial x\partial z}+\frac{\partial^2 w}{\partial y^2}-\frac{\partial^2 v}{\partial y\partial z}\right)$$
$$=Ra\left(\frac{\partial^2 T}{\partial x^2}+\frac{\partial^2 T}{\partial y^2}\right)\quad \cdots\cdots⑦$$

ここで左辺の2番目の括弧内に①を用いると

$$\frac{\partial^2 w}{\partial x^2}+\frac{\partial^2 w}{\partial y^2}-\frac{\partial}{\partial z}\left(\frac{\partial u}{\partial x}+\frac{\partial v}{\partial y}\right)=\frac{\partial^2 w}{\partial x^2}+\frac{\partial^2 w}{\partial y^2}-\frac{\partial}{\partial z}\left(-\frac{\partial w}{\partial z}\right)=\Delta w$$

となるから，⑦は

$$\left(\frac{1}{Pr}\frac{\partial}{\partial t}-\Delta\right)\Delta w=Ra\Delta_2 T \qquad (14.17)$$

となる．他方，式(14.15)をまとめ直すと

$$\left(\frac{\partial}{\partial t}-\Delta\right)T=w \qquad (14.15')$$

を得る．

索　　引

サ　行

タ　行

ナ 行

ハ 行

マ　行

ヤ　行

ラ　行

ワ　行

著者略歴

佐野　理（さの・おさむ）

1949年　茨城県に生まれる
1977年　東京大学大学院理学系研究科物理学専門課程修了
現　在　東京農工大学工学部物理システム工学科流体物理学専攻教授
　　　　理学博士

基礎物理学シリーズ 12
連続体力学　　定価はカバーに表示

2002年4月15日　初版第1刷
2020年9月25日　　　第12刷

著　者　佐　野　　理
発行者　朝　倉　誠　造
発行所　株式会社　朝　倉　書　店

東京都新宿区新小川町 6－29
郵便番号　162－8707
電　話　03（3260）0141
FAX　03（3260）0180
http://www.asakura.co.jp

〈検印省略〉

平河工業社・渡辺製本

ISBN 978-4-254-13712-5　C 3342　　Printed in Japan